JN040476

できるクリエイター

GIMP
ギンプ

2.10 独習ナビ
Windows & macOS 対応

ドルバッキーヨウコ（D-design）、株式会社トップスタジオ & できるシリーズ編集部

改訂版

インプレス

● 用語の使い方

本文中では「GIMP 2.10.14」のことを「GIMP」と記述しています。

また、本文中で使用している用語は、基本的に実際の画面に表示される名称に則しています。

● 本書の前提

本文中では、Windows 10 がインストールされているパソコンを前提に画面を再現していますが、

GIMP 2.10.14 が動作する下記のOSをご利用の場合でも、基本的に同じ要領で本書を読み進めることができます。

<Windowsの動作環境> Windows 7以降（64bit版を含む）

<Macの動作環境> macOS 10.9 Mavericks以上

まえがき

いま手に取っていただいたのは、無料で使える高機能なグラフィック編集ソフト「GIMP 2.10」の教本です。2013年2月に発売された書籍『できるクリエイター GIMP 2.8 独習ナビ Windows＆Mac OS X対応』はおかげさまで好評を得ることができましたが、今回は2018年に6年ぶりに正式バージョンアップされたGIMP 2.10に合わせて、すべての内容をアップデートしています。

GIMP 2.10は、線画を予想して塗りつぶす「スマート着色」の機能や、以前はプラグインとして提供されていた使い勝手の良いアナログ風ブラシ「MyPaint」などが標準で装備され、もはや高価なソフトの単なる代替ではない個性的なグラフィック編集ソフトになりつつあります。さらに画像処理にかかる時間が短くなり、作業が大変スムーズに進むようになりました。

今回の改訂では、これらの新しい機能を踏まえながら、前作に増して魅力的な作例をご用意しました。細かい工程を丁寧に解説しているので、制作を楽しみながらGIMPの機能を学べるのはもちろん、できあがった作品を公開したり、ポストカードにして送ったりして、楽しさを共有できる作例を集めています。

また、リファレンスではわかりやすい解説でみなさんの疑問を解決します。

今回の改訂版までの7年でスマートフォンのカメラの精度が上がり、アプリも豊富になって、画像加工やデザインは子供からお年寄りまでとても身近なものになりました。新しいGIMPと本書を活用して、スマートフォンのアプリでは表現できない本格的な作品を作ってみませんか？

2019年12月　著者を代表して　ドルバッキーヨウコ

本書を読み始める前に

GIMPを実際に操作して作品を作り上げる

レッスン

作品を作りながらGIMPの基本を身に付けられる入門セクションです。作品ごとにレッスンが分かれているので、各レッスンの手順に従って操作すれば、はじめての人でも迷わずに、GIMPで実践的な作品を制作することができます。

1つのレッスンは、複数の制作工程に分割して構成しています。

各制作工程の冒頭では、操作の流れと目的を確認できます。

黒字のコメントは、操作の目的や結果、画面の意味などの解説です。

赤字のコメントは、実際に操作する内容です。上から順に操作してください。❶などの番号は、画面の番号と連動しています。番号順に読み進めてください。

使用した機能をより深く学べるように、リファレンスのページを参照しています。

手順通りに操作した結果の画面です。

「Hint」では操作の補足説明や、応用方法などを解説しています。

手順の中で紹介した操作のショートカットキーを確認できます。

GIMPを活用するための機能や知識、テクニックが学べる

リファレンス

GIMPで作品を制作する上で必要になる機能や操作をすぐに見つけられる、応用セクションです。8つのテーマに分け、各テーマごとによく使う機能や効果、周辺知識、応用技など、クリエイターに必要な情報を解説しています。

必要な情報が探しやすいように、各テーマの中で、さらに"目的別"に項目を分けています。

「Point」では、操作の補足説明や、応用方法などを解説しています。

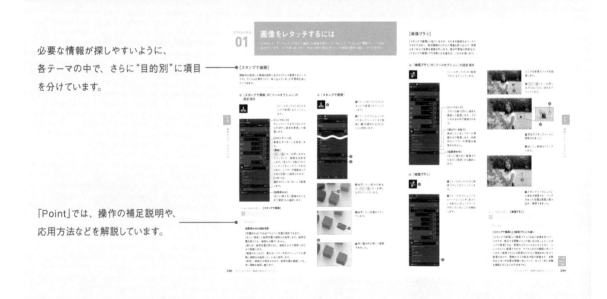

本書は、GIMPを本格的に学びたい人に向けた学習書籍です。効率よく学び、応用力が身に付くよう、「レッスン」「リファレンス」「練習問題」の3つのセクションで構成されています。

本書の内容は、WindowsとMacの両方に対応しています。掲載画面はWindowsを基準に作成されていますが、Macでも問題なく読み進めることができます。操作するキーやメニュー項目が異なる場合は、Macでの操作を〔 〕でくくって掲載しています。

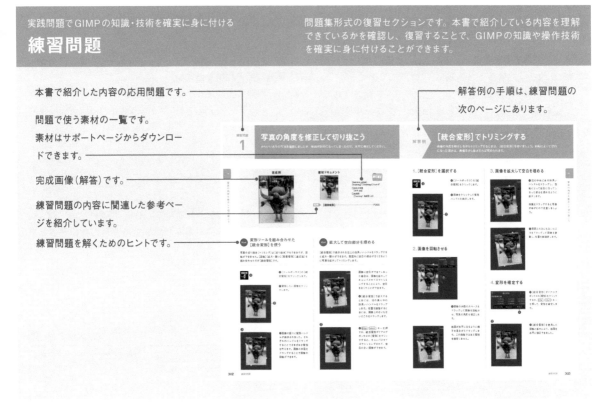

関連する参考ページを活用しよう！

レッスンからリファレンスへ、練習問題からレッスン、リファレンスへ、関連した内容のページを参照できるようになっています。

レッスンで使用した機能をリファレンスで詳しく学んだり、練習問題を解くヒントにレッスンの内容を参考にしたりして、スキルアップや復習のために活用してください。

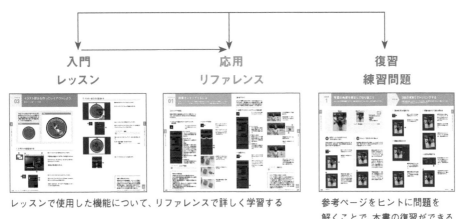

レッスンで使用した機能について、リファレンスで詳しく学習する

参考ページをヒントに問題を
解くことで、本書の復習ができる

サンプルファイルのダウンロードについて

本書で使用するサンプルファイルは、本書のサポートページからダウンロードできます。サンプルファイルは「Dekicre_gimp.zip」というファイル名で、zip形式で圧縮されています。展開してご利用ください。

本書の中で「使用素材」として下記のように記述されているものは、展開したフォルダの構成を表しています。たとえば、下記の素材ファイルは、[Dekicre_gimp]フォルダ→[Lesson]フォルダ→[Lesson1]フォルダ内の「strawberry.jpg」という意味です。

> [Dekicre_gimp] - [Lesson] - [Lesson1] フォルダ
> いちごの写真… [strawberry.jpg]

上記を参考にレッスンと練習問題のセクションでは、本書の指示に従って、必要なサンプルファイルを使用してください。なお、ダウンロードしたファイルに含まれているすべてのサンプルファイルは、本書を利用してGIMPの操作を学習する目的以外の用途には、使用することができません。

●本書サポートページ
https://book.impress.co.jp/books/1118101179

❶ [ダウンロード] をクリックします。

❷ [ダウンロードファイル] の [500825_Dekicre_gimp.zip] をクリックして、ファイルをダウンロードします。

●フォルダの構成

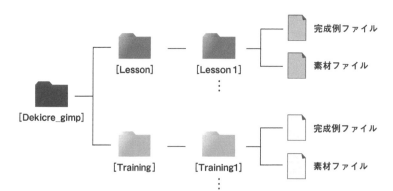

拡張子について

本書では、拡張子を表示していることを前提に作業を進めています。以下の手順を参考に、拡張子を表示してください。

● Windowsの場合（Windows 10）

1 ［ファイル名拡張子］を表示する

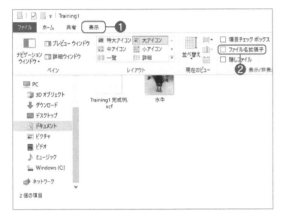

2 拡張子が表示されるようにする

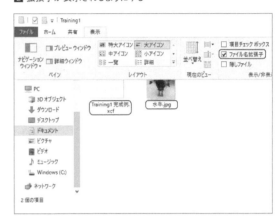

❶ エクスプローラーの［表示］タブをクリックします。

❷［ファイル名拡張子］をクリックしてチェックマークを付けます。

すべてのファイルの拡張子が表示されます。

● Macの場合

1 ［Finder 環境設定］を表示する

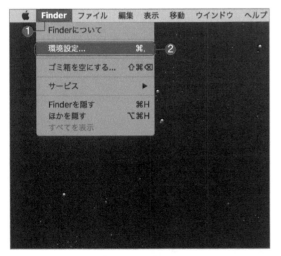

2 拡張子が表示されるようにする

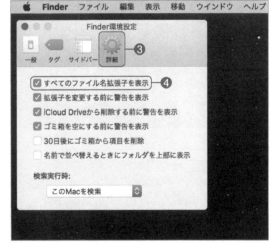

❶［Finder］メニューの ❷［環境設定］をクリックします。

［Finder 環境設定］ダイアログボックスが表示されます。

❸［詳細］タブをクリックして ❹［すべてのファイル名拡張子を表示］をクリックしてチェックマークを付けます。

すべてのファイルの拡張子が表示されます。

［ツールオプション］とウィンドウの設定を初期状態に戻す

レッスンでは、GIMP の［ツールオプション］やウィンドウの設定が初期状態になっていることを前提に進めています。本書を読みはじめる前に、環境設定を初期状態に戻す作業を行うことをおすすめします。
ただし、これらの設定を初期状態に戻すと、画面の表示がマルチウィンドウモードに戻り、ドックに追加したダイアログなどの設定が初期状態に戻るので、現在の設定をそのまま使用したい場合は注意してください。

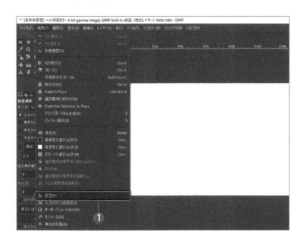

❶［編集］［[GIMP_2.10]］メニューの［設定］をクリックします。

［GIMP の設定］ダイアログボックスが表示されました。

❷［ツールオプション］をクリックし、❸［ツールオプションのリセット］をクリックします。

［ツールオプション］の設定が初期状態に戻ります。

❹［ウィンドウの設定］をクリックし、❺［保存済ウィンドウ位置のリセット］をクリックします。

ウィンドウの設定が初期状態に戻ります。

❻［OK］をクリックして［GIMPの設定］ダイアログボックスを閉じ、GIMP を一度終了し、再び起動します。

［ツールオプション］ウィンドウの設定が初期状態に戻りました。

フォントについて

本書で使用しているサンプルファイルを開くときに、誌面と異なる文字の形で表示される場合があります。これはサンプルファイルに、お使いのパソコンにインストールされていない「フォント」が使われているためです。特定のフォントをインストールする必要のある手順ではインストール方法を解説しているので、手順に従いフォントをインストールしたあとに GIMP を再起動してから作業をしてください。

[アクティブなパス]にスナップをオフにする

本書では、GIMP の［アクティブなパスにスナップ］をオフにして作業を進めています。オンになっている場合は、［表示］メニューの［アクティブなパスにスナップ］をクリックして［アクティブなパスにスナップ］をオフにしてから作業を進めてください。

［表示］メニューの［アクティブなパスにスナップ］をクリックします。

［アクティブなパスにスナップ］のチェックマークが外れて［アクティブなパスにスナップ］がオフになります。

Contents

まえがき……………………3　　本書を読み始める前に………………4

GIMPの基本

GIMPの基本 ………………………………… 17

GIMPでできること ………………………… 18

Windows版 GIMP 2.10をインストールするには…… 19

GIMP Portableをインストールするには ………… 22

macOS版 GIMP 2.10をインストールするには…… 25

GIMP 2.10の基本画面 ………………………… 27

[ツールボックス] を使用するには ……………… 29

ツール一覧 …………………………………… 30

ダイアログを操作するには ……………………… 32

ダイアログ一覧 ……………………………… 35

画像を新規作成するには ……………………… 39

画像を開くには ……………………………… 41

作業内容を保存するには ……………………… 42

画像の表示をすばやく変更するには …………… 43

操作をやり直すには ………………………… 44

画像の一部を選択するには …………………… 45

ダウンロードフォントをインストールするには ……… 47

ペンタブレットの設定をするには…………………… 50

レッスン

レッスン 1
スイーツの写真をかわいく
演出する ……………………………… 51

本章における制作の流れ ……………… 52

1-01 写真からブラシを作成して
スイーツに配置しよう ……………… 53

1-02 ライトブラシを作成して光を演出しよう …… 58

1-03 輝きブラシを作成してキラキラさせよう …… 61

1-04 インクで落書きしよう ………………… 65

1-05 光を放っているような
エフェクトをかけよう ……………… 67

レッスン 2
2枚の写真を合成して
ポストカード風に仕上げる ………… 69

本章における制作の流れ ……………… 70

2-01 [修復ブラシ]で大人の手を消そう ……… 71

2-02 写真からマスク画像を作ろう …………… 73

2-03 写真をマスクして人物をきれいに
切り抜こう ……………………… 78

2-04 背景写真に破壊されたような
加工をしよう …………………… 81

2-05 文字を追加して
ポストカードのようにしよう …………… 87

レッスン

レッスン 3 美麗アニメ背景風に
写真を加工する ・・・・・・・・・・・・・・・・・ 89

本章における制作の流れ ・・・・・・・・・・・・・・ 90

3-01 風景写真に[水彩]フィルターをかけて
加工しよう ・・・・・・・・・・・・・・・・・・・ 91

3-02 写真の輪郭を抽出して線画を作成しよう ・・・・ 93

3-03 遠景部分の線画を非表示にして
遠近感を出そう ・・・・・・・・・・・・・・・・・ 95

3-04 エアブラシで描画して光と影を
カラフルにしよう ・・・・・・・・・・・・・・・・ 98

3-05 ブラシとフィルターで幻想的な光を
表現しよう ・・・・・・・・・・・・・・・・・・ 102

レッスン 4 サークル活動やユニフォームの
ロゴを作成する ・・・・・・・・・・・・・・・・・ 105

本章における制作の流れ ・・・・・・・・・・・・・ 106

4-01 ベース部分を描こう ・・・・・・・・・・・・・・ 107

4-02 パスに沿ってテキストを配置しよう ・・・・・・・ 111

4-03 イラスト部分を作ってレイアウトしよう ・・・・ 116

4-04 メインのテキストを変形しよう ・・・・・・・・・ 122

4-05 メインテキストに立体感を出そう ・・・・・・・ 126

レッスン 5 写真をトレースして
キャラクターのイラストを描く ・・・・・ 129

本章における制作の流れ ・・・・・・・・・・・・・ 130

5-01 線画を描きやすい環境設定にしよう ・・・・・・ 131

5-02 写真をトレースして線画にしよう ・・・・・・・・ 133

5-03 目をキャラ絵風に変身させよう ・・・・・・・・・ 137

5-04 線をきれいに修正して墨だまりを描こう ・・・・ 140

5-05 着彩して、ぼかした写真を重ねよう ・・・・・・・ 143

リファレンス

リファレンス 1 解像度の基本 ······················· 151

1-01 画像形式と解像度 ····················· 152
デジタル画像と解像度の概念
ビットマップ画像とベクトル画像
[新しい画像を作成]の詳細設定
画像サイズを変更する
キャンバスサイズを変更する
拡大／縮小時の[補間方法]の設定
テンプレートを活用しよう
カラーモードの設定
インデックスカラーの設定

1-02 さまざまな場所から画像を作成する ······· 159
クリップボードから画像を作成する
外部機器から画像を読み込む
スクリーンショットから画像を作成する

1-03 主なファイル形式の特徴と用途 ··········· 161
画像を保存する
JPEG画像として保存する
GIF画像として保存する
PNG画像として保存する
画像の印刷

リファレンス 2 描画系ツールの使いこなし ········ 165

2-01 色を選択するには ····················· 166
描画色と背景色
[スポイト]

2-02 描画ツールの基本 ····················· 168
[鉛筆で描画]
[ブラシで描画]
[エアブラシで描画]
[消しゴム]

2-03 [ツールオプション]の設定 ··············· 170
描画ツールの[ツールオプション]
[モード]
[不透明度]
[ブラシ]
[動的特性]
[動的特性]の変更
そのほかの[ツールオプション]の設定項目
新しいブラシを設定する

2-04 そのほかの描画ツールの使い方 ··········· 176
[インクで描画]
[MyPaintブラシで描画]
[塗りつぶし]
[グラデーション]
グラデーションの作成と編集

リファレンス

リファレンス 3	選択範囲の作成 ・・・・・・・・・・・・・・・・ 183

3-01　選択ツールの種類 ・・・・・・・・・・・・・・・・・・・・・ 184
選択ツールの主なオプション
[矩形選択]
[楕円選択]
[自由選択]
[ファジー選択]
[色域を選択]
[電脳はさみ]
[前景抽出選択]

3-02　選択範囲を追加・削除するには ・・・・・・・・・ 189
[モード]の設定

3-03　選択範囲を編集するには ・・・・・・・・・・・・・・・ 190
[選択]メニュー
[選択範囲のフロート化]コマンド
[境界をぼかす]コマンド
[境界の明確化]コマンド
[選択範囲の拡大]コマンド／[選択範囲の縮小]コマンド
[縁取り選択]コマンド
[角を丸める]コマンド
[選択範囲を歪める]コマンド
[チャンネル]とは
選択範囲を保存する
チャンネルマスクから選択範囲を作成する
チャンネルマスクを編集する
[アルファチャンネル]の活用

3-04　[パス]で範囲を選択するには ・・・・・・・・・・・ 197
パスの基本
パスを作成する
パスを調整する
[パス]ダイアログの概要

3-05　グリッドとガイドを使うには ・・・・・・・・・・・・・ 201
[グリッドの表示]コマンド
[グリッドにスナップ]コマンド
[グリッドの設定]コマンド
[ルーラーの表示]コマンド
ガイド
[Snap to Guides]コマンド
[Slice Using Guides]コマンド

リファレンス 4	画像の色調補正 ・・・・・・・・・・・・・・・・ 205

4-01　色調補正とは ・・・・・・・・・・・・・・・・・・・・・・・・・ 206
色や明るさの補正
色調補正の構成要素

4-02　画像を補正するには ・・・・・・・・・・・・・・・・・・・・ 208
[カラーバランス]コマンド
[色温度]コマンド
[色相-クロマ]コマンド
[色相-彩度]コマンド
[露出]コマンド
[影-ハイライト]コマンド
[明るさ-コントラスト]コマンド
[着色]コマンド
[レベル]コマンドの概要
ヒストグラムの読み方
[レベル]コマンドの操作
[トーンカーブ]コマンドの概要
[トーンカーブ]コマンドの操作
自動補正
[Channel Mixer]コマンド
チャンネルの分解と合成
カラーマッピング
[色を透明度に]コマンド

4-03　色を減少・反転させる ・・・・・・・・・・・・・・・・・・ 223
反転
[Mono Mixer]コマンド
脱色
[しきい値]コマンド
[ポスタリゼーション]コマンド
[Dither]コマンド

リファレンス

リファレンス 5 レイヤーの活用 ················· 227

5-01 レイヤーの基本 ······················· 228
レイヤーの構造
[レイヤー]ダイアログ
レイヤーの追加
レイヤー名の変更
レイヤーの削除
レイヤーの複製
レイヤーの並べ替え
[可視レイヤーの統合]コマンド
[可視部分をレイヤーに]コマンド
[下のレイヤーと統合]コマンド
[画像の統合]コマンド

5-02 不透明度と描画モードを調整するには ···· 234
レイヤーの不透明度
レイヤーの表示／非表示
レイヤーの[保護]の有効／無効
[保護]の種類
レイヤーの[モード]の変更
レイヤーの[モード]

**5-03 レイヤーをグループにまとめて
管理するには** ······················· 240
レイヤーグループの作成
レイヤーグループにレイヤーを追加

5-04 フローティングレイヤーを扱うには ······· 241
フローティングレイヤーの作成
通常のレイヤーへの変換

5-05 レイヤー内の不要な部分を隠すには ······· 242
レイヤーマスクの概念
レイヤーマスクの作成
レイヤーマスクの初期化方法
[レイヤーマスクの編集]コマンド
[レイヤーマスクの適用]コマンド
[レイヤーマスクの削除]コマンド
[レイヤーマスクの表示]コマンド
[レイヤーマスクの無効化]コマンド
[マスクを選択範囲に]コマンド

リファレンス 6 画像の加工テクニック ·············· 247

6-01 画像をレタッチするには ················· 248
[スタンプで描画]
[修復ブラシ]
[遠近スタンプで描画]
[ぼかし/シャープ]
[にじみ]
[暗室]

6-02 画像にさまざまな効果を追加するには ····· 254
フィルターの概要
フィルターを適用する

6-03 [フィルター]の効果一覧 ················· 255
[ぼかし]
[強調]
[変形]
[照明と投影]
[ノイズ]
[輪郭抽出]
[汎用]
[合成]
[芸術的効果]
[装飾]
[カラーマッピング]
[下塗り]
[ウェブ]
スクリプト

6-04 画像からアニメーションを作成するには ···· 278
アニメーションの作成
アニメーションのフィルター

リファレンス

6-05　画像を移動・切り抜きするには ⋯⋯⋯⋯280
　　　［移動］
　　　［整列］
　　　［切り抜き］

6-06　画像を思い通りに変形するには ⋯⋯⋯⋯282
　　　変形ツールの主な［ツールオプション］
　　　［回転］
　　　［拡大・縮小］
　　　［剪断変形］
　　　［遠近法］
　　　［統合変形］
　　　［ハンドル変形］
　　　［鏡像反転］
　　　［ケージ変形］
　　　［ワープ変形］
　　　［定規］

リファレンス
7　文字の入力と編集 ⋯⋯⋯⋯⋯⋯289

7-01　文字を入力するには ⋯⋯⋯⋯⋯⋯⋯290
　　　文字の入力
　　　決まったスペースへの文字の入力
　　　文字の修正
　　　テキストボックスの変形

7-02　文字を編集するには ⋯⋯⋯⋯⋯⋯⋯293
　　　［なめらかに］
　　　［ヒンティング］
　　　色の変更
　　　［揃え位置］
　　　［インデント］
　　　［行間隔］と［文字間隔］
　　　テキストツールバーの操作

7-03　文字を変形するには ⋯⋯⋯⋯⋯⋯⋯298
　　　［テキストからパスを生成］コマンド
　　　［テキストをパスに沿って変形］コマンド
　　　［文字情報の破棄］コマンド

練習問題

練習問題 **1** 写真の角度を修正して
切り抜こう ························ 302

解答例 **[統合変形]でトリミングする**
·· 303

練習問題 **2** 色のくすんだ写真を鮮やかに
補正しよう ························ 304

解答例 **トーンカーブなどで必要な色を補正する**
·· 305

練習問題 **3** 写真を雑誌の表紙風に
仕上げよう ························ 306

解答例 **テキストを入力して輪郭線を付ける**
·· 307

練習問題 **4** 人やテントを消して
無人の風景写真にしよう ·········· 308

解答例 **[スタンプで描画]と[修復ブラシ]で消す**
·· 309

練習問題 **5** 角丸の立体的な
プレートを作ろう ················ 310

解答例 **[矩形選択]の角を丸めてプレートを作る**
·· 311

Index ·· 312

GIMP の基本

GIMPでできること

GIMPは、無料で使用できる画像編集ソフトウェアです。しかし無料とは思えないほど、画像処理に十分な機能を備えています。ここではGIMPでどんなことができるかを解説します。

GIMPとは？

GIMPは無料で高機能な画像編集ソフトウェアです。無料ですが、市販の画像編集ソフトと同じように利用できます。海外の有志によって作られたソフトで、無料で使える多くのプラグインが存在するのも特徴です。パソコンで扱われる画像は「ビットマップ画像」と「ベクトル画像」に大別され、GIMPはビットマップ画像を扱うペイント系ソフトに含まれます。

ビットマップ（ラスター）画像

ピクセルが集合して構成している画像です。特徴として、画像を拡大していくと四角いピクセルが見えてきます。

ベクトル（ベクター）画像

線と塗りで構成された画像で、画像を拡大してもビットマップ画像のような四角いピクセルは見えず、滑らかな線で表現されます。

GIMPの向き＆不向き

○ GIMPでの作業に向いていること

- 写真を扱う作業
- 画像の加工、合成、レタッチ
- ペンタブレットを使用したアナログ調のイラスト制作
- リアルな質感表現
- ロゴ制作などの文字加工

× GIMPでの作業に向いていないこと

- CMYKを扱うグラフィックデザインや商業的な印刷業務
- 正確な幾何学図形や、鮮明な画像の作成
- 精密さが求められるグラフや表の作成
- 拡大縮小などの変形を複数回繰り返す作業

GIMPが活躍するシーン

高機能な画像編集ソフトウェアであるGIMPは、さまざまなシーンで活躍します。高価な有料のソフトウェアと比べても見劣りせず、通常の作業に必要な機能は十分に揃っています。以下にその主な利用シーンを紹介します。

写真の補正、加工

写真をより理想に近づけるための、明るさ、色調の補正、さまざまな修正のほか、ドラマチックな効果を加えることが可能です。また、必要に応じたトリミングや、ファイル形式の変更にも使われています。

写真の合成（コラージュ）

複数の写真を1つの画面に合成します。ただ貼り付けるだけでなく、レイヤー機能を用いた合成の方法はさまざまで、色調補正と組み合わせてリアルな架空の世界を作り出せます。

ロゴの作成

さまざまなフォントから字体を選び、入力した文字に色や質感を与えてロゴを作れます。また、立体的にしたり光らせたりして、ポストカードやイベントのフライヤーなどにも使えます。

イラストの作成

GIMPには鉛筆やブラシなどのツールに、さまざまな特性を持つブラシが多数揃っています。ペンタブレットを使用した手描きのようなイラストを描くことはもちろん、写真を使ったトレースや、パスでの描画などにも適しています。

Windows版 GIMP 2.10をインストールするには

GIMPはLinux向けに作成されたソフトウェアですが、公式サイトにてWindows版、Mac版も公開されています。ここでは、Windows版のGIMPをインストールする方法を解説します（Mac版は25ページ参照）。

Windows版のインストール

GIMP 2.10をダウンロードする

❶ブラウザで下記のURLにアクセスします。
https://www.gimp.org/

GIMPのWebページが表示されました。

❷[DOWNLOAD 2.10.14]をクリックします。

GIMPのダウンロードページが表示されました。

利用しているWindowsに合ったダウンロードページが自動で表示されます。

❸[Download GIMP 2.10.14 directly]をクリックします。

❹しばらく待つと画面下に通知バーが表示されます。

❺[実行]をクリックすると、GIMPのダウンロードがはじまります。

> ///// Hint ///
>
> **最新版がダウンロードできるか確認しよう**
>
> 紙面では2019年12月時点での最新バージョンである「2.10.14」をダウンロードしています。GIMPは不定期ではありますが、新機能の追加や不具合の解消のために新しいバージョンを公開することがあります。最新バージョンが公開されているときは、そちらをダウンロードしましょう。

GIMP 2.10をインストールする

GIMPのダウンロードが完了すると[Select Setup Install Mode]画面が表示されます。

❶ [Install for all users (recomended)] をクリックします。

[ユーザーアカウント制御]画面が表示されました。

❷ [はい]をクリックします。

[Select Setup Language]画面が表示され、インストール時の言語の選択を求められました。

❸日本語は選択できないので、ここでは[English]のまま[OK]をクリックします。

GIMPのセットアップ画面が表示されました。

❹ [Install]をクリックします。

インストールするフォルダを選択したいときは[Customize]をクリックします。

///// Hint //

セットアップ後は日本語環境で利用できる

GIMPのセットアップ画面は英語ですが、インストールしたあとは日本語のメニューで利用できます。そのままインストールを進めましょう。

画面が変わり、GIMPのインストールがはじまるので、しばらく待ちます。インストールが終わると[Completing the GIMP Setup Wizard]と表示されます。

❺ [Finish]をクリックするとGIMPのインストールが完了します。

GIMP 2.10を起動する

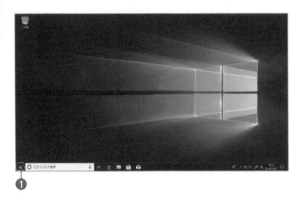

デスクトップ画面を表示しておきます。

❶［スタート］ボタンをクリックします。

プログラムの一覧が表示されました。

❷［GIMP 2.10.14］をクリックします。

GIMPの起動画面が表示されました。

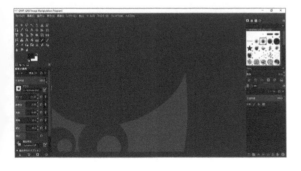

しばらく待つと GIMPが起動します。

GIMP Portableをインストールするには

Windows版のGIMPには有志によって作られた、USBメモリなどにもインストールできる「GIMP Portable」というソフトウェアが用意されています。こちらのインストール方法も確認しましょう。

GIMP Portableのインストール

GIMP Portableをダウンロードする

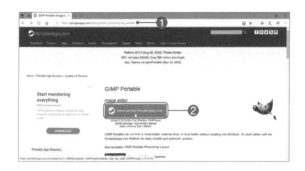

❶ブラウザに下記のURLを入力します。

https://portableapps.com/apps/graphics_
pictures/gimp_portable

GIMP Portableのダウンロードページが表示されました。

❷[Download from PortableApps.com] をクリックします。

❸ページが移動し、しばらく待つと画面下に通知バーが表示されます。

❹[実行]をクリックすると、GIMP Portableのダウンロードがはじまります。

/// Hint ///////////////////////////////////

パソコン版とGIMP Portableの違い

GIMP Portableは有志により作成されているため、パソコン版よりも最新版への対応が少し遅れたり、一部の機能が使えなかったりすることなどがありますが、それ以外の使い勝手などは変わらないので好きな方を使いましょう。

/// Hint ///////////////////////////////////

インストール先は分かりやすい場所にしよう

GIMP Portableはあらかじめ指定したフォルダにインストールされますが、ほかのソフトウェアとは違い、スタートメニューの[すべてのプログラム]やコントロールパネルの[プログラムと機能]には表示されないため、USBメモリやハードディスクの直下など分かりやすい場所にインストールするようにしましょう。

GIMP Portableをインストールする

[Please select a language for the installer]画面が表示され、インストール時の言語の選択を求められました。

❶ [日本語] が選択されていることを確認して、❷ [OK] をクリックします。

GIMP Portableのインストール画面が表示されました。

❸ [次へ] をクリックします。

[コンポーネントを選んでください。] 画面が表示されました。

❹ [Additional Languages] にチェックマークが付いていることを確認して、❺ [次へ] をクリックします。

[インストール先を選んでください。] 画面が表示されました。

❻ [参照] をクリックしてインストール先を選択して、❼ [インストール] をクリックします。

しばらくすると、GIMP Portableのインストールが完了します。

❽ [完了] をクリックし、インストールを終了します。

Next Page

GIMP Portableを起動する

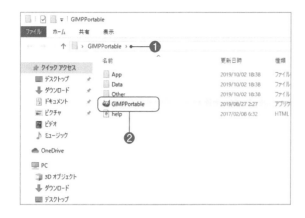

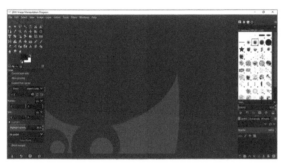

❶エクスプローラーでGIMP Portableをインストールしたフォルダを表示します。

❷[GIMPPortable]をダブルクリックします。

GIMP Portableが起動しました。

//// Hint ///

GIMP Portableをアンインストールするには

GIMP Portableをアンインストールするときは、インストール先に指定した場所に作成されたファイルをフォルダごと削除します。このときに、関連付けされたファイルやソフトウェアのショートカットなどは自動で削除されないので、手動で関連付けの解除やショートカットの削除をする必要があります。

macOS版 GIMP 2.10をインストールするには

GIMPにはmacOS版も用意されています。以前はX11という環境で動作させていましたが、2.8からはほかのソフトウェアと同様に、アプリケーションフォルダにコピーするだけで使えるようになりました。

macOS版 GIMP 2.10のインストール

GIMP 2.10をダウンロードする

❶ブラウザで下記のURLにアクセスします。
https://www.gimp.org/

GIMPのWebページが表示されました。

❷[DOWNLOAD 2.10.14] をクリックします。

GIMPのダウンロードページが表示されました。

❸[Download GIMP 2.10.14 directly] をクリックします。

ダウンロードの確認の画面が表示されました。

❹[許可] をクリックします。

ダウンロードがはじまるので、しばらく待ちます。

GIMP 2.10をインストールする

❶ダウンロードが終了すると［ダウンロード］の表示が変わるので、❷［ダウンロード］をクリックして［gimp-2.10.14-x86_64.dmg］をダブルクリックします。

❸しばらくするとイメージファイルがマウントされて、GIMPのインストールファイルが表示されます。

❹［GIMP-2.10］のアイコンを［Applications］にドラッグします。

しばらく待つとGIMPがコピーされ、GIMPのインストールが完了します。

GIMP 2.10を起動する

❶Dockの［Launchpad］をクリックします。

❷インストールされているアプリケーションの一覧が表示されるので［GIMP-2.10］をクリックします。

❸確認画面が表示されるので、［開く］をクリックします。

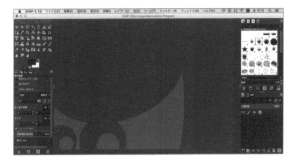

GIMPが起動しました。

GIMP 2.10の基本画面

GIMPを使用する前に、操作画面の基本的な名称や役割を知っておきましょう。

主な名称と役割

ツールボックス
画像を加工するツールの選択や、描画色や背景色の設定などを行います。

メニューバー
［ファイル］や［編集］など、各種コマンドを選択するメニューが並んでいます。

ドック
複数のダイアログを1つにまとめたものです。よく使うダイアログを追加できます。

ツールオプション
選択しているツールの動作を設定できます。選択しているツールによって設定できる内容が変化します。

画像ウィンドウ
編集中の画像が表示される領域です。複数の画像を表示しているときはタブに分けて表示されます。

ダイアログ
画像の編集や状態確認などを行います。またブラシやレイヤーの選択などもダイアログから行えます。

//////// Hint //

ツールボックスの表示が異なる場合は

GIMP 2.10.18以降のバージョンでは、ツールボックスがグループ化して表示される「ツールグループ」の表示が標準となっています。本書の紙面と同じように、ツールをグループ化せず一覧で表示するには、ツールグループを非表示にします。本書8ページを参考に、［編集］メニューの［設定］をクリックします。［GIMPの設定］ダイアログボックスで、［ユーザーインターフェース］にある［ツールボックス］をクリックします。［Use tool groups］の［×］をクリックしてチェックマークをはずし、［OK］をクリックすると、ツールグループが非表示になります。

マルチウィンドウモードに変更する

❶GIMPを起動しておきます。

❷［ウィンドウ］メニューの［Single-Window Mode］（シングルウィンドウモード）をクリックしてチェックマークを外します。

マルチウィンドウモードに切り替わり、画像ウィンドウ、ツールボックス、ツールオプションとドックが別々のウィンドウに表示されました。

Hint

画像を複数表示したときはタブで表示される

シングルウィンドウモードで複数の画像を同時に開いているとき、画像ウィンドウの上部にタブが並んで表示されます。その際画像の小さいアイコンがタブに表示されているので、必要な画像を選択するのに便利です。

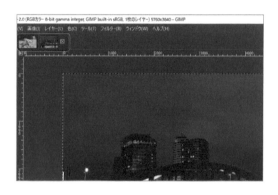

Hint

メニューバーの機能は右クリックからでも利用できる

メニューバーの機能の一部は右クリック〔 ctrl キーを押しながらクリック〕からも利用可能です。作業中に画像ウィンドウ内で右クリックすると、ポップアップでメニューが表示され、メニューバーまで移動しなくても機能を選択できます。また、そのほかのダイアログの上でも、右クリックしてさまざまな操作を選択可能です。

［ツールボックス］を使用するには

［ツールボックス］には38ものツールが収められています。画材や文房具がいっぱい入った筆箱のようなものだと考えるといいでしょう。

［ツールボックス］

［ツールボックス］のアイコンをクリックしてツールを選択すると、アイコンの色が変わり、［ツールオプション］という詳細を設定する部分が表示されます。オプションで設定できる項目はとても多く、同じツールでも設定を変えるとまったく違う結果を生み出し、多様な表現ができます。

ツールの選択

アイコンをクリックしてツールを選択します。

選択したツールは、アイコンの周囲の色が濃くなります。

［ツールオプション］

［ツールボックス］の下にある［ツールオプション］には、現在選択されているツールに関する設定項目が表示されます。

///// Hint /////////////////////////////////

［ツールボックス］の大きさは変えられる

［ツールボックス］も［ツールオプション］もボックスの端をドラッグすると、表示サイズを変えられます。［ツールオプション］の項目が操作しづらいときなどに利用しましょう。

ツール一覧

[ツールボックス]の配置は上から選択系のグループ、スポイト、ズーム、定規、変換系のグループ、切り抜き、テキスト、描画系のグループとなっています。アイコンで表示されるので、ツール名をあらかじめ覚えておくと便利です。

アイコン	ツール名	説明	ショートカットキー
	矩形選択	ドラッグした範囲内に四角形の選択範囲を作成します。ドラッグ中に[Shift]キーを押すと正方形を描くことができます。	R
	楕円選択	ドラッグした範囲内に円形の選択範囲を作成します。ドラッグ中に[Shift]キーを押すと正円を描くことができます。	E
	自由選択	ドラッグした形に選択範囲を作成します。クリックをして2点間を直線で選択することもできます。	F
	ファジー選択	クリックした場所の周囲の近似色を判断して選択範囲を作成します。	U
	色域を選択	クリックしたピクセルの近似色を画像全体から選択します。	Shift + O
	電脳はさみ	クリックして点と点の間の境界を自動的に検出して、選択範囲を作成します。	I
	前景抽出選択	画像の任意の範囲内から指定して、さらにその中から近似色の部分を抽出して選択範囲を作成します。	―
	パス	ベジェ曲線で構成されるパスの作成や編集をします。	B
	スポイト	クリックした場所の色を描画色や背景色に設定します。	O
	ズーム	画像ウィンドウの表示倍率を拡大・縮小します。	Z
	定規	2点間の距離と角度を表示します。	Shift + M
	移動	レイヤーや選択範囲などを移動します。	M
	整列	レイヤーやテキストなどを整列したり並べたりします。	Q
	切り抜き	画像やレイヤーを切り抜きます。	Shift + C
	統合変形	レイヤーや選択範囲などを変形します。	Shift + T
	回転	レイヤーや選択範囲を回転します。	Shift + R
	拡大・縮小	レイヤーや選択範囲の拡大や縮小をします。	Shift + S
	剪断変形	レイヤーや選択範囲を両端の平行を保ちつつ斜めに変形します。	Shift + H
	ハンドル変形	レイヤーや選択範囲などをハンドルを使って変形します。	Shift + L
	遠近法	レイヤーや選択範囲にパースを与えて遠近感を出します。	Shift + P
	鏡像反転	レイヤーや選択範囲を上下または左右に反転します。	Shift + F

アイコン	ツール名	説明	ショートカットキー
	ケージ変形	ケージで囲んだ部分だけを変形します。	Shift + G
	ワープ変形	複数のツールで変形します。	W
	テキスト	テキストを入力してテキストレイヤーを作成します。	T
	塗りつぶし	描画色でクリックした場所の近似色や選択範囲が塗りつぶされます。Ctrl（⌘）キーを押すと背景色で塗りつぶされます。	Shift + B
	グラデーション	レイヤーや選択範囲がグラデーションで塗りつぶされます。	G
	鉛筆で描画	クリックやドラッグで境界線のはっきりとした線を描画します。Shift キーを押すと直線を描画できます。	N
	ブラシで描画	クリックやドラッグで境界線のぼけた線を描画します。[ツールオプション]や[ブラシ]ダイアログで描画する線の形を変更できます。	P
	消しゴム	クリックやドラッグで画像を削除します。[背景]レイヤーでは背景色に塗りつぶし、そのほかのレイヤーでは透明になります。	Shift + E
	エアブラシで描画	[ブラシで描画]の縁をさらにぼかした線を描画します。	A
	インクで描画	万年筆やGペンのような線を描画します。	K
	MyPaintブラシで描画	GIMPでMyPaintブラシを使用します。	Y
	スタンプで描画	コピー元を選択してほかの場所にコピー元の画像で描画します。	C
	修復ブラシ	コピー元を選択して修正先を周囲になじむようにコピー元の画像で描画します。	H
	遠近スタンプで描画	選択したコピー元をほかの場所にパースを付けて描画します。	―
	ぼかし / シャープ	ドラッグした場所をぼかしたりシャープにしたりします。	Shift + U
	にじみ	ドラッグした場所をにじませます。	S
	暗室	ドラッグした場所の明度を調整します。	Shift + D

アイコン	ツール名	説明	ショートカットキー
	描画色	現在の描画色を表示します。クリックすると[描画色の変更]ダイアログボックスで描画色が設定できます。	―
	背景色	現在の背景色を表示します。クリックすると[背景色の変更]ダイアログボックスで背景色が設定できます。	―
	描画色と背景色のリセット	[描画色]に黒、[背景色]に白を設定します。	D
	描画色と背景色の交換	[描画色]と[背景色]の設定を交換します。	X

ダイアログを操作するには

ダイアログはGIMPのさまざまな機能をまとめたウィンドウです。柔軟に移動やドッキングが可能で、よく使う項目をドックというボックス内に格納できます。

ダイアログ操作の基本

ダイアログ上部のタブをクリックすると選択、ドラッグすると移動し、[このタブの設定]の[タブを閉じる]をクリックすると非表示になります。ドッキング可能なダイアログは[ウィンドウ]メニューの[ドッキング可能なダイアログ]から選択します。また、ドック内に統合したり、ドックの下や側面にドッキングしてつなげたりできます。

ダイアログの主な操作部分

【タブ】
タブをクリックしてダイアログを切り替えたり、ドラッグして個別のダイアログに分離したり、ドックやほかのダイアログとドッキングしたりできます。

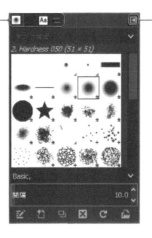

【このタブの設定】
タブを追加、閉じるなどの操作のほか、各ダイアログのメニューを表示できます。

ダイアログの追加

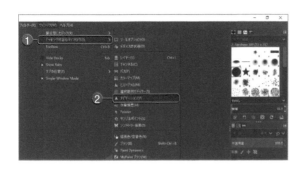

❶[ウィンドウ]メニューの[ドッキング可能なダイアログ]を選択し、❷追加したいダイアログ名をクリックします。

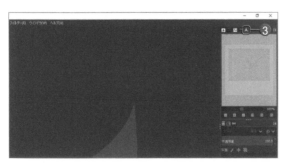

❸ドックに新しいダイアログが追加されました。

すでに追加されているダイアログを選択したときは、そのダイアログが選択されて前面に表示されます。

ダイアログを削除する

❶ドックから削除したいダイアログの［このタブの設定］を選択し、表示されたメニューから❷［タブを閉じる］をクリックします。

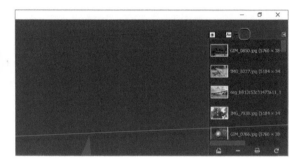

ドックからダイアログが削除されました。

///// Hint ///

削除したダイアログの再表示方法

削除したダイアログを再表示するには、［ウィンドウ］メニューの［ドッキング可能なダイアログ］から選択します。

ダイアログをドックから分離する

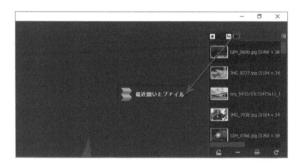

ドックから分離させたいダイアログのタブをドックの外側にドラッグします。

ダイアログがドックから分離して単独のダイアログになりました。

///// Hint ///

分離したダイアログを戻す方法

分離したダイアログを元に戻すには、ダイアログ上部のタブをドックの上にドラッグして移動します。ドック内のタブが反応して表示が変わった位置で離すと、再びドック内に統合されます。

ダイアログをドッキングする

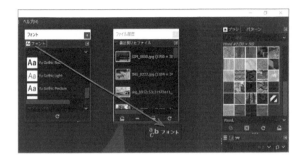

ドッキングさせたいダイアログのタブをドッキング先のダイアログの下部にドラッグし、ダイアログの下部が薄いグレーになるところでマウスのボタンを離します。

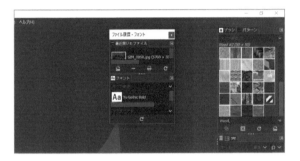

ダイアログ同士がドッキングしました。

ドックの配置をリセットする

❶

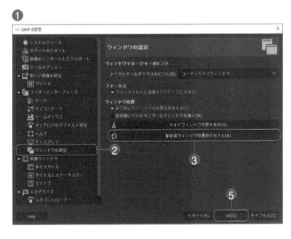

ダイアログを移動し過ぎて使いにくくなったり、はじめからカスタマイズをやり直したくなったときは、ドックの配置をリセットできます。

❶[編集]メニューの[設定]をクリックして[GIMPの設定]ダイアログボックスを表示し、❷[ウィンドウの設定]をクリックします。

❸[保存済ウィンドウ位置のリセット]をクリックします。

❹ウィンドウの設定の確認画面が表示されるので[OK]をクリックして、❺[GIMPの設定]ダイアログボックスの[OK]をクリックします。

次回GIMPを起動したときにドックの位置や種類がインストール時と同じ状態になります。

ダイアログ一覧

GIMPには多くのダイアログが用意されており、GIMPの機能を制御するときや、オプションを設定するときなどにたびたび使います。

ペイント系ダイアログ

ペイント作業に使用するツールの情報を管理するダイアログです。ダイアログ内には設定できる色やそれぞれの項目が一覧表示され、編集や新規に作成することもできます。

［描画色／背景色］　［鉛筆で描画］や［ブラシで描画］で使用する色を作成したり、編集したりするダイアログです。左下のアイコンで描画色または背景色を選択し、色を設定します。

［グラデーション］　［グラデーション］で使用するグラデーションのパターンを一覧から選択、管理します。プレビュー表示を変更したり、グラデーションエディターで新規グラデーションを作成、保存できます。

［パレット］　複数の色の集合であるパレットを一覧から選択、管理します。パレット内の色をクリックすると描画色として選択できます。新規パレットの作成、保存もできます。

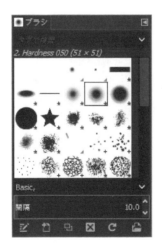

［パターン］　［塗りつぶし］や［ブラシで描画］で使用する［パターン］を一覧から選択、管理します。プレビュー表示の変更や、新規パターンの作成、保存ができます。

［ブラシ］　［ブラシで描画］などで使用する［ブラシ］を一覧から選択、管理します。プレビュー表示の変更や、新規ブラシの作成、保存ができます。

［ツールプリセット］　各ツールの設定を、プリセット一覧から選択、管理します。プレビュー表示の変更や、新規プリセットの作成、保存ができます。

Next Page →

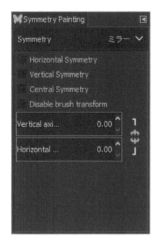

[**Symmetry Painting**] 対称性のある
描画をする際に使用します。描画を線対称
にしたり、反復したりできます。

[**MyPaintブラシ**] [MyPaintブラシで描
画]で使用する[ブラシ]を一覧から選択し
ます。

[**描画の動的特性**] [ブラシで描画]など
で使用する[動的特性]を一覧から選択、
管理します。

レイヤー系ダイアログ

レイヤー、チャンネル、パスの情報を管理するダイアログで、それぞれダイアログ内で一覧表示されます。編集するレイヤーやチャ
ンネルを選択したり新規に作成したりすることができます。

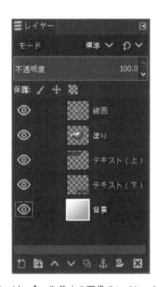

[**レイヤー**] 作業中の画像のレイヤーを一
覧から編集、管理します。レイヤーに関す
るさまざまな操作、プレビュー表示の変更
や、新規レイヤーの作成ができます。

[**チャンネル**] 作業中の画像のチャンネル
を一覧から編集、管理します。ダイアログ
は上下に区切られており、上はカラー、下
は選択マスクが表示されます。

[**パス**] パスを一覧から編集、管理します。
[選択範囲をパスに]などの操作のほか、プ
レビュー表示の変更や、新規パスの作成が
できます。

テキスト系ダイアログ

フォントの情報を表示するダイアログです。[このタブの設定]の[フォントサンプル描画]ではフォントの文章サンプルが作成でき、文字列を見ながらフォントを選ぶことが可能です。

履歴・クリップボード系ダイアログ

作業を効率的にするダイアログで、[作業履歴]と[バッファー]の2つがあります。過去の作業にさかのぼって修正したり、ファイルを新しく作らなくても必要な画像をバッファーから呼び出せたりと、作業時間の短縮に役立ちます。

[フォント]　テキストツールで使用するフォントを一覧から選択します。プレビューで字形を見ながら選択できます。

[作業履歴]　作業履歴を表示します。一覧から選択して過去の作業にさかのぼることができます。

[バッファー]　画像をコピーして一時的に記憶しておき、それを管理します。記憶する画像は[編集]メニューの[バッファー操作]から追加などができます。

情報系ダイアログ

画像の情報を管理するダイアログで、[ヒストグラム][選択範囲エディター][ピクセル情報][サンプルポイント]などがそれに当たります。画像の情報をより詳細にし、さらに作業を効率的にする便利な機能です。

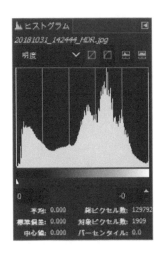

[ヒストグラム]　選択画像の色の分布をグラフで表します。チャンネルが明度のとき、横軸は明るさ、縦軸はピクセルの分布量を表します。

[選択範囲エディター]　現在の選択範囲をグレースケールで表示します。枠内をクリックするとレイヤーの不透明部分が選択されます。

[ピクセル情報]　マウスポインターの位置のピクセル情報を表示します。[見えている色の情報を表示]を有効にすると、すべてのレイヤーを通しての情報になり、無効にすると選択レイヤーの情報のみになります。

Next Page

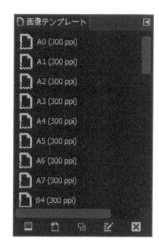

[サンプルポイント] 色情報を4つまで保存できます。 サンプルポイントを追加するには、[Ctrl]([⌘])キーを押しながらルーラー部分から画像上の目的のピクセルにドラッグします。

[画像] 開いている画像の一覧です。複数の画像が開いているとき、作業したい画像のサムネイル（縮小見本）をダブルクリックすると前面に表示されます。

[テンプレート] サイズや画像モードなどを登録したテンプレートを、一覧から選択、管理します。新規テンプレートを作成、保存でき、ダブルクリックすると設定通りの新規画像が作成されます。

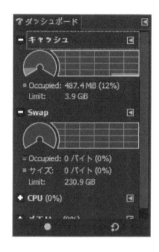

[ダッシュボード] キャッシュの使用率など、パソコンのリソースの使用状況が表示されます。

[ナビゲーションを表示] ウィンドウに表示されている画像の表示範囲を確認できます。縮小画面をドラッグして表示する部分を移動したり、下のバーをドラッグして表示倍率を変更したりできます。

[デバイスの状態] マウスやペンタブレットなど、描画に使用しているそれぞれのデバイスが現在どのツールを選択しているかなどの状態が表示されます。

画像を新規作成するには

新しい画像を作成するには、新規画像の内容を自分で設定する方法と、[テンプレート]からひな形を読み込む方法があります。また、単位や解像度も自分で設定できます。

[新しい画像]コマンド

新規画像の内容を設定します。画像の幅、高さのサイズを入力し、決定します。

1 [新しい画像を作成]ダイアログボックスを表示する

[ファイル]メニューの[新しい画像]をクリックします。

[新しい画像を作成]ダイアログボックスが表示されます。

2 新規画像の内容を設定する

【テンプレート】
新規画像をテンプレートから作成します。

【幅】
新規画像の幅を設定します。

【高さ】
新規画像の高さを設定します。

【単位】
新規画像の幅と高さの単位を変更します。

【詳細設定】
クリックして詳細設定を展開します。

【縦に長く／横に長く】
新規画像の幅と高さを入れ替えます。

[OK]をクリックします。

3 新規画像が作成された

設定した内容の画像が画像ウィンドウに表示されます。

ショートカットキー [新しい画像]

Ctrl [⌘] + N

[テンプレート]メニュー

GIMPにあらかじめ保存されている豊富なテンプレート(ひな型)を選択して、新規画像を作成します。

1 [テンプレート]を設定する

[新しい画像を作成]ダイアログボックスの[テンプレート]をクリックします。

[テンプレート]の中から、任意の設定を選択します。[テンプレート]は一般的なピクセル数のサイズのほか、A判やB判などの用紙サイズ、CDカバーのサイズなどが用意されています。

2 [テンプレート]が設定された

[テンプレート]に選択した設定が表示されました。

[キャンバスサイズ]の値がテンプレートの設定に変更されました。

[OK]をクリックすると、テンプレートで設定した内容の画像が画像ウィンドウに表示されます。

/////// Point ///

テンプレートと解像度

新規画像を作成するときに、[テンプレート]から任意のテンプレートを選択すると、画像の幅、高さのサイズと単位、解像度もすべて自動的に入力されます。そのまま[OK]をクリックすると入力された内容の画像が作成されますが、テンプレートを選択したあとも数値を調整できます。

任意のサイズで作成

キャンバスサイズの単位（ピクセル、インチ、ミリメートルなど）を変更して任意のサイズで作成します。同じ大きさの画像でも、単位が変わると数値が変わります。

1 単位を設定する

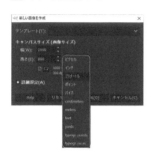

[高さ]の右に表示されている単位をクリックして、プルダウンメニューを表示します。

表示されたメニューから単位を設定します。

単位を変更すると[幅][高さ]の値が連動して変更されます。

2 キャンバスサイズを設定する

単位を変更後に[幅]や[高さ]を変更したときは単位の下の表示で新規画像のピクセル数を確認できます。

詳細設定

詳細設定では解像度、解像度の単位、色空間（モード）、塗りつぶし色、コメントを設定できます。画像サイズの単位がピクセルで設定されているときはドットの数が決まっているので解像度は関係ありませんが、単位がミリメートルなどのときは、その精度を解像度で設定する必要があります。

1 [詳細設定]を展開する

[詳細設定]をクリックします。

2 [詳細設定]の内容を確認する

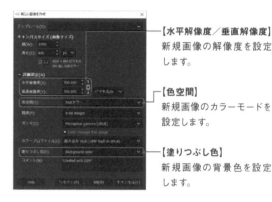

【水平解像度／垂直解像度】
新規画像の解像度を設定します。

【色空間】
新規画像のカラーモードを設定します。

【塗りつぶし色】
新規画像の背景色を設定します。

画像を開くには

パソコン内にある画像を開くには、ファイルを選択して新しい画像として開く方法と、作業中のファイルに新規レイヤーとして追加する方法があります。

[開く/インポート]コマンド

ファイルの場所を指定し、表示されたファイルを選択して開きます。このとき画像の形式を設定すると、表示されるファイルを絞り込むことができます。

1 [画像ファイルを開く]ダイアログボックスを表示する

[ファイル]メニューの[開く/インポート]をクリックします。

2 開くファイルを選択する

ファイルを選択して[開く]をクリックします。

[ファイル形式の選択]をクリックするとダイアログに表示する画像の形式を絞り込むことができます。

3 画像が開いた

画像ウィンドウに選択した画像が開きました。

ショートカットキー [開く/インポート]

Ctrl 〔⌘〕+ O

[レイヤーとして開く]コマンド

すでに開いている作業中のファイルに、レイヤーとしてほかの画像を取り込みたいときは、[レイヤーとして開く]を実行します。選択したファイルのレイヤーがすべて、編集中のレイヤーの前面に新しいレイヤーとしてコピーされます。

1 [レイヤーとして画像ファイルを開く]ダイアログボックスを表示する

[ファイル]メニューの[レイヤーとして開く]をクリックします。

2 レイヤーとして開くファイルを選択する

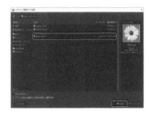

ファイルを選択して[開く]をクリックします。

3 画像がレイヤーとして追加された

画像ウィンドウにレイヤーとして選択した画像が開きました。

開いた画像は[レイヤー]ダイアログでも確認できます。

ショートカットキー [レイヤーとして開く]

Ctrl 〔⌘〕+ Alt 〔option〕+ O

作業内容を保存するには

保存には「保存」で保存する方法と、「エクスポート」で保存する方法があります。通常は [保存] または [名前を付けて保存] で保存しますが、ほかのソフトウェアで開ける形式で保存するときはエクスポートで保存します。

[保存]／[名前を付けて保存]コマンド

通常画像を保存するときは [ファイル] メニューの [保存] または [名前を付けて保存] を選択します。名前を付けて保存すると、元のファイルとは別のファイルとして保存されるので、作業中の差分データを残しておきたいときに便利です。

1 [画像の保存]ダイアログボックスを表示する

[ファイル] メニューの [保存] をクリックします。

2 作業内容の保存場所を選択する

[画像の保存] ダイアログボックスが表示されます。

[場所] をクリックして、保存先のハードディスクやユーザーフォルダなどを選択します。

3 作業内容を保存する

[名前] に保存する作業内容のファイル名を入力して、右下の [保存] をクリックします。

4 画像を保存できた

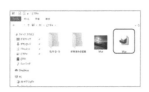

作業内容が選択した場所に保存されました。

作業内容は XCF 形式で保存されます。

ショートカットキー　[保存]

⎋Ctrl⎌ ＋ ⎋⌘⎌ ＋ ⎋S⎌

///// Point /////////////////////////

XCF形式って何？

XCF (eXperimental Computing Facility) 形式は GIMP の基本的な保存ファイル形式で、拡張子は「.xcf」になります。このファイル形式では、レイヤー、保存時の選択、チャンネル、透明度、パスなどすべての情報が保存されます。

[Export As]コマンド

ほかのソフトウェアで開くためにファイル形式を変更するときは、「エクスポート」で保存します。エクスポート先を選択し、ファイル名とファイル形式を選択します。何も選択しないと「.png」という拡張子が付き、PNG形式として保存されます。

1 [画像をエクスポート]ダイアログボックスを表示する

[ファイル] メニューの [Export As] (名前を付けてエクスポート) をクリックします。

2 画像のエクスポート先を選択する

[画像をエクスポート] ダイアログボックスが表示されます。

[場所] をクリックして、画像のエクスポート先のフォルダを選択します。

[ファイル形式の選択] をクリックするとエクスポートする形式を選択できます。

[名前] に画像のファイル名を入力して、右下の[エクスポート]をクリックします。

3 エクスポートの設定を確認する

[Export Image] ダイアログボックスが表示されます。

エクスポートの設定を確認して [エクスポート] をクリックします。

4 画像をエクスポートできた

画像がほかのソフトウェアで開ける形式で保存されました。

画像の表示をすばやく変更するには

画像の表示サイズを変更するには、［ズーム］で目的の部分をクリックするか、［表示］メニューで倍率を選択します。また、画像ウィンドウの下部で画像表示倍率を選択したり、マウスのスクロールボタンで変更したりすることも可能です。

［ズーム］

クリックした場所を中心に、決められた倍率で少しずつ拡大表示されます。また、拡大したいスペースをドラッグで四角く囲むと、そのエリアが画像ウィンドウいっぱいに拡大表示されます。

1 ［ズーム］を選択する

［ツールボックス］の［ズーム］をクリックします。

［ツールオプション］で［拡大］または［縮小］をクリックします。
ここでは［拡大］をクリックして画像を拡大表示します。

2 画像をクリックする

拡大表示したい場所をクリックします。

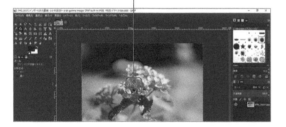

3 画像が拡大表示された

クリックした場所を中心にして画像が拡大表示されます。

ショートカットキー 　［ズーム］

Z

［表示］メニュー

メニュー内に表示に関するコマンドがいくつかあります。フルスクリーンやピクセル等倍など、それぞれショートカットキーが設定されているので、すばやく表示を切り替えることが可能です。

◆ ［表示］メニューの画像ウィンドウの表示変更コマンド

【ピクセル等倍】コマンド
チェックマークが付いているときは画像の1ピクセルを画面の1ピクセルに合わせて表示します。また、チェックマークが付いていないときは画像の印刷時の大きさに合わせて表示します。

【表示倍率】コマンド
表示倍率をさまざまな条件で変更できます。2倍、4倍、8倍、16倍、1/2、1/4、1/8、1/16のほかに画像ウィンドウに合わせた倍率で表示する［ウィンドウ内に全体を表示］などがあります。

【ウィンドウサイズを合わせる】コマンド
表示されている画像の大きさに画像ウィンドウの大きさを合わせます。

ショートカットキー 　［ウィンドウ内に全体を表示］

Ctrl 〔⌘〕＋ Shift ＋ J

ショートカットキー 　［ウィンドウサイズを合わせる］

Ctrl 〔⌘〕＋ J

///// Point ///

［ズーム］は Ctrl 〔⌘〕キーで拡大縮小が切り替えられる

ズームツールは通常はズームイン（拡大表示）ですが、ズームダイアログで［縮小］に設定しなくても、Ctrl 〔⌘〕キーを押しながらクリックするとズームアウト（縮小表示）に切り替えることができます。

操作をやり直すには

コンピューターグラフィックスの大きな利点として、失敗してもやり直しが可能なことが挙げられます。操作を取り消す[～を元に戻す]と、作業をさかのぼって以前の段階に戻す[作業履歴]で、ほとんどの失敗は元に戻すことができます。

操作を取り消すためのコマンド

[～を元に戻す]で作業を取り消し、[～をやり直す]で取り消した操作をやり直します。元に戻すコマンドのショートカットキーは Ctrl 〔⌘〕+ Z で、繰り返し押すとある程度まで作業をさかのぼれるので、ぜひ活用しましょう。

◆ [編集]メニューのコマンド

【(操作名)を元に戻す】コマンド
直前に行った1アクション分の操作を取り消します。

【(操作名)をやり直す】コマンド
[(操作名)を元に戻す]コマンドで取り消した操作をやり直します。

◆ [ファイル]メニューのコマンド

【復帰】コマンド
最後に保存した状態まで復帰します。

ショートカットキー　【○○を元に戻す】コマンド
Ctrl 〔⌘〕+ Z

ショートカットキー　【○○をやり直す】コマンド
Ctrl 〔⌘〕+ Y

[作業履歴]ダイアログ

ファイルを開いてからの操作がすべて記録されており、戻りたい段階をクリックして選択します。新しい操作を加えるまでは、何度でも選択可能です。

1 [作業履歴]ダイアログを表示する

[ウィンドウ]メニューの[ドッキング可能なダイアログ]-[作業履歴]をクリックします。

2 戻したい作業段階を選択する

[作業履歴]ダイアログが表示され、作業履歴の一覧が表示されます。
作業履歴は1回のアクションごとに保存されます。

戻したい作業段階をクリックします。

3 作業履歴から操作を取り消せた

選択した作業段階以降の操作が取り消されました。

////// P o i n t //////////////////////////////

[作業履歴]は削除できる
ダイアログのメニューから[すべての作業履歴を消去します]を選択すると、「この画像の作業履歴を消去すると、使用メモリが○○MB減ります」と表示されます。ここで[消去]をクリックすると、現在の状態のみを残しほかの作業履歴を削除できます。履歴が増え過ぎて動作が不安定になったときに試してみましょう。

画像の一部を選択するには

［矩形選択］でドラッグすると、画面の一部を選択できます。さらにその選択範囲を移動、変形して、より目的に沿った選択範囲にすることも可能です。また、［楕円選択］では同様の操作で楕円形の選択範囲ができます。

選択範囲を作成する

［矩形選択］で、選択したい部分の左上から右下までドラッグします。マウスのボタンを離すと点滅する点線で、選択範囲が囲まれているのが確認できます。

1 ［矩形選択］を選択する

［ツールボックス］の［矩形選択］をクリックします。

2 選択範囲を指定する

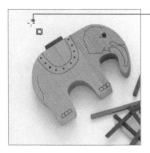

選択範囲の四隅にしたいところをクリックしてマウスのボタンを押し続けます。

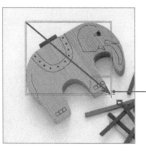

クリックした箇所から対角になる部分までドラッグしてマウスのボタンを離します。

3 選択範囲が作成できた

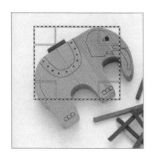

マウスのボタンを離すと、ドラッグした範囲が点線で囲まれて選択範囲が作成されます。

選択範囲の内側をクリックするか、[Enter]キーを押すと、四隅のボックスが消えて選択範囲が確定します。

選択範囲を縦に変形する

矩形選択範囲をクリックして選択すると、四隅が四角になったボックスが表示されます。この状態で四隅をドラッグすると、選択範囲を変形できます。

1 変形する部分を選択する

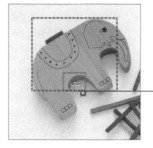

［矩形選択］を選択した状態で選択範囲の上辺または下辺にマウスポインターを合わせます。

辺に黄色いボックスが表示され、ドラッグして動かせるようになります。

選択範囲が確定している場合は、選択範囲の点線をクリックしてからマウスポインターを合わせます。

2 選択範囲を変形する

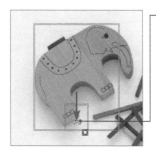

黄色い部分を、変形したい大きさになるまでドラッグします。

マウスのボタンを離すと、選択範囲の大きさが変更されます。

///// P o i n t //

テキストボックスも同じ方法で変形できる

テキストツールは画像内にテキストを配置しますが、その際テキストを入力する「テキストボックス」も、［矩形選択］と同じように四辺や四隅のドラッグで変形できます。しかしこのとき、変形されるのはテキストを入力できるエリアだけなので、テキスト自体を拡大縮小したいときは、文字をドラッグして選択してからフォントサイズを設定します。

選択範囲を横に変形する

選択して四隅がボックスになった状態で横にドラッグすると、選択範囲が横に変形します。

1 変形する部分を選択する

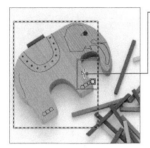

[矩形選択]を選択した状態で選択範囲の左辺または右辺にマウスポインターを合わせます。

辺に黄色いボックスが表示され、ドラッグして動かせるようになります。

選択範囲が確定している場合は、選択範囲の点線をクリックしてからマウスポインターを合わせます。

2 選択範囲を変形する

黄色い部分を、変形したい大きさになるまでドラッグします。

マウスのボタンを離すと、選択範囲の大きさが変更されます。

選択範囲を自由に変形する

選択範囲の四隅がボックスになった状態で上下左右にドラッグすると、選択範囲を自由に変形することができます。

[矩形選択]を選択した状態で選択範囲の四隅にマウスポインターを合わせて、ドラッグします。

上下左右好きな形に選択範囲を変形できます。

選択範囲が確定している場合は、選択範囲の点線をクリックしてからマウスポインターを合わせます。

選択範囲を解除する

[選択]メニューの[選択を解除]を選択すると、選択範囲が消えます。

1 [選択を解除]コマンドを選択する

[選択]メニューの[選択を解除]をクリックします。

2 選択範囲を解除できた

点線が消えて、選択範囲が解除されました。

/////// Point ///

選択範囲以外をクリックしても解除できる

[選択を解除]を選択しなくても、選択系のツールで選択範囲以外の場所をクリックすると、解除されます。

ダウンロードフォントをインストールするには

Webで公開されているフリーフォントなどをインストールすることで、GIMPで使用できるフォントを増やすことができます。ここではWindowsとMacそれぞれのインストール方法を解説します。

Windowsでのフォントのインストール

フォントをダウンロードする

ここでは例として、レッスン4-03で使用するフリーフォント「Gail's Unicorn」をインストールします。

❶ブラウザで以下のURLにアクセスします。
https://www.urbanfonts.com/dingbats/Gail_s_Unicorn.htm

ダウンロードページが表示されました。

❷[DOWNLOAD]をクリックすると、画面下に通知バーが表示されるので、❸[開く]をクリックします。

フォントをインストールする

ダウンロードが終了し、ダウンロードしたフォルダが開きました。

❶フォントファイルをダブルクリックします。

❷フォントのプレビュー画面が表示されるので、[インストール]をクリックします。

しばらく待つと、インストールが完了します。インストール後にGIMPを起動すると、インストールしたフォントが使用できるようになっています。

Macでのフォントのインストール

フォントをダウンロードする

❶ブラウザで以下のURLにアクセスします。
https://www.urbanfonts.com/dingbats/Gail_s_
Unicorn.htm

ダウンロードページが表示されました。

❷[DOWNLOAD] をクリックします。

ダウンロードの確認画面が表示されました。

❸[許可] をクリックします。

フォントをインストールする

ダウンロードが終了し、[ダウンロード]の表示が変わりました。

❶ [ダウンロード] をクリックし、❷ [Gails Unicorn.ttf] をダブルクリックします。

❸フォントのプレビュー画面が表示されるので、[フォントをインストール] をクリックします。

フォントの検証画面が表示されました。

❹ [Gails Unicorn.ttf] をクリックしてチェックマークを付けて、❺ [選択項目をインストール] をクリックします。

しばらく待つと、インストールが完了します。インストール後にGIMPを起動すると、インストールしたフォントが使用できるようになっています。

本書で使用するフリーフォント

本書のレッスンでは、Webで公開されているフリーフォントを使用します。ここで紹介するダウンロードページからダウンロードして、47、48ページを参考にインストールしてください。インストールしたフォントを利用するには、GIMPを再起動する必要があるので、それぞれのレッスンをはじめる前にインストールを済ませておくといいでしょう。

HARDCORE POSTER

・使用レッスン：レッスン2-05
・ダウンロードページ
　https://www.dafont.com/hardcore-poster.font

ブラウザで上記のURLにアクセスし、［Download］をクリックします。

Antiophie personal use only

・使用レッスン：レッスン4-02
・ダウンロードページ
　https://www.dafont.com/antiophie.font

ブラウザで上記のURLにアクセスし、［Download］をクリックします。

Gail's Unicorn

・使用レッスン：レッスン4-03
・ダウンロードページ
　https://www.urbanfonts.com/dingbats/Gail_s_Unicorn.htm

ブラウザで上記のURLにアクセスし、［DOWNLOAD］をクリックします。

ペンタブレットの設定をするには

ペンタブレットを接続するとブラシツールなどの表現の幅が広がりますが、ペンタブレットが反応してはいても、筆圧など
が効かないことがあります。その場合はGIMPの設定でペンタブレットを入力デバイスとして認識させる必要があります。

ペンタブレットの設定の手順

[入力デバイスの設定]ダイアログボックスを開く

[編集]メニューの[入力デバイスの設定]をクリックします。

///// Hint ///

Macの場合

macOS版のGIMPを利用している場合には、[GIMP-2.10]メニューの[入力デバイスの設定]をクリックすると、[入力デバイスの設定]ダイアログボックスが表示されます。

ペンタブレットの設定を変更する

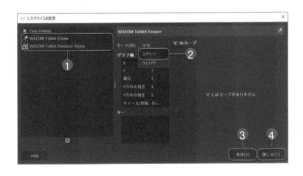

[入力デバイスの設定]ダイアログボックスが表示されました。

❶使用するペンタブレットを選択し、❷[モード]を[スクリーン]に設定します。

❶でペンタブレットに対応する項目が複数ある場合には、それぞれについて同様の設定を行います。

❸[保存]をクリックして設定を保存し、❹[閉じる]をクリックします。

GIMPを再起動すると、[動的特性]の[筆圧][傾き][ホイール回転]の設定が反映されるようになります。

///// Hint ///

使用中に筆圧などが効かなくなったときは

一度入力デバイスの設定をリセットしてから、設定をやり直すと、改善することがあります。[編集][GIMP-2.10]メニューの[設定]をクリックして[GIMPの設定]ダイアログボックスを表示し、[入力デバイス]の[入力デバイス設定のリセット]をクリックすると設定をリセットできます。

レッスン

1

スイーツの写真を
かわいく演出する

レッスン 1 本章における制作の流れ

スイーツの写真をかわいく演出する

レッスン 1-01 写真からブラシを作成してスイーツに配置しよう…P53

GIMPは写真から簡単にスタンプのようなブラシを作ることができます。ここではいちごの写真でブラシを作って、向きや大きさがランダムないちごを写真全体に散らします。

レッスン 1-02 ライトブラシを作成して光を演出しよう …P58

ネオンのような光の効果を出すために、丸いブラシを設定して「ライトブラシ」を作ります。レンズのフィルターで光がにじんだような演出を加えます。

レッスン 1-03 輝きブラシを作成してキラキラさせよう …P61

イラストやプリクラなどで使われる、ちょっと大げさに輝く光を描くために、「＊」という文字を加工して「輝きブラシ」を作ります。

レッスン 1-04 インクで落書きしよう…………………………P65

あらかじめ味のあるタッチに設定されているMyPaintブラシで、フリーハンドの落書きを追加します。写真をかわいく加工しましょう。

レッスン 1-05 光を放っているようなエフェクトをかけよう…P67

完成

最後に、全体に発光した光がにじんでいるようなエフェクトをかけます。これを「グロー効果」と呼びます。明るい部分をさらに飛ばして見せるので、イラストや女性の写真などで使われれます。

写真の一部を選択してコピーすると、[ツールオプション]の[ブラシ]に新しいブラシとして追加されます。またブラシの設定をリアルタイムでコントロールする[描画の動的特性]の機能を使い、いちごをランダムにちりばめます。

Before

After

1.素材画像を開く

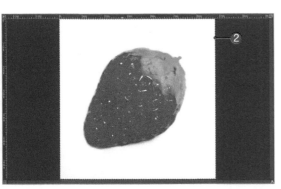

・使用素材
[Dekicre_gimp] - [Lesson] - [Lesson1] フォルダ
いちごの写真　[strawberry.jpg]

❶ [ファイル] メニューの [開く / インポート] から素材画像を開きます。

・素材仕様
幅：1024pixel、高さ：1024pixel
解像度：300pixel/inch、カラーモード：RGB

[表示] メニューの [表示倍率] - [ウィンドウ内に全体を表示] をクリックします。

❷画面サイズに合わせて画像全体が表示されます。

ショートカットキー　[開く / インポート]
Ctrl 〔⌘〕＋ O

Next
Page

2.いちごブラシを作成する

❶［ツールボックス］の［ファジー選択］をクリックします。

［ツールオプション］の❷［なめらかに］をクリックしてチェックマークを付け、❸［しきい値］を「50.0」に設定します。

ショートカットキー　［ファジー選択］

U

❹いちごの周囲の白い部分をクリックします。

白い部分が選択範囲になりました。

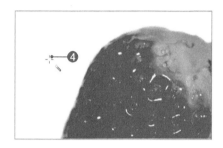

/////// Hint //

ブラシ用の写真を撮影するコツ

ブラシ用のカラー写真は、白い紙の上にモチーフを置いて撮影します。画像をGIMPで開き、白い紙の部分が真っ白になるように、トーンカーブやレベル補正で加工すると、選択範囲が作りやすいです。パスで輪郭を囲んでから選択範囲にするのもいいでしょう。

［選択］メニューの［選択範囲の反転］をクリックします。

いちごの部分が選択範囲になりました。

ショートカットキー　［選択範囲の反転］

Ctrl〔⌘〕＋ I

［編集］メニューの［コピー］をクリックします。

ショートカットキー　［コピー］

Ctrl〔⌘〕＋ C

❺［ツールボックス］の［ブラシで描画］をクリックします。

ショートカットキー　［ブラシで描画］

P

❻［ツールオプション］の［ブラシ］をクリックします。

❼いちごの写真が［ツールオプション］の［ブラシ］に追加されました。

3. アイスの写真にブラシでいちごを配置する

・使用素材
[Dekicre_gimp] - [Lesson] - [Lesson1] フォルダ
アイスの写真 [icecream.jpg]

アイスの写真をGIMPで開きます。

・素材仕様
幅：1024pixel、高さ：1024pixel
解像度：300pixel/inch、カラーモード：RGB

[表示] メニューの [表示倍率] - [ウィンドウ内に全体を表示] をクリックします。

❶画面サイズに合わせて画像全体が表示されます。

ショートカットキー [開く/インポート]

Ctrl ［⌘］ + O

4. 動的特性を設定していちごをちりばめる

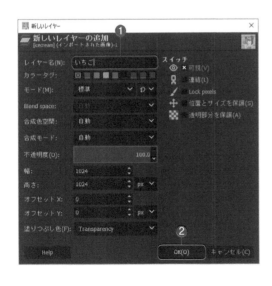

[レイヤー] メニューの [新しいレイヤーの追加] をクリックして、[新しいレイヤー] ダイアログボックスを表示します。

❶ [レイヤー名] に「いちご」と入力して、❷ [OK] をクリックします。

ショートカットキー [新しいレイヤーの追加]

Ctrl ［⌘］ + Shift + N

Next Page

❸[レイヤー]ダイアログに[いちご]レイヤーが追加されました。

❹[ツールボックス]の[ブラシで描画]をクリックします。

ショートカットキー　**[ブラシで描画]**

P

❺[ツールオプション]の[ブラシ]をクリックします。

❻いちごの写真をクリックして選択します。

❼[ツールオプション]の[ブラシ]が[Clipboard Image]に設定されました。

❽[ツールオプション]の[動的特性]をクリックして、❾表示されたメニューで[[描画の動的特性]ダイアログを開く]をクリックします。

❿[描画の動的特性]ダイアログで[新しい動的特性を作成します]をクリックします。

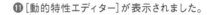

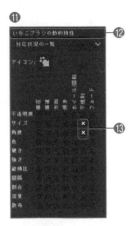

⓫ [動的特性エディター]が表示されました。

⓬ 名称未設定の動的特性が追加されるので、「いちごブラシの動的特性」と入力します。

⓭ [不規則]の[サイズ]と[角度]をクリックしてチェックマークを付けます。

サイズと角度がランダムに変化する動的特性になりました。

⓮ スイーツの周辺をクリックして、いちごを散りばめます。

サイズや向きがイメージと違う場合は、[編集]メニューの[ブラシで描画を元に戻す]をクリックしていちごを削除してから、再度いちごを配置し直します。

⓯ スイーツの周辺にいろいろなサイズと向きのいちごをちりばめられました。

/////// H i n t ///

動的特性って何？

[動的特性]を設定すると、描画系のツールを使うとき、筆圧や筆の速さ、方向、傾きなどを描画結果に反映させることができます。[動的特性エディター]で設定するほか、あらかじめいくつかの動的特性を組み合わせた動的特性から選択できます。主にペンタブレットの使用時に設定します。ある程度慣れは必要ですが、マウスでも使いこなせます。

ライトブラシを作成して光を演出しよう

動的特性の活用

丸いブラシに新しい［描画の動的特性］を追加して、光を描く「ライトブラシ」を作成します。レイヤーのモードを［オーバーレイ］に変更すると、明るさの差を強調してランダムに光るエフェクトが追加されます。

After

Before

1. ライト用のレイヤーを作成する

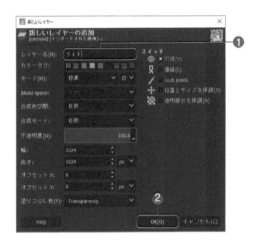

［レイヤー］メニューの［新しいレイヤーの追加］をクリックして、［新しいレイヤー］ダイアログを表示します。

❶［レイヤー名］に「ライト」と入力して、❷［OK］をクリックします。

ショートカットキー　**［新しいレイヤーの追加］**

Ctrl（⌘）＋ Shift ＋ N

❸［レイヤー］ダイアログに［ライト］レイヤーが追加されました。

2.ライトブラシを作成する

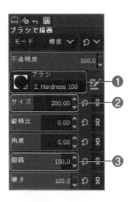

❶ ［ツールオプション］の［ブラシ］を［Hardness 100］に、
❷ ［サイズ］を「200.00」に、❸ ［間隔］を「150.0」に設定
します。

［間隔］を100以上にすると、ブラシのストロークが離れ
た円で描かれます。

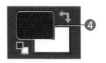

❹ ［ツールボックス］の［描画色］をクリックします。

❺

❺ ［描画色の変更］ダイアログボックスが表示されました。

❻ ［R］を「255.0」、［G］を「255.0」、［B］を「255.0」に設
定し、❼ ［OK］をクリックします。

描画色が白に設定されました。

❽ 56ページの操作❽〜❾を参考に、［描画の動的特性］
ダイアログを表示します。

❾ ［描画の動的特性］ダイアログで［新しい動的特性を作
成します］をクリックします。

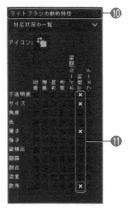

❿ 名称未設定の動的特性が追加されるので、「ライトブラ
シの動的特性」と入力します。

⓫ ［不規則］の［不透明度］［サイズ］［硬さ］［散布］をクリッ
クしてチェックマークを付けます。

［硬さ］は輪郭の明瞭さの設定で、［散布］はブラシの円を
ランダムに散らす設定です。

Next
Page

3.レイヤーのモードをオーバーレイに変更する

画面全体をドラッグして描画します。

❶さまざまな白い円が描かれました。

❷[レイヤー]ダイアログで[ライト]レイヤーの[モード]を
[オーバーレイ]に、❸[不透明度]を「60.0」に設定します。

❹オーバーレイで白を重ねた部分が明るく鮮やかになり、
光の効果が追加されました。

///// Hint //

エフェクトのレイヤーは不透明度を低めに設定する

光などのエフェクトでは[オーバーレイ]モードや[Pin
light]モードがよく使用されますが、不透明度が高すぎ
るとギラギラして不自然になってしまいがちです。不透
明度を低めに設定するほうが自然になじんだ良い結果
が得られます。

///// Hint //

オーバーレイモードとは？

[レイヤー]を[オーバーレイ]モードに設定すると、明
るい部分は[スクリーン]モードのようにより明るくなり、
暗い部分は[乗算]モードのようにより暗くなります。

03

輝きブラシを作成してキラキラさせよう

テキストの加工

[テキスト]で記号の「＊」を入力し、ぼかしとグラデーションで加工してブラシに追加します。記号を加工してブラシの元を作ると、透明部分もブラシのマスクとして保存され、マスク情報を持ったブラシになります。

After

Before

1. 輝きブラシを作る

❶ [レイヤー]ダイアログの目のアイコンをクリックして、すべてのレイヤーを非表示にします。

❷ [ツールボックス]の[テキスト]をクリックします。

ショートカットキー　**[テキスト]**

T

[ツールオプション]で❸[フォント]を[Microsoft Sans Serif]に、❹[サイズ]を「200」に設定します。

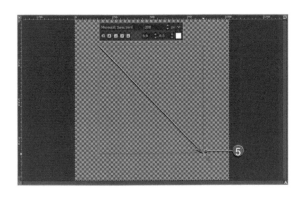

❺画面の中央を広めにドラッグして、テキストボックスを配置します。

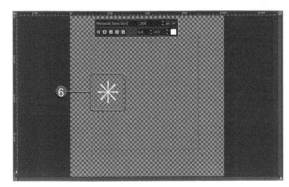

❻ Enter〔return〕キーを一度押して改行してから、「ほし」と入力し、「＊」マークに変換します。

参照　**文字を入力するには**
　　　文字の入力・・・・・・・・・・・・・・・・・・・・・・・・・・・・・・P290

❼［ツールオプション］の［揃え位置］で［中央揃え］をクリックします。

参照　**文字を編集するには**
　　　［揃え位置］・・・・・・・・・・・・・・・・・・・・・・・・・・・・・・P294

❽「＊」マークがテキストボックスの中央近くに移動しました。

/// Hint ///

ブラシの持つマスク情報と色情報

いちごブラシのように、モードが［RGB］のカラー画像をブラシに登録すると色情報を持ったブラシになりますが、モードを［グレースケール］に変更すると、色の情報がなくなる代わりに、描画色が反映されます。さらにグレースケールがそのままマスク情報（不透明度）になります。

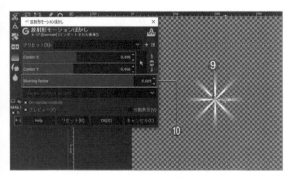

［フィルター］メニューの［ぼかし］-［放射形モーションぼかし］をクリックします。

❾終端点をドラッグして「＊」マークの中央に移動し、❿［Blurring Factor］を「0.6」くらいになるまでドラッグします。

「＊」マークに放射状のぼかしが加わります。

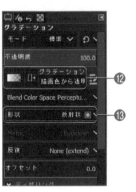

⓫［ツールボックス］の［グラデーション］をクリックします。

ショートカットキー　［グラデーション］
Ｇ

⓬［ツールオプション］の［グラデーション］を［描画色から透明］、⓭［形状］を［放射状］に設定します。

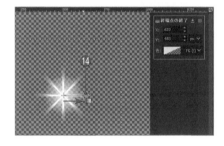

⓮「＊」マークの中央から、先端まで（約100px）を目安にドラッグします。

「＊」マークの中央に明るいグラデーションがかかりました。

［編集］メニューの［切り取り］をクリックします。

「＊」マークが切り取られて、クリップボードにコピーされます。

ショートカットキー　［切り取り］
Ctrl〔⌘〕+ X

⓯［ツールボックス］の［ブラシで描画］をクリックします。

ショートカットキー　［ブラシで描画］
Ｐ

⓰［ツールオプション］の［ブラシ］をクリックして、［Clipboard Image］（白いアイコン）に設定します。

⓱［ツールオプション］の［サイズ］を「200」に、⓲［動的特性］を［いちごブラシの動的特性］に設定します。

⓳［レイヤー］ダイアログで目のアイコンのあった部分をクリックしてすべてのレイヤーを表示します。

［レイヤー］メニューの［新しいレイヤーの追加］をクリックして、［新しいレイヤー］ダイアログボックスを表示します。

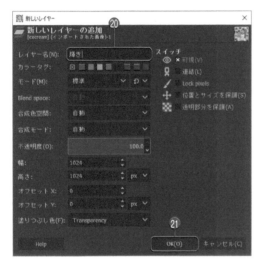

⓴［レイヤー名］に「輝き」と入力して、㉑［OK］をクリックします。

ショートカットキー　[新しいレイヤーの追加]

Ctrl〔⌘〕＋ Shift ＋ N

㉒［レイヤー］ダイアログに［輝き］レイヤーが追加されました。

㉓画面をランダムにクリックして輝きを複数追加します。

////// Hint //

テキストレイヤーと通常レイヤーの違い

［テキスト］で入力した文字はテキストレイヤーとして［レイヤー］ダイアログに追加されます。これはベクター画像という線の情報なので、何度でも編集が可能です。それに対してブラシで描画した通常レイヤーの画像はビットマップ画像というドットの集合で表示されています。

インクで落書きしよう

MyPaintブラシで描画

味のある効果を持つMyPaintブラシで落書きを加えます。ここでは「irregular ink」という、インクの墨だまりが特徴的でリアルなブラシを使います。手ブレを補正する設定にもなっているので、きれいなラインを引くことができます。

After

Before

1. 落書き用のレイヤーを作成する

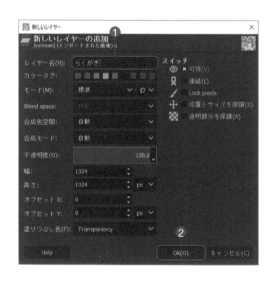

[レイヤー] メニューの [新しいレイヤーの追加] をクリックして、[新しいレイヤー] ダイアログボックスを表示します。

❶ [レイヤー名] に「らくがき」と入力して❷ [OK] をクリックします。

ショートカットキー　**[新しいレイヤーの追加]**

[Ctrl]〔⌘〕+ [Shift] + [N]

Next
Page

❸ [レイヤー] ダイアログに [らくがき] レイヤーが追加され
ました。

2.MyPaintブラシで描画する

❹ [ツールボックス] の [MyPaintブラシで描画] をクリッ
クします。

ショートカットキー　**[MyPaintブラシで描画]**

Y

❺ [ツールオプション] の [ブラシ] を [irregular ink] に設
定します。

❻ [描画色] を白やピンク、パープルなどに設定して、❼文
字やハートなどを描きます。

❼

//// Hint //

MyPaintブラシって何？

オリジナルブラシを作れなくても、MyPaintブラシには
アナログ的表現で絵を描くのに使い勝手の良いブラシ
が揃っています。
作例で使用したペンタッチのほかにも、水彩、ぼかしや
消しゴムも充実しています。色相がランダムに変化する
ブラシも多く、きれいな水彩画が描けます。

墨だまりや強弱のついた、味のあるインク文字のメッセー
ジが描けます。
手ブレ補正もされているので、フリーハンドで描いてもき
れいな線に修正されます。

光を放っているようなエフェクトをかけよう

ガウスぼかし

画像の見えている部分を結合して、「可視レイヤー」を追加します。この可視レイヤーにぼかしをかけてモードを[比較(明)]に変更すると、「グロー効果」といわれる光を放っているようなエフェクトが得られます。

After

Before

1. 可視部分を結合してグロー効果を加える

[レイヤー]メニューの[可視部分をレイヤーに]をクリックします。

❶可視レイヤーが合成され、[可視部分コピー]レイヤーが作成されました。

[フィルター]メニューの[ぼかし]-[ガウスぼかし]をクリックして、[ガウスぼかし]ダイアログボックスを表示します。

❷[Size X]と[Size Y]を「5.00」に設定し、❸[OK]をクリックします。

////// Hint //

ガウスぼかしって何?

[ガウスぼかし]では、半径の数値入力によってぼかしの強度を調節できます。数値を大きくすると、より強くぼかすことができます。[フィルター]メニューの[ぼかし]には、ほかにもブレのような動きを表現する[モーションぼかし]や、輪郭だけくっきり残してぼかす[メディアンぼかし]などがあります。

Next Page

❹

❹[可視部分コピー]レイヤーの画像にぼかしがかかりました。

❺
❻

❺[レイヤー]ダイアログで[モード]を[比較(明)]に、
❻[不透明度]を「50.0」に設定します。

❼

完成

❼下のレイヤーの可視部分に比べて明るい部分のみが表示されるので、発光しているような効果が適用されました。

///// Hint ///

グロー効果って何?

女性や風景によく使われるグロー効果ですが、ガウスぼかしの強度で雰囲気が異なります。表示レイヤーを複製して結合した[可視部分コピー]レイヤーをぼかしてモードを[比較(明)]に変更します。このモードは作用色と基本色を比べて明るい方の画像が表示されるので、明るい部分だけに効果が追加されます。また、モードを[比較(暗い)]にすると、逆に暗く、インクがにじんだようなレトロチックなエフェクトに使えます。

[比較(暗)]

レッスン

2

2枚の写真を合成して
ポストカード風に仕上げる

本章における制作の流れ

2枚の写真を合成してポストカード風に仕上げる

レッスン 2-01　[修復ブラシ]で大人の手を消そう ……… P71

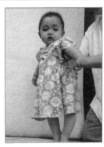

赤ちゃんを支えている大人の手を[修復ブラシ]で消して自力で立っているように見せます。修復のソースになる部分を指定して、消したい部分をドラッグして転写します。転写先の画像に合わせて自然に見えるように自動で補正されます。

レッスン 2-02　写真からマスク画像を作ろう ……… P73

ここではレイヤーマスクという機能を使って、赤ちゃんの背景を消します。まずは赤ちゃんの写真を複製してグレースケールにし、マスク画像を作成します。レイヤーマスクを使うと、髪の毛などのあいまいな輪郭も自然に切り抜けます。

レッスン 2-03　写真をマスクして人物をきれいに切り抜こう … P78

マスク用に加工したグレースケール画像をコピーしてレイヤーマスクとし、人物の背景部分を非表示にします。背景部分は削除したのではなく非表示になっているだけなので、マスクをブラシ等で加工すればいつでも修正が可能です。

レッスン 2-04　背景写真に破壊されたような加工をしよう … P81

赤ちゃん怪獣が街を破壊しているような、コミカルな加工をします。[ソリッドノイズ]フィルターで煙を追加し、[グラデーション]を乗算で重ねて炎に包まれたような色を重ねます。

レッスン 2-05　文字を追加してポストカードのようにしよう … P87

完成

怪獣映画のようなフォントを使用してタイトルを入れ、映画のポストカードのように演出します。[テキスト]でフォントを選択し、タイトルは大きいサイズで、サブタイトルは小さいサイズで入力します。

※ このレッスンでは「HARDCORE POSTER」のフォントを使用します。47〜49ページを参考にインストールしてください。

［修復ブラシ］で大人の手を消そう

［修復ブラシ］

［修復ブラシ］は、不要部分を自然に消すツールです。転写元を設定して不要部分をドラッグすると、周囲に合わせて補正されます。ここでは赤ちゃんを支えている大人の手を消して、赤ちゃんが自力で直立しているように見せます。

After

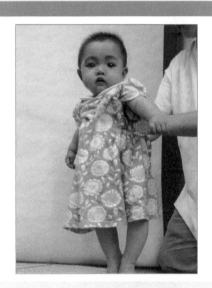

Before

1. 素材画像を開く

・使用素材
［Dekicre_gimp］-［Lesson］-［Lesson2］フォルダ
赤ちゃん写真　［baby.jpg］

赤ちゃんの写真をGIMPで開きます。

・素材仕様
幅：768pixel、高さ：1024pixel
解像度：300pixel/inch、カラーモード：RGB

［表示］メニューの［表示倍率］-［ウィンドウ内に全体を表示］をクリックします。

❶画面サイズに合わせて画像全体が表示されます。

ショートカットキー　　［開く/インポート］

Ctrl〔⌘〕＋ O

Next
Page

2.修復に使うスタンプソースを設定する

大人の手を洋服の柄で消すために、修復に使うスタンプソースを指定します。

❶［ツールボックス］の［修復ブラシ］をクリックします。

ショートカットキー　**［修復ブラシ］**

[H]

❷[Ctrl]（[⌘]）キーを押しながら中央の花柄の上をクリックしてスタンプソースにします。

3.不要部分を描画する

❶［ツールオプション］で［ブラシ］を［2. Hardness 025］に、❷［動的特性］を［Basic Dynamics］に設定します。

////// Hint ///

［修復ブラシ］って何？

［修復ブラシ］は、画像内のきれいな部分を、汚れやキズなどの消したい部分に転写して上書きし、周囲に合わせて自然になじませてくれるツールです。[Ctrl]（[⌘]）キーを押しながら、転写元（サンプリングポイント）となる部分をクリックしてから、消したい部分を描画します。転写元は描画によるドラッグに連動して移動するので、必要な場合は何度か転写元の指定を繰り返す必要があります。

❸画面を参考に、不要な大人の手の部分をドラッグして塗りつぶします。

このとき、洋服の柄がなるべく不自然に重ならないようにしましょう。

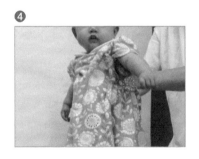

❹スタンプソースがコピーされ、さらに色と明るさが周りの洋服に合わせて調節されます。

大人の手が消えて目立たなくなりました。

02

写真からマスク画像を作ろう

［ブラシで描画］と［塗りつぶし］の活用

赤ちゃんの写真を複製して、レイヤーマスク用の画像を作成します。彩度を0にしてグレースケール画像にし、非表示にしたい部分をブラシで黒、表示したい部分を白で塗りつぶします。広い範囲は［塗りつぶし］で塗りつぶします。

Before

After

1.マスク用の画像を新規レイヤーで作成する

［レイヤー］メニューの［レイヤーの複製］をクリックします。

❶ ［baby.jpg］レイヤーがコピーされ、［baby.jpg コピー］レイヤーが作成されました。

ショートカットキー　**［レイヤーの複製］**

Ctrl 〔⌘〕＋ Shift ＋ D

❷ レイヤー名をダブルクリックして「マスク用画像」に変更します。

❸

❺

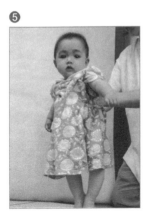

[色] メニューの [脱色] - [Desaturate] をクリックします。

「Desaturate」とは「彩度を落とす」という意味です。

❸ [Desaturate] ダイアログボックスが表示されました。

❹ 初期設定のまま、[OK] をクリックします。

❺ 写真がグレースケールになりました。

/////// Hint //

画像をグレースケールにするには

画像をグレースケールにする方法は、[色] メニューの [脱色] - [Desaturate] のほかにもあります。
- [色] メニューの [色相 - クロマ] で [Chroma] を「-100.00」に設定する。
- [色] メニューの [色相 - 彩度] で [Saturation] を「-100.0」に設定する。
- [色] メニューの [着色] で、[彩度] を「0.0000」に設定する。

そのほかに、[画像] メニューの [モード] で [グレースケール] を選択する方法もあります。

2. トーンカーブで明暗のコントラストを上げる

❶

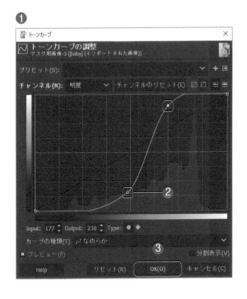

[色] メニューの [トーンカーブ] をクリックします。

❶ [トーンカーブ] ダイアログボックスが表示されました。

❷ 画面を参考に、グラフの2箇所をドラッグしてポイントを追加し、トーンカーブを編集します。

左のポイントが [Input:124] [Output:40]、右のポイントが [Input:177] [Output:230] くらいになるように調整します。

❸ [OK] をクリックします。

参照 **画像を補正するには**
　　　[トーンカーブ] コマンドの操作‥‥‥‥‥P217

/////// Hint //

トーンカーブの効果

[トーンカーブ] はグラフの線を動かすことによって、明度、赤、緑、青、透明度を調整する機能です。グラフの横軸は入力値（補正前）、縦軸は出力値（補正後）を表していて、線にポイントを追加し、ドラッグしてカーブさせることで明るさやコントラストを変更します。レッスンでは [明度] チャンネルのグラフをS字に編集して、人物写真の明暗のコントラストを強めました。

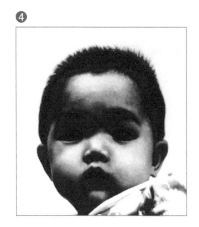

❹明暗のコントラストが強くなり、赤ちゃんのふわふわの
髪の毛の輪郭が分かりやすくなりました。

3.写真の色調を反転させる

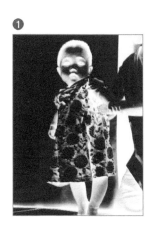

[色]メニューの[光度の反転]をクリックします。

❶背景部分が黒くなり、人物が白いシルエットになりまし
た。

4.不要な部分を塗りつぶす

❶[ツールボックス]の[ブラシで描画]を選択します。

ショートカットキー　[ブラシで描画]

P

❷[ツールオプション]の[ブラシ]を[2. Hardness 075]
に、❸[動的特性]を[Pressure Size]に設定します。

マウスで操作する場合は、[動的特性]を[Dinamics Off]
に設定します。

Shift キーを押したままクリックすると直線が描けます。
少しずつ輪郭を描いていくときれいに塗りつぶせます。

Next
Page

④［ツールボックス］の［描画色］をクリックします。

⑤［描画色の変更］ダイアログボックスが表示されました。

⑥［R］を「255.0」、［G］を「255.0」、［B］を「255.0」に設定し、⑦［OK］をクリックします。

描画色が白に変更されました。100を超える数値が設定できないときは、上部の［0..255］をクリックしてください。

2-02

写真からマスク画像を作ろう

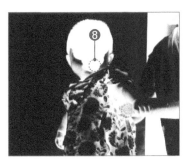

⑧背景との境目に注意しながら、人物の輪郭付近を白く塗りつぶします。

このとき、髪の毛や服などの微妙にぼやけた輪郭がグレースケールになっているので、その部分を残すようにします。

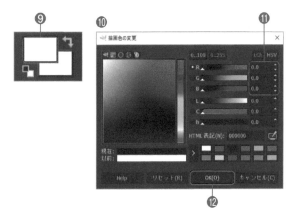

⑨［ツールボックス］の［描画色］をクリックします。

⑩［描画色の変更］ダイアログボックスが表示されました。

⑪［R］を「0.0」、［G］を「0.0」、［B］を「0.0」に設定し、⑫［OK］をクリックします。

描画色が黒に変更されました。

⑬同様の手順で、人物との境目に注意しながら、背景を黒く塗りつぶします。

細かい部分は筆圧を弱めにして細いブラシで、広い部分は筆圧を強めにして太いブラシで描画します。

5. 塗りつぶしの仕上げをする

❶[ツールボックス]の[塗りつぶし]を選択します。

❷[ツールオプション]の[しきい値]を「10.0」に設定します。

ショートカットキー　[塗りつぶし]

Shift + B

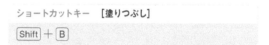

❸写真の背景部分を一度クリックします。

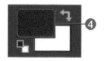

❹[ツールボックス]の[描画色]をクリックします。前ページの操作❹〜❼を参考に描画色を白に設定します。

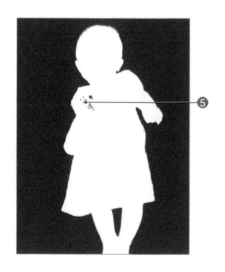

❺写真の人物部分を一度クリックします。

輪郭以外のグレーの部分が白と黒に塗りつぶされ、人物写真を切り抜くためのマスク画像が完成しました。

03

写真をマスクして人物をきれいに切り抜こう

レイヤーマスクの活用

レイヤーマスクは、グレースケールの画像を使ってレイヤーの一部を非表示にする機能です。グレーの部分は半透明になるので、髪の毛のあいまいな輪郭も自然に切り抜けます。ここでは加工した写真画像をレイヤーマスクとして使用します。

After

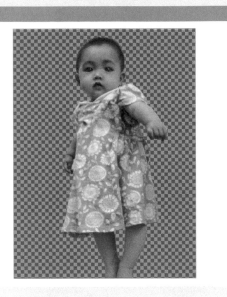

Before

1. レイヤーマスクを作成する

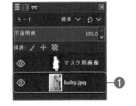

❶[レイヤー]ダイアログの[baby.jpg]レイヤーをクリックして選択します。

[レイヤー]メニューの[レイヤーマスク]-[レイヤーマスクの追加]をクリックします。

❷[レイヤーマスクの追加]ダイアログボックスが表示されました。

❸[完全不透明(白)]を選択し、❹[追加]をクリックします。

///// Hint //////////////////////////////////////

レイヤーマスクって何?

レイヤーの不透明度を調整できる機能で、レイヤーマスクの塗り色が白ならばそのレイヤーは100%不透明で表示され、黒ならば100%透明になり、下のレイヤーが透けて見えます。また、グレーを使用すると半透明を表現でき、再編集も可能です。再びレイヤーサムネイルをクリックして選択すると通常のレイヤー編集に戻ります。

❺ [baby.jpg] レイヤーに白いレイヤーマスクが作成されました。

参照	レイヤー内の不要な部分を隠すには

レイヤーマスクの作成・・・・・・・・・・・・・・・・・・・・・P242

/// Hint //

レイヤーサムネイルとレイヤーマスク

[レイヤー] ダイアログのレイヤーサムネイルの右側に、レイヤーマスクのプレビューが作成されます。この [レイヤーマスクサムネイル] をクリックするとレイヤーマスクが選択され、白黒での描画のほかに、ブラシなどによるグレースケールでの描画が可能になります。ブラシで描画することで、レイヤーの隠す部分を手書きで細かく調整できます。

2. レイヤーマスクに画像をコピーする

❶ [レイヤー] ダイアログの [マスク用画像] レイヤーをクリックして選択します。

[編集] メニューの [コピー] をクリックします。

ショートカットキー　**[コピー]**
[Ctrl]〔⌘〕+ [C]

❷ [レイヤー] ダイアログの [マスク用画像] レイヤーの目のアイコンをクリックします。

❸ [マスク用画像] レイヤーが非表示になりました。

❹ [レイヤー] ダイアログの [baby.jpg] レイヤーのレイヤーマスクをクリックして選択します。

[編集] メニューの [貼り付け] をクリックします。

ショートカットキー　**[貼り付け]**
[Ctrl]〔⌘〕+ [V]

❺ [レイヤー] ダイアログに [フローティング選択範囲 (マスク用画像 コピー)] が追加されました。

このレイヤーは「フローティングレイヤー」というもので、そのままでは編集することができません。

❻ [フローティングレイヤーを固定します] をクリックします。

Next
Page

❼レイヤーマスクに人物のシルエットがコピーされました。

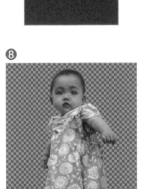

❽

❽マスクされた [baby.jpg] レイヤーの背景部分が透明になりました。

2-03

写真をマスクして人物をきれいに切り抜こう

//// H i n t //

フローティングレイヤーって何？

フローティングレイヤーとは貼り付けがまだ固定されていない臨時のレイヤーです。フローティングレイヤーがある状態ではほかのレイヤーで作業ができません。通常レイヤーにするには、[レイヤー] メニューの [新しいレイヤーの生成] を実行するか、レイヤー名を変更すると通常レイヤーとして生成されます。また、ここでの操作のように、レイヤーマスクのフローティングレイヤーの場合は、[レイヤー] ダイアログの [フローティングレイヤーを固定します] をクリックするとレイヤーマスクとして固定されます。

//// H i n t //

パスを使った輪郭の切り抜き

赤ちゃんのふわふわした髪の毛やペットの毛などの複雑な輪郭を切り抜くにはマスクが適していますが、シンプルな輪郭の場合はパスのほうが少ない手順で済みます。パスで輪郭を切り抜くにはツールボックスの [パス] を選択し、クリックしてアンカー点を追加しながら輪郭を囲みます。Ctrl (⌘) キーを押しながら始点をクリックすると、パスをクローズできます。[選択] メニューの [パスを選択範囲に] をクリックすると、パスから選択範囲が作成されます。[レイヤー] メニューの [レイヤーマスクの

追加] をクリックして、[レイヤーマスクの初期化方法] に [選択範囲] を選択して [追加] をクリックすると、画像がパスの範囲で切り抜かれます。

参照 ▶ **[パス] で範囲を選択するには**
　　　　 パスを作成する・・・・・・・・・・・・・・・・・・・・・・・・・・・・・・・ P197
　　　　 パスを調整する・・・・・・・・・・・・・・・・・・・・・・・・・・・・・・・ P199

 →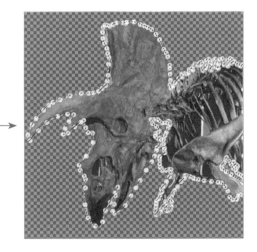

04

背景写真に破壊されたような加工をしよう

[ソリッドノイズ] フィルターと [グラデーション] の活用

[ソリッドノイズ] フィルターと [グラデーション]
を使用し、背景写真に破壊された街のようなエ
フェクトを加えます。完璧にリアルにするので
はなく大げさな色とテクスチャで、古い特撮風
のチープ感を演出します。

Before

After

1.素材画像を開く

・使用素材
[Dekicre_gimp] - [Lesson] - [Lesson2] フォルダ
風景写真　[building.jpg]

風景写真をGIMPで開きます。

・素材仕様
幅：768pixel、高さ：1024pixel
解像度：300pixel/inch、カラーモード：RGB

ショートカットキー　**[開く/インポート]**

Ctrl 〔⌘〕+ O

Next Page

[表示] メニューの [表示倍率] - [ウィンドウ内に全体を表示] をクリックします。

❶ 画面サイズに合わせて画像全体が表示されます。

[編集] メニューの [コピー] をクリックします。

ショートカットキー　[コピー]
Ctrl〔⌘〕+ C

❷ 人物写真のタブをクリックして、画面表示を切り替えておきます。

❸ [レイヤー] ダイアログの [baby.jpg] レイヤーをクリックして選択します。

[編集] メニューの [貼り付け] をクリックします。

ショートカットキー　[貼り付け]
Ctrl〔⌘〕+ V

❹ [レイヤー] ダイアログに [フローティング選択範囲 (building.jpg コピー)] が追加されました。

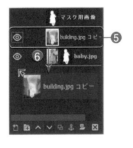

[レイヤー] メニューの [新しいレイヤーの生成] をクリックします。

❺ [building.jpg コピー] レイヤーが生成されました。❻ このレイヤーをドラッグして一番下に移動します。

❼

❼人物写真とオフィス街の写真がきれいに合成されました
た。

2.破壊された街に立ち上る煙を作成する

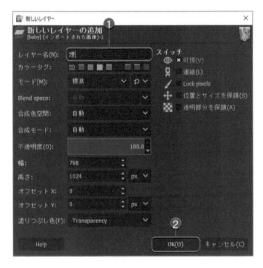

[レイヤー]メニューの[新しいレイヤーの追加]をクリック
して、[新しいレイヤー]ダイアログボックスを表示します。

❶[レイヤー名]に「煙」と入力して、❷[OK]をクリックし
ます。

ショートカットキー　[新しいレイヤーの追加]

Ctrl〔⌘〕+ Shift + N

❸[レイヤー]ダイアログに[煙]レイヤーが追加されまし
た。

❹[レイヤー]ダイアログで[煙]レイヤーをドラッグして一
番上に移動します。

Next
Page

❺

[フィルター] メニューの [下塗り] - [ノイズ] - [ソリッドノイズ] をクリックします。

❺ [ソリッドノイズ] ダイアログボックスが表示されました。

❻ 初期設定のまま、[OK] をクリックします。

❼

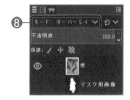

❼ [煙] レイヤーにモノクロの煙のようなテクスチャが追加されました。

//// Hint //

[ソリッドノイズ] フィルターで不規則な模様を作成する

[ソリッドノイズ] は不規則なグレースケールの濃淡を作成するフィルターです。[Random seed] の数値を変えると違った濃淡を作り出し、サイズを変更することで密度が変化します。水平方向の [X Size] と垂直方向の [Y Size] の値で調整し、それぞれのサイズを変えることで、横または縦に伸びたようなノイズができあがります。このレッスンで作成しているような湯気のほか、雲や木目、水の波紋、汚れなどのテクスチャーの作成に使われます。

❽ [レイヤー] ダイアログで [煙] レイヤーの [モード] を [オーバーレイ] に変更します。

❾

❾ 画面全体に煙のようなテクスチャが重なりました。

背景写真に破壊されたような加工をしよう

3.新しいレイヤーにグラデーションをかける

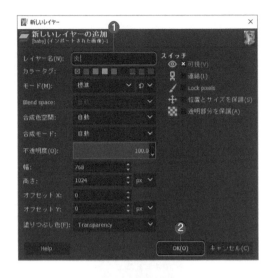

[レイヤー]メニューの[新しいレイヤーの追加]をクリックして、[新しいレイヤー]ダイアログボックスを表示します。

❶[レイヤー名]に「炎」と入力して、❷[OK]をクリックします。

ショートカットキー　[新しいレイヤーの追加]

Ctrl（⌘）＋ Shift ＋ N

❸[レイヤー]ダイアログに[炎]レイヤーが追加されました。

❹[ツールボックス]の[グラデーション]を選択します。

ショートカットキー　[グラデーション]

G

❺[ツールオプション]の[グラデーション]を[Incandescent]に、❻[形状]を[線形]に設定します。

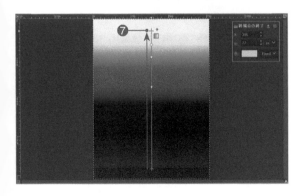

❼画面を下から上にドラッグします。

画面全体にグラデーションが追加されました。

参照　そのほかの描画ツールの使い方
　　　[グラデーション]・・・・・・・・・・・・・・・・・・・・・・・P178

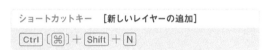
Next
Page

4.グラデーションを編集して街を不穏な色に染める

2-04

背景写真に破壊されたような加工をしよう

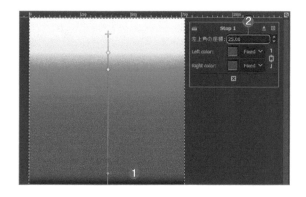

画面上を明るくするために、Stop 1～Stop 3の3つのポイントを移動します。ドラッグして移動するか、画面右上に表示されるダイアログボックスの[左上角の座標]に数値を入力します。

❶ [Stop 1]をクリックして選択し、❷ [左上角の座標]を「25.00」に設定します。

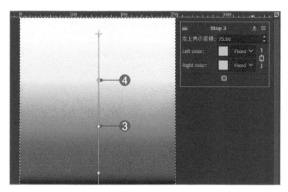

❸同様にして[Stop 2]の[左上角の座標]を「50.00」、
❹ [Stop 3]の[左上角の座標]を「75.00」に設定します。

グラデーションが編集され画面上が明るくなりました。

❺ [レイヤー]ダイアログで[炎]レイヤーの[モード]を[乗算]に変更します。

///// Hint //

乗算モードって何？

[レイヤー]の[乗算]モードはモードを設定したレイヤーと背面のレイヤーの色を掛け合わせて表示します。どちらかが白であるとき以外は標準よりも濃い色で表示されます。

❻グラデーションの色が写真に重なりました。

///// Hint //

グラデーションのポイント編集

グラデーションを決定する前に、ドラッグでポイントを移動して使用されている色の割合を調整することができます。あらかじめグラデーションエディターで編集してから使用することもできますが、実際にグラデーションをかけた状態で結果を見ながら微調整できるのはとても便利な機能です。

文字を追加してポストカードのようにしよう

[テキスト]の活用

文字を入れて映画の宣伝用画像のようにします。タイトルには太めのフォントをダウンロードして大きく使用し、サブタイトルは少し細いフォントで小さめに入れます。子供やペットの写真を加工して、年賀状などの挨拶状にできます。

Before

After

1. 映画のようなタイトルを入れる

❶ [ツールボックス]の[テキスト]を選択します。

❷ [ツールオプション]の[フォント]を[HARDCORE POSTER]、❸[サイズ]を「170px」、❹[揃え位置]を[中央揃え]に設定します。

[HARDCORE POSTER]は、47〜49ページを参考にインストールしておく必要があります。

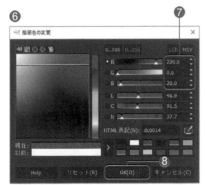

❺ [ツールボックス]の[描画色]をクリックします。

❻ [描画色の変更]ダイアログボックスが表示されました。

❼ [R]を「220.0」、[G]を「0.0」、[B]を「20.0」に設定して、❽[OK]をクリックします。

描画色が赤に変更されました。

Next
Page

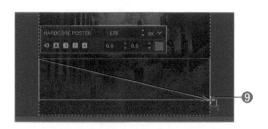

❾画面下側のタイトルを追加したい範囲をドラッグして矩形で囲みます。

❿「BABILLA」と入力します。

赤い文字でタイトルが追加されました。

//// Hint //

ダウンロードフォントを使用する

大見出しやタイトルにぴったりな面白いデザインのフォントは、ネットのフリーフォントが豊富です。個人で使用する分には無料で使えるものがほとんどです。利用方法は、47ページを参照してください。

2.サブタイトルを入れる

❶[ツールオプション]の[フォント]を[Yu Mincho Semi-Bold][Hiragino Mincho Pro W6 Semi-Bold]、❷[サイズ]を「50px」に設定します。

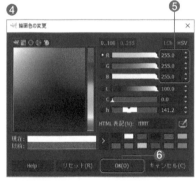

❸[ツールボックス]の[描画色]をクリックします。

❹[描画色の変更]ダイアログボックスが表示されました。

❺[R]を「255.0」、[G]を「255.0」、[B]を「255.0」に設定して、❻[OK]をクリックします。

描画色が白に変更されました。

❼タイトルの下のサブタイトルを追加したい範囲をドラッグして矩形で囲みます。

❽「巨大赤ちゃん襲来!」と入力します。

白い文字でサブタイトルが追加されました。

参照 **文字を入力するには**
　　　文字の入力・・・・・・・・・・・・・・・・・・・・・・・・・・・・・・・・P290

レッスン

3

美麗アニメ背景風に
写真を加工する

美麗アニメ背景風に写真を加工する

レッスン 3-01 　風景写真に[水彩]フィルターをかけて加工しよう …P91

風景写真をイラスト風に加工します。GIMPには絵画風に加工するフィルターがいくつか用意されています。[芸術的効果]の[水彩]フィルターをかけると、写真の細部がつぶされて水彩画のように加工されます。

レッスン 3-02 　写真の輪郭を抽出して線画を作成しよう …P93

同じ風景写真を複製して、線画に加工します。[輪郭抽出]のフィルターを使うと、写真の明暗差を輪郭線として抽出できます。抽出した輪郭線を際立たせる加工をして、線画として仕上げます。

レッスン 3-03 　遠景部分の線画を非表示にして遠近感を出そう …P95

水彩画風に加工した写真に、線画のレイヤーを[乗算]モードで重ねて、さらにイラスト風にします。レイヤーマスクを使って、手前の踏切や地面の部分だけを線画で縁取ることで、遠近感を強調します。

レッスン 3-04 　エアブラシで描画して光と影をカラフルにしよう …P98

レイヤーを追加して、エアブラシで明るい光と影を描き込みます。明るい部分には水色、暗い部分には紫、地面に光が反射した部分には白と、それぞれに色を付けます。寒色系の爽やかな光を表現します。

レッスン 3-05 　ブラシとフィルターで幻想的な光を表現しよう … P102

完成

[Sparks]ブラシを使って、蛍や雪のように漂う光の粒を描きます。また、[グラデーションフレア]フィルターでレンズを光源に向けたときの光の漏れを表現します。寒色系の光と相まって、美しくきらめく背景イラストになります。

風景写真に[水彩]フィルターをかけて加工しよう

[水彩]フィルター

[水彩]フィルターをかけるとグラデーションが単色で塗り分けられます。[Superpixels size]が大きいほど広い面積が塗りつぶされるので、写真の大きさによって数値を変えるといいでしょう。

After

Before

1.素材画像を開く

・使用素材
[Dekicre_gimp]-[Lesson]-[Lesson3]フォルダ
風景写真　[scenery.jpg]

風景写真をGIMPで開きます。

・素材仕様
幅：1024pixel、高さ：768pixel
解像度：300pixel/inch、カラーモード：RGB

[表示]メニューの[表示倍率]-[ウィンドウ内に全体を表示]をクリックします。

❶画面サイズに合わせて画像全体が表示されます。

ショートカットキー　[開く/インポート]

Ctrl [⌘] + O

Next
Page

2. [水彩] フィルターをかける

[フィルター] メニューの [芸術的効果] - [水彩] をクリック
して [水彩] ダイアログボックスを表示します。

❶ [Superpixels size] を [8] に設定して、❷ [OK] をクリッ
クします。

写真のグラデーションがなくなり、水彩絵の具で塗り分け
たようになりました。

////// Hint //

そのほかの絵画のような効果

絵画風に写真を加工するフィルターはほかにもいくつか
あります。[フィルター] メニューの [芸術的効果] - [油絵
化] を写真に実行すると、写真の細部がつぶれ、筆で塗
り重ねたような質感になります。また、[フィルター] メ
ニューの [芸術的効果] - [キャンバス地] では、写真その
ものは加工されませんが、キャンバス地のテクスチャー
が重なり、素材感のある紙に印刷したような印象になり
ます。
ほかにも、[スタンプで描画] で絵画調にする方法があ
ります。[ツールボックス] の [スタンプで描画] を選択し、
Ctrl 〔⌘〕 キーを押しながら写真の中央をクリックし、
ソース画像を選択します。続いて新規レイヤー（レイヤー
塗りつぶし方法：白）を追加し、[ツールボックス] の [ス
タンプで描画] を選択します。[ブラシ] を素材感のある
[Acrylic 02] に変更して中央から描画すると、ソース
画像が素材感のあるブラシでコピーされ、紙に絵の具で
描いたような質感になります。

[油絵化]

[キャンバス地]

[スタンプで描画]

02

写真の輪郭を抽出して線画を作成しよう

[輪郭抽出] フィルター

写真のレイヤーを複製して、[輪郭抽出]の[画像の勾配]フィルターで輪郭を抽出し、線画にします。輪郭が全体的に均一に検出されるので、コントラストを上げて、特に太く黒い線を際立たせます。

After

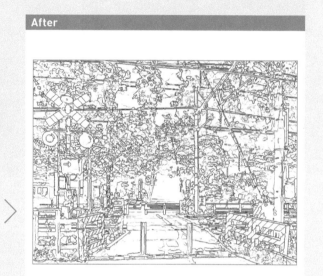

Before

---

1. [輪郭抽出] フィルターをかける

[レイヤー]メニューの[レイヤーの複製]をクリックします。

❶[レイヤー]ダイアログに[scenery.jpg コピー]レイヤーが追加されました。

ショートカットキー　**[レイヤーの複製]**

Ctrl 〔⌘〕 ＋ Shift ＋ D

❷追加されたレイヤーのレイヤー名を「線画」に変更します。

Next
Page

[フィルター]メニューの[輪郭抽出]-[画像の勾配]をクリックして、[画像の勾配]ダイアログボックスを表示します。

❸初期設定のまま[OK]をクリックします。

写真の輪郭が白で抽出されました。

2.輪郭を加工して線画にする

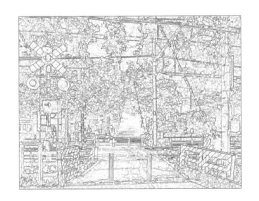

[色]メニューの[光度の反転]をクリックします。

白黒反転され、輪郭が黒くなりました。

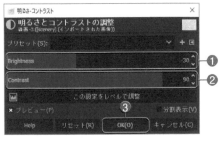

[色]メニューの[明るさ-コントラスト]をクリックします。

[明るさ-コントラスト]ダイアログボックスが表示されました。

❶[Brightness]を「-30」、❷[Contrast]を「90」に設定して、❸[OK]をクリックします。

輪郭がくっきりして線画のようになりました。

////// Hint //

明るさとコントラストは合わせて使おう

[明るさ - コントラスト]ダイアログボックスでは[Brightness]と[Contrast]の2つの値を設定するだけで、写真を補正することができます。明るさを上げるだけではただの白っぽい写真になってしまいますが、コントラストを上げると明るい部分と暗い部分の差が出て、さらに彩度も上がるので、強い光が当たったようなくっきりとした写真になります。[明るさ]と[コントラスト]は、数値を入力する以外にも、スライダーをドラッグしてプレビューを見ながら調整することもできます。

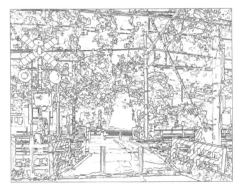

03 遠景部分の線画を非表示にして遠近感を出そう

レイヤーマスクの活用

[線画]レイヤーを[乗算]モードで重ねて、イラストを縁取ります。レイヤーマスクを追加して、遠景の部分は線画を非表示にし、手前の柵や踏切以外の部分だけに線画が表示されるように加工します。

After

Before

1. 線画を[乗算]モードにしてレイヤーマスクを追加する

❶[レイヤー]ダイアログで、[線画]レイヤーの[モード]を[乗算]に変更します。

> **参照** **不透明度と描画モードを調整するには**
> レイヤーの[モード]の変更‥‥‥‥‥‥P236

明るい部分が非表示になり、写真に線画が重なりました。

Next
Page

[レイヤー]メニューの[レイヤーマスク]-[レイヤーマスクの追加]をクリックして、[レイヤーマスクの追加]ダイアログボックスを表示します。

❷[完全透明（黒）]を選択して、❸[追加]をクリックします。

❹[線画]レイヤーに黒いレイヤーマスクが追加され、線画が非表示になりました。

参照 **レイヤー内の不要な部分を隠すには**
レイヤーマスクの概念 ····················· P242
レイヤーマスクの初期化方法 ··············· P243

//// Hint ///

レイヤーマスクの効果を素早く確認するには

レイヤーマスクは感覚的かつ複雑に画像の透明度を調整することができます。レイヤーマスクのサムネイルをCtrl（⌘）キーを押しながらクリックするとレイヤーマスクの有効と無効が切り替わり、効果を確認しながら作業できます。

2. レイヤーマスクを描画して線画に遠近感を出す

❶[レイヤー]ダイアログで[線画]レイヤーのレイヤーマスクをクリックして選択します。

//// Hint ///

[Pressure Opacity]はマスクの描画に便利

動的特性の[Pressure Opacity]は、ペンタブレットなどの使用時に、筆圧によって不透明度（Opacity）だけが変化する特性です。[サイズ]は変わらないので、筆圧を弱くしてもブラシの描画が細くならず透明に近づきます。また[硬さ]を「0」にして輪郭をぼかすと、境目の目立たないふんわりした描画ができます。微妙なニュアンスやサイズを大きくすればグラデーション表現も可能なので、今回のようなマスクの描画に適しています。

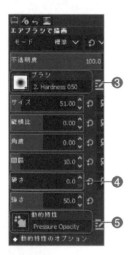

②［ツールボックス］の［エアブラシで描画］をクリックします。

③［ツールオプション］の［ブラシ］を［2. Hardness 050］に、**④**［硬さ］を「0.0」に、**⑤**［動的特性］を筆圧で不透明度が変化する［Pressure Opacity］に設定します。

参照 ［ツールオプション］の設定
　　　［動的特性］‥‥‥‥‥‥‥‥‥‥‥‥‥‥‥‥‥P172

ショートカットキー　［エアブラシで描画］

Ⓐ

⑥［ツールボックス］の［描画色］をクリックします。

⑦［描画色の変更］ダイアログボックスが表示されました。

⑧［R］を「255.0」、［G］を「255.0」、［B］を「255.0」に設定し、**⑨**［OK］をクリックします。

描画色が白に設定されました。100を超える数値が設定できないときは、上部の［0..255］をクリックしてください。

⑩手前の踏切や地面の部分はレイヤーマスク上で筆圧を強く塗りつぶして線画を表示します。**⑪**少し遠くの電柱やガードレールは筆圧を弱めにして線画を半透明に表示します。

マウスで操作する場合は、［ツールオプション］の［不透明度］を「20.0」くらいに設定して、少しずつ塗りつぶします。

前景は線画が輪郭となってくっきり明瞭になり、遠景は線画がなく不明瞭になるため、全体的に遠近感が出ました。

04 エアブラシで描画して光と影をカラフルにしよう

［エアブラシで描画］

光と影を描きます。輪郭をぼかしたエアブラシでふんわり描くのがポイントです。［ハードライト］モードで重ねたレイヤーの色は下の画像を透過しながら鮮やかにコントラストを上げるので、光の表現に最適です。

Before

After

1. ［着彩］レイヤーを追加する

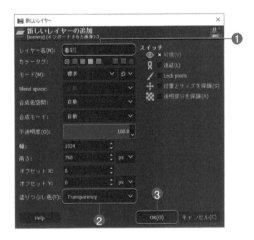

［レイヤー］メニューの［新しいレイヤーの追加］をクリックして、［新しいレイヤー］ダイアログボックスを表示します。

❶［レイヤー名］に「着彩」と入力し、❷ 塗りつぶし色を［Transparency］に設定して、❸［OK］をクリックします。

ショートカットキー　**［新しいレイヤーの追加］**

`Ctrl`（`⌘`）＋ `Shift` ＋ `N`

❹［レイヤー］ダイアログに［着彩］レイヤーが追加されました。

❺ [レイヤー] ダイアログで [着彩] レイヤーの [モード] を [ハードライト] に変更します。

//// Hint //

[ハードライト] モードの効果

[ハードライト] は明るい色を重ねるとより明るく、暗い色を重ねるとより暗くなるモードです。色は変わりませんが、コントラストが上がるので、彩度が上がって鮮やかになります。このため強い光の表現に適しています。[オーバーレイ] モードと似ていますが、[ハードライト] のほうがよりコントラストが強くなります。

2. エアブラシで明るい部分を描画する

❶ [ツールボックス] の [エアブラシで描画] をクリックします。

❷ [ツールオプション] の [サイズ] を「150.00」に変更します。

❸ [ツールボックス] の [描画色] をクリックします。

❹ [描画色の変更] ダイアログボックスが表示されました。

❺ [R] を「150.0」、[G] を「150.0」、[B] を「200.0」に設定し、❻ [OK] をクリックします。

描画色が薄紫に設定されました。

❼ 遠景の明るい部分を描画します。

Next Page →

❽ [ツールボックス] の [描画色] をクリックします。

❾ [描画色の変更] ダイアログボックスが表示されました。

❿ [R] を「50.0」、[G] を「170.0」、[B] を「200.0」に設定し、⓫ [OK] をクリックします。

描画色が水色に設定されました。

⓬ 上部の空の部分を描画します。

⓭ [ツールボックス] の [描画色] をクリックします。

⓮ [描画色の変更] ダイアログボックスが表示されました。

⓯ [R] を「255.0」、[G] を「255.0」、[B] を「255.0」に設定し、⓰ [OK] をクリックします。

描画色が白に設定されました。

/////// Hint ///

描画色を初期設定に戻すには

[ツールボックス] の下部にある 2 つの四角いアイコンは、左上が [描画色] で右下が [背景色] を表しています。
左下の小さな白黒アイコンをクリックすると初期設定の色に戻り、描画色は黒、背景色は白にリセットされます。
このため、黒を使用したいときに便利です。
さらに、右上の両矢印アイコンをクリックすると描画色と背景色を交換できるので、描画色を白に変更できます。

⓱遠くの地面や雲、木の隙間など光って見える部分を描画します。

3. エアブラシで影の部分を描画する

❶[ツールボックス]の[描画色]をクリックします。

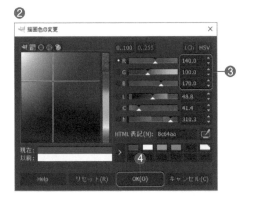

❷[描画色の変更]ダイアログボックスが表示されました。

❸[R]を「140.0」、[G]を「100.0」、[B]を「170.0」に設定し、❹[OK]をクリックします。

描画色が赤紫に設定されました。

❺近景の影の部分を描画します。

修正する場合は[ツールボックス]の[消しゴム]を[エアブラシ]と同じ設定にして消去します。

///// Hint ///

描画した色や線をすべて削除して透明に戻すには

[レイヤー]ダイアログでレイヤーのサムネイルをクリックして、Delete キーを押します。ただし[背景レイヤー]の場合は、選択範囲で囲まないと削除されません。また、[レイヤーグループ]内の複数のレイヤーを削除することはできません。

05 ブラシとフィルターで幻想的な光を表現しよう

ブラシの活用

[Sparks] ブラシは暖色系の光を描くブラシですが、レイヤーのモードを [HSV Value] にすると、背景の色相に合わせた寒色系になります。[グラデーションフレア] は強い光を撮影したときのレンズの現象を再現します。

Before

After

1. レイヤーを追加してモードを変更する

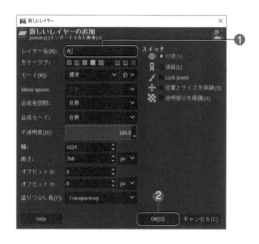

[レイヤー] メニューの [新しいレイヤーの追加] をクリックして、[新しいレイヤー] ダイアログボックスを表示します。

❶ [レイヤー名] に「光」と入力して、❷ [OK] をクリックします。

ショートカットキー　**[新しいレイヤーの追加]**

Ctrl 〔⌘〕＋ Shift ＋ N

❸ [レイヤー] ダイアログに [光] レイヤーが追加されました。

❹ [光] レイヤーの [モード] を [HSV Value] に変更します。

2. [Sparks] ブラシで光の粒を描画する

❶ [ツールボックス] の [ブラシで描画] をクリックします。

ショートカットキー　**[ブラシで描画]**

P

[ツールオプション] の❷ [ブラシ] を [Sparks] に、❸ [サイズ] を「30.00」に、❹ [間隔] を「250.0」に設定します。

❺ [散布] をクリックしてチェックマークを付け、❻ [散布量] を「2.50」に設定します。

//// Hint ///

必要に応じてツールオプションを変更しよう

[サイズ] はブラシの直径の設定で、形状を太くしたり細くしたりすることができます。

[間隔] は、選択したブラシで描画する間隔を設定します。間隔を狭めるとムラのないストロークが描けますが、間隔を広げると描画がまばらになり、間隔がブラシのサイズより広くなるとクリックで点描したような表現になります。

さらに [散布] は、ランダムに散らして描画できる設定です。数値を上げると、散らばる範囲が広がるため、蛍が飛び回っているような表現にはぴったりのブラシになります。

画面全体をドラッグしてキラキラした光の粒を描画します。風に舞っている様をイメージして、あまり均一にならないようランダムに描きます。

3. [グラデーションフレア] でレンズの効果を加える

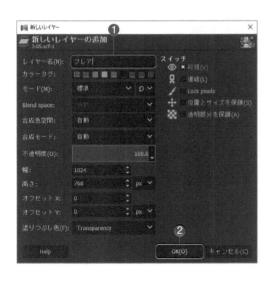

[レイヤー] メニューの [新しいレイヤーの追加] をクリックして、[新しいレイヤー] ダイアログボックスを表示します。

❶ [レイヤー名] に「フレア」と入力して、❷ [OK] をクリックします。

ショートカットキー　**[新しいレイヤーの追加]**

Ctrl 〔⌘〕 + Shift + N

Next Page

（欄外・縦書き）
3-05

ブラシとフィルターで幻想的な光を表現しよう

❸[レイヤー]ダイアログに、[フレア]レイヤーが追加され
ました。

[フィルター]メニューの[照明と投影]-[グラデーションフ
レア]をクリックします。

❹[グラデーションフレア]ダイアログボックスが表示され
ました。

❺[GFlare_102]をクリックして選択します。

❻プレビューの中央をクリックして位置を決定し、❼[OK]
をクリックします。

青いレンズのフレアが追加され、さらに光の演出が広が
りました。レンズフレアは数種類あるので、どれを使って
も構いません。

完成

///// Hint //

グラデーションフレアって何？

強い光が当たったときにレンズに溢れる光、「レンズフレ
ア」や「ゴースト」のほか、発光する円などさまざまな光
が描けるフィルターです。「輝き」「光線」「二次フレア」の
3つの成分を編集することができます。

レッスン

4

サークル活動やユニフォームの
ロゴを作成する

サークル活動やユニフォームのロゴを作成する

レッスン
4-01 　ベース部分を描こう …………… P107

[楕円選択]で作った円形の選択範囲を、中心位置を変えずに少しずつ縮小しながら、範囲内を塗りつぶします。これを数回繰り返してロゴのベース部分を作成します。縮小する幅に応じて、輪郭線のような効果が得られます。

レッスン
4-02 　パスに沿ってテキストを配置しよう …… P111

[選択範囲をパスに]で円形のパスを作成し、テキストを入力したあと、パスに沿ってアーチ状のロゴを作りましょう。GIMP 2.10では、パスの方向が読める向きと逆なので、鏡面反転する必要があります。

レッスン
4-03 　イラスト部分を作ってレイアウトしよう … P116

イラストフォント[Gail's Unicorn]を使用してロゴの中心にユニコーンのイラストを追加します。さらに、[塗りつぶし]の新機能を使って、ユニコーンの輪郭をはみ出さないように着色します。

レッスン
4-04 　メインのテキストを変形しよう ………… P122

メインになる立体的なテキストを作ります。入力したテキストに、[ケージ変形]で変形を加えて躍動感のあるフォルムにします。

レッスン
4-05 　テキストに立体感を出そう ………………… P126

完成

変形したメインテキストを選択範囲にし、境界線を描きます。さらに[ロングシャドウ]フィルターで厚みをつけ、ボリュームのある立体感を出します。

※ このレッスンでは「Gail's Unicorn」と「Antiophie personal use only」のフォントを使用します。47〜49ページを参考にインストールしてください。

ベース部分を描こう

[楕円選択]の活用

[楕円選択]で正円の選択範囲を作成し、描画色で塗りつぶしてロゴの外側を描画しましょう。これがロゴのベース部分になります。[選択範囲の縮小]で徐々に選択範囲を小さくしていくのがポイントです。

After

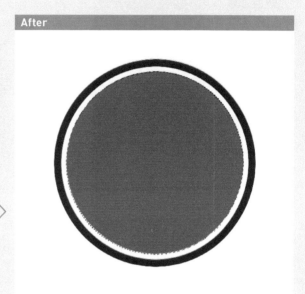

Before

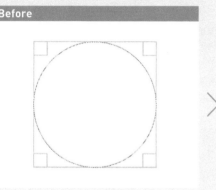

1. 新規の画像を作成する

❶

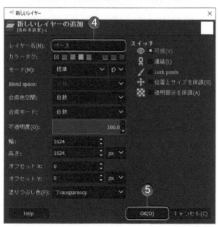

[ファイル]メニューの[新しい画像]をクリックします。

❶[新しい画像を作成]ダイアログボックスが表示されました。

❷[キャンバスサイズ]の[幅]と[高さ]を「1024」pxに設定して、❸[OK]をクリックします。

[レイヤー]メニューの[新しいレイヤーの追加]をクリックして、[新しいレイヤー]ダイアログボックスを表示します。

❹[レイヤー名]に「ベース」と入力して、❺[OK]をクリックします。

ショートカットキー　[新しい画像]

Ctrl〔⌘〕+ N

ショートカットキー　[新しいレイヤーの追加]

Ctrl〔⌘〕+ Shift + N

Next
Page

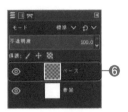

❻ [レイヤー]ダイアログに[ベース]レイヤーが追加されました。

❼ [ツールボックス]の[楕円選択]をクリックします。

ショートカットキー　**[楕円選択]**

E

❽ [ツールオプション]の[固定]をクリックしてチェックマークを付けます。

❾ 値を固定する項目に[サイズ]を指定して、❿「850x850」に設定します。

画像ウィンドウの中心にマウスポインターを合わせ、円の中心に設定したい位置までドラッグします。

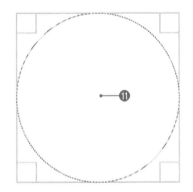

円の位置を決めるときはマウスのボタンを押したまま、画像ウィンドウのおおよその中心と選択範囲の中心が合うまでドラッグして移動します。

⓫ 円形の選択範囲ができました。

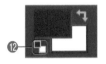

⓬ [ツールボックス]の[描画色]の左下のアイコンをクリックして描画色を黒に変更し、[編集]メニューの[描画色で塗りつぶす]をクリックします。

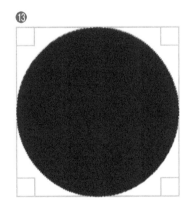

⓭ 円の内側が黒く塗りつぶされました。

ショートカットキー　**[描画色で塗りつぶす]**

Ctrl（⌘）+ ,

//// Hint ///

円を画面の中央に配置するには

円の内側を黒く塗りつぶした後、[選択]メニューの[選択範囲のフロート化]をクリックし、続いて[レイヤー]メニューの[新しいレイヤーの生成]をクリックします。[レイヤー]ダイアログに[フロート化されたレイヤー]が追加されます。[ツールボックス]の[整列]を選択し、黒い円をクリックします。[ツールオプション]の[中央揃え（水平方向の）][中央揃え（垂直方向の）]をクリックすると黒い円が画像の中央に移動します。Alt（option）キーを押しながら[レイヤー]ダイアログの[フロート化されたレイヤー]をクリックすると、再び黒い円の部分を選択範囲にできます。

2.内側の円の色を塗る

[選択]メニューの[選択範囲の縮小]をクリックします。

❶[選択範囲の縮小]ダイアログボックスが表示されました。

❷[選択範囲の縮小量]を「30」pxに設定し、❸[OK]をクリックします。

> **参照** 選択範囲を編集するには
> [選択範囲の拡大] コマンド／
> [選択範囲の縮小] コマンド・・・・・・・・・・・・・・P192

/////// Hint //

中心位置を変えずに選択範囲を変形できる

[選択範囲の縮小]コマンドを使用すると、入力した縮小量に合わせて、選択範囲の大きさを小さくできます。このコマンドを使うことで、円の中心を一定に保ったまま大きさの違う円を作成できます。

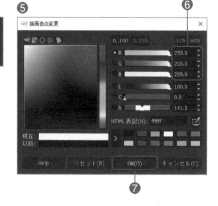

❹[ツールボックス]の[描画色]をクリックします。

❺[描画色の変更]ダイアログボックスが表示されました。

❻[R]を「255.0」、[G]を「255.0」、[B]を「255.0」に設定して、❼[OK]をクリックします。

描画色が白に変更されました。100を超える数値が設定できないときは、上部の[0..255]をクリックしてください。

[編集]メニューの[描画色で塗りつぶす]をクリックします。

❽円の内側が白く塗りつぶされました。

ショートカットキー　**[描画色で塗りつぶす]**

[Ctrl] [[⌘]] + [,]

Next
Page

[選択] メニューの [選択範囲の縮小] をクリックします。

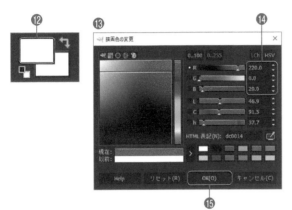

❾ [選択範囲の縮小] ダイアログボックスが表示されました。

❿ [選択範囲の縮小量] を「20」pxに設定し、⓫ [OK] をクリックします。

⓬ [ツールボックス] の [描画色] をクリックします。

⓭ [描画色の変更] ダイアログボックスが表示されました。

⓮ [R] を「220.0」、[G] を「0.0」、[B] を「20.0」に設定して、⓯ [OK] をクリックします。

描画色が赤に変更されました。

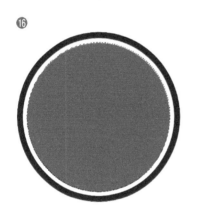

[編集] メニューの [描画色で塗りつぶす] をクリックします。

⓰ 白い円の内側が赤く塗りつぶされました。

ショートカットキー **[描画色で塗りつぶす]**
[Ctrl]〔⌘〕+[,]

4-01

ベース部分を描こう

02

パスに沿ってテキストを配置しよう

［パス］と［テキスト］の活用

テキストをパスに沿って円形に配置しましょう。円形に配置したテキストは後から内容を変更できないので、あらかじめ完成時のフォントサイズを考えて作成しましょう。

Before

After

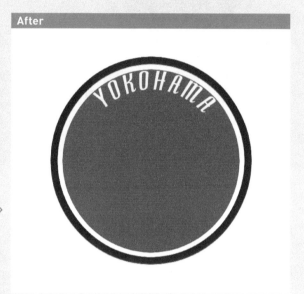

1. 円形のパスを作成する

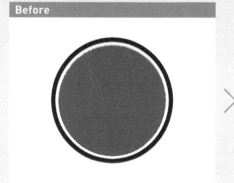

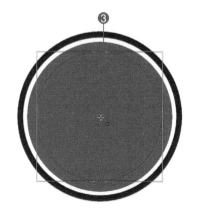

❶ ［ツールボックス］の［楕円選択］をクリックします。

ショートカットキー　**[楕円選択]**
[E]

❷ ［ツールオプション］の［サイズ］を「650x650」に設定します。

❸ 作成した円の中央に選択範囲ができるように、画面をドラッグして選択範囲を作成します。

［選択］メニューの［選択範囲をパスに］をクリックします。

選択範囲が円形のパスになりました。

Next Page

❹

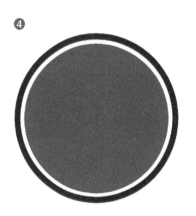

[選択]メニューの[選択を解除]をクリックします。

❹選択範囲が解除されました。

ショートカットキー　[選択を解除]
Ctrl [⌘] ＋ Shift ＋ A

❺

⑥

[楕円選択]から作られたパスに沿ってテキストを変形すると文字が反時計回りになって逆さまになるので、パスを反転させて、テキストが正位置で左から右に配置されるようにします。

❺[ツールボックス]の[鏡像反転]をクリックします。

ショートカットキー　[鏡像反転]
Shift ＋ F

❻[ツールオプション]の[変形対象]で[パス]をクリックします。

❼画面上を一度クリックします。

見た目は変わりませんが、パスが左右反転されます。

❼

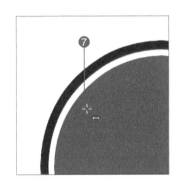

//// Hint //

バージョンごとにツールの動作は異なる

テキストを円形パスに沿わせるとき、パスの向きが時計回りか反時計回りかで、テキストの向きが変わります。円形パスの向きはGIMPのバージョンによって異なり、以前のバージョンでは時計回りだったのが、執筆時点（2019年12月）のバージョンでは反時計回りになっています。今回は時計回りに文字を配置したいので鏡面反転します。

2.テキストを入力する

❶[ツールボックス]の[テキスト]をクリックします。

ショートカットキー　**[テキスト]**

[T]

❷[ツールオプション]の[フォント]を[Antiophie personal use only]に、❸[サイズ]を「140」pxに、❹[文字間隔]を「20.0」に設定します。

[Antiophie personal use only]は、47〜49ページを参考にインストールしておく必要があります。

参照 　文字を入力するには
　　　　文字の入力・・・・・・・・・・・・・・・・・・・・・・・・・・・・・・・・・P290

❺[ツールボックス]の[描画色]をクリックします。

❻[描画色の変更]ダイアログボックスが表示されました。

❼[R]を「255.0」、[G]を「255.0」、[B]を「255.0」に設定して、❽[OK]をクリックします。

描画色が白に変更されました。

❾画面をクリックして「YOKOHAMA」と入力します。

//// Hint ///

テキストツールバーを活用する

テキストを入力してみてフォントサイズが違った場合などは、テキストツールバーを活用しましょう。テキストツールバーは選択中のテキストボックスの上側に表示され、1文字単位で文字のスタイルを変更することができます。[フォント]や[サイズ][色]だけではなく、[ベースライン]（垂直方向の位置）や[カーニング]（文字間隔）も変更できます。また、太字や斜体などのスタイルも設定できます。

Next Page

3. パスに沿ってテキストを変形する

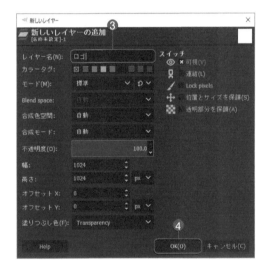

[レイヤー] メニューの [パスに沿ってテキストを変形] をクリックします。

❶ パスに沿って文字がアーチ状に変形します。

////// Hint //

テキストを編集できるのはテキストレイヤーのみ

[パスに沿ってテキストを変形] を実行すると、変形したテキストはパスに変換されています。パスは [テキスト] で編集することができません。元のテキストはテキストレイヤーに残っているので、内容を変更したいときは、一度テキストレイヤーの文章やサイズを変更し、再び [パスに沿ってテキストを変形] を実行します。

❷ [レイヤー] ダイアログで [YOKOHAMA] レイヤーの目のアイコンをクリックして非表示にします。

[レイヤー] メニューの [新しいレイヤーの追加] をクリックして、[新しいレイヤー] ダイアログボックスを表示します。

❸ [レイヤー名] に「ロゴ」と入力し、❹ [OK] をクリックします。

ショートカットキー　**[新しいレイヤーの追加]**

Ctrl〔⌘〕+ Shift + N

❺ [レイヤー] ダイアログに [ロゴ] レイヤーが追加されました。

❻

[編集] メニューの [Fill Path] をクリックします。

❻ [パスで塗りつぶす] ダイアログボックスが表示されました。

❼ [描画色] を選択して、**❽** [塗りつぶし] をクリックします。

❾ パスが描画色の白で塗りつぶされました。

❿ [パス] をクリックして [パス] ダイアログを表示します。

⓫ [パス] ダイアログの目のアイコンをクリックして、すべてのパスを非表示にします。

⓬ [ツールボックス] の [統合変形] をクリックします。

ショートカットキー **[統合変形]**

$\boxed{\text{Shift}} + \boxed{\text{T}}$

⓭ [ツールオプション] の [ガイド] を [センターライン] に設定して、**⓮** [Constrain] の [拡大・縮小] をクリックしてチェックマークを付けます。

縦と横の比率を固定したまま拡大・縮小するようになりました。

画像の上をクリックすると、ハンドルが表示されます。

⓯ ハンドルの少し外側をドラッグして、ロゴが左右中央になるように回転します。

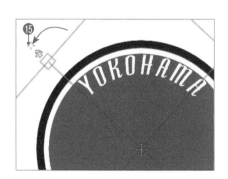

⓰ [統合変形] パネルの [変形] をクリックして変形を実行します。

参照 **画像を思い通りに変形するには**
[統合変形]・・・・・・・・・・・・・・・・・・・・・・・・・・・・・・P285

03 イラスト部分を作ってレイアウトしよう

追加フォントと[塗りつぶし]の活用

ロゴにイラストが加わると華やかになります。絵が描けなくてもイラストフォントを使用すれば、手軽に複雑なイラストを追加できます。また線画の輪郭を予測して塗りつぶす機能を使って、イラストの本体を塗ります。

Before

After

1.テキストの設定をする

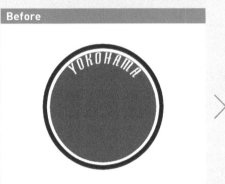

❶[ツールボックス]の[描画色]をクリックします。

❷[描画色の変更]ダイアログボックスが表示されました。

❸[R]を「0.0」、[G]を「0.0」、[B]を「0.0」に設定し、❹[OK]をクリックします。

[描画色]が黒に設定されました。

❺[ツールボックス]の[テキスト]をクリックします。

❻[ツールオプション]の[フォント]を[Gail's Unicorn]に、❼[サイズ]を「650px」に設定します。

[Gail's Unicorn]は、47〜49ページを参考にインストールしておく必要があります。

2.イラストをロゴに追加する

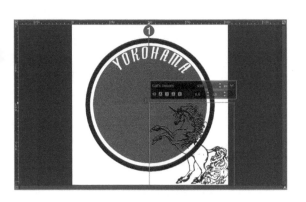

❶画面中央をクリックして「e」と入力します。

ユニコーンのイラストフォントが追加されました。

❷[ツールボックス]の[移動]をクリックします。

❸[ツールオプション]の[アクティブなレイヤーを移動]を
クリックしてチェックマークを付けます。

ショートカットキー　**[移動]**

M

❹テキストボックスをドラッグして、円の中央に移動しま
す。

参照　**画像を移動・切り抜きするには**
　　　[移動]・・・・・・・・・・・・・・・・・・・・・・・・・・・・・・・・・・・・P280

❺レイヤー名を[ユニコーン]に変更します。

Next
Page

```
//// Hint ///////////////////////////////////////////////

[移動]と[整列]を使い分ける
[移動]はアイテムや選択範囲を、フリーハンドで移動す
るツールです。ルーラーやガイド、グリッドなどを基準
に移動することもできます。[整列]はアイテムや選択範
囲の位置を基準に、自動的に移動して整列できるツー
ルです。画面やアイテムの中央で揃えたり、アイテムの
端で揃えたりするときは[整列]を使うと便利です。
```

3.新しいレイヤーを追加する

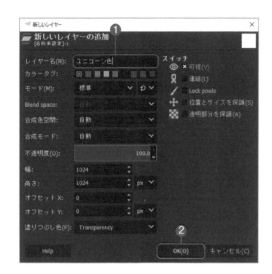

[レイヤー]メニューの[新しいレイヤーの追加]をクリックして、[新しいレイヤー]ダイアログボックスを表示します。

❶[レイヤー名]に「ユニコーン色」と入力して❷[OK]をクリックします。

ショートカットキー　[新しいレイヤーの追加]

Ctrl[⌘]＋Shift＋N

❸[レイヤー]ダイアログに[ユニコーン色]レイヤーが追加されました。

❹[ユニコーン色]レイヤーをドラッグして、[ユニコーン]レイヤーの下に移動します。

❺[レイヤー]ダイアログの目のアイコンをクリックして、[ユニコーン][ユニコーン色]レイヤー以外を非表示にします。

イラスト部分を作ってレイアウトしよう

4-03

4.イラスト以外の部分を塗りつぶして削除する

❶［ツールボックス］の［塗りつぶし］をクリックします。

ショートカットキー　［塗りつぶし］

Shift ＋ B

ユニコーンを白く塗りますが、そのまま塗りつぶすと線画の途切れている部分から色が外にはみ出してしまうので、線の途切れを予測して塗りつぶす新機能を使います。

❷［ツールオプション］の［塗りつぶす範囲］で［Fill by line art detection］（ラインアートを検出して塗りつぶす）をクリックしてチェックマークを付けます。

❸［透明領域を塗りつぶす］をクリックしてチェックマークを付けます。

❹［Maximum growing size］を「5」に、❺［Line art detection threshold］を「0.20」に、❻［Maximum gap length］を「50」に設定します。

［レイヤー］メニューの［透明部分］-［選択範囲に加える］をクリックします。

まず、ユニコーン以外の部分を塗りつぶします。

❼［ツールボックス］の［描画色］をクリックします。

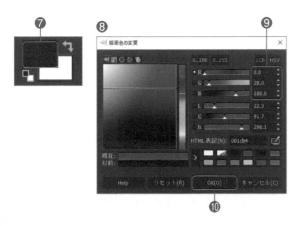

❽［描画色の変更］ダイアログボックスが表示されました。

❾［R］を「0.0」、［G］を「28.0」、［B］を「180.0」に設定し、❿［OK］をクリックします。

［描画色］が青に設定されました。

⓫ユニコーンの外側の、透明部分をクリックして塗りつぶしていきます。

線画の範囲を避けるように、青色が塗られます。

参照　そのほかの描画ツールの使い方
　　　［塗りつぶし］・・・・・・・・・・・・・・・・・・・・・・・・・・・・・P177

4-03

イラスト部分を作ってレイアウトしよう

Next Page

レッスン4　サークル活動やユニフォームのロゴを作成する　119

⑫

⑬

⑫ユニコーンに色がはみ出すことなく余白が塗りつぶされました。この青く塗った不透明部分で選択範囲をつくります。

[レイヤー]メニューの[透明部分]-[不透明部分を選択範囲に]をクリックします。

[編集]メニューの[切り取り]をクリックするか、Delete キーを押して選択範囲内を削除します。

ショートカットキー　[切り取り]
Ctrl〔⌘〕＋X

⑬青く塗りつぶした不透明部分が削除されました。

/// Hint //

Line Art Detectionって何？

Line Art Detectionは線が閉じていない線画でも、塗りつぶし領域を予想して塗りつぶしてくれる便利な機能です。線画の切れ目があっても、適切なエリアだけ塗りつぶすことができます。ドラッグで塗りつぶせるので、何度もクリックする必要はありません。塗りつぶし領域は[Maximum growing size][Line art detection threshold][Maximum gap length]の数値で設定します。
[Maximum gap length]（隙間の最大の長さ）の設定が大きく効果に反映します。数値を上げると大きな線の穴にも対応できるように、狭い範囲をドラッグで少しづつ予想していきます。数値を下げると小さな線の穴にしか対応しないので、広い範囲を一気に塗りつぶせる代わりに、線画の穴が大きすぎると色が線の外にはみ出してしまいます。

5.イラストを塗りつぶす

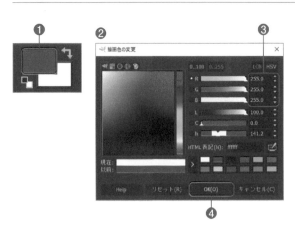

[選択]メニューの[選択範囲の反転]をクリックします。

ショートカットキー　[選択範囲の反転]
Ctrl〔⌘〕＋I

❶[ツールボックス]の[描画色]をクリックします。

❷[描画色の変更]ダイアログボックスが表示されました。

❸[R]を「255.0」、[G]を「255.0」、[B]を「255.0」に設定し、❹[OK]をクリックします。

描画色が白に変わりました。

⑤

[編集] メニューの [描画色で塗りつぶす] をクリックします。

ショートカットキー　[描画色で塗りつぶす]
Ctrl [⌘] + ,

⑤ユニコーンが白く塗りつぶされました。

⑥

[選択] メニューの [選択を解除] をクリックします。

⑥選択範囲が解除されました。

ショートカットキー　[選択を解除]
Ctrl [⌘] + Shift + A

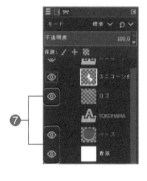

❼ [レイヤー] ダイアログで目のアイコンのあった部分をクリックして [YOKOHAMA] レイヤー以外のすべてのレイヤーを表示します。

⑧

❽ロゴに白く塗りつぶしたユニコーンのイラストを配置できました。

メインのテキストを変形しよう

[ケージ変形]の活用

[ケージ変形]でメインのテキストを変形します。かなり大胆に変形するので、6箇所のアンカー点の位置とドラッグする距離が重要になります。

Before

After

1. メインのテキストを入力する

❶ [ツールボックス]の[テキスト]をクリックします。

ショートカットキー **[テキスト]**

T

❷ [ツールオプション]の[フォント]を[Antiophie personal use only]に、❸ [サイズ]を「300」pxに、❹ [揃え位置]を[中央揃え]に、❺ [文字間隔]を「0.0」に設定します。

/////// Hint //

変形後をイメージしてアンカー点で囲む

[ケージ変形]では大胆な変形が可能です。今回は画像の青い部分の形になるように、アンカー点を作って囲みます。ちょうど上矢印のような形です。次に下矢印の形になるようにアンカー点を移動するとこのようにロゴが大きく歪みます。

 →

⑥ [ツールボックス] の [描画色] をクリックします。

⑦ [描画色の変更] ダイアログボックスが表示されました。

⑧ [R] を「0.0」、[G] を「0.0」、[B] を「0.0」に設定し、
⑨ [OK] をクリックします。

描画色が黒に変わりました。

⑩ロゴ全体をドラッグして、テキストボックスを配置します。

⑪ Enter 〔 return 〕キーを一度押して改行してから、「West All Stars」と入力します。

⑫ [レイヤー] ダイアログで [West All Stars] レイヤーをドラッグして最前面に移動します。

Next Page

2.ケージ変形のアンカー点を作る

画像ウィンドウの周りにはルーラー（定規）が表示されています。上部のルーラーを画像ウィンドウにドラッグすると、水平にガイドが作成されます。

❶ルーラーをテキストの上側までドラッグして、ガイドを作成します。

❷同様にしてルーラーをテキストの下側までドラッグして、2本目のガイドを作成します。

［表示］メニューの［Snap to Guides］にチェックマークが付いていることを確認します。

////// Hint //

ルーラーが表示されていない場合は

［表示］メニューの［ルーラーの表示］をクリックします。画像ウィンドウの周りにルーラー（定規）が表示されます。

❸［ツールボックス］の［ケージ変形］をクリックします。

ショートカットキー　**［ケージ変形］**

Shift ＋ G

❹画面を参考にして、ガイドに沿って上向きの矢印のような形になるようにテキストボックス上を6箇所クリックして、アンカー点を作ります。

マウスカーソルがガイドにスナップ（吸着）するので、きれいに囲むことができました。

参照 **グリッドとガイドを使うには**
ガイド・・・・・・・・・・・・・・・・・・・・・・・・・・・・P203
［Snap to Guides］コマンド ・・・・・・・・・・・・・P204

3.メインのテキストを変形する

今度は6箇所のアンカー点が下向きの矢印のような形になるようにそれぞれドラッグして移動します。

❶中央にある2つのアンカー点を、それぞれ左右のアンカー点と同じ高さになるようにドラッグします。

参照 **画像を思い通りに変形するには**
［ケージ変形］・・・・・・・・・・・・・・・・・・・・・・・・・・・P286

❷

❷四隅のアンカー点を、それぞれ中央のアンカー点があっ
た高さにドラッグして移動します。

Enter（return）キーを押して変形を実行します。

❸

❸ロゴマークの丸いワッペンのような形に合わせて、丸く
膨らんだようなフォルムに変形しました。

❹

❹［ツールボックス］の［移動］をクリックします。

ショートカットキー　**[移動]**

M

❺テキストボックスをドラッグして、円の下側まで移動し
ます。

///// H i n t ///

目的に応じて変形ツールを使い分ける

［ケージ変形］はアンカー点で囲った部分をアンカー点ご
とに変形できる機能です。部分的に歪ませたいときや、
写真加工で人物をスリムに見せたいときなどに使います。
［統合変形］は四隅と四辺の変型ハンドルを自由に移動
して変型するツール、［剪断変形］は平行四辺形に変型す
るツールです。どちらも平面画像にパースを付けること
ができ、立体的な表現ができます。

05

メインテキストに立体感を出そう

[ロングシャドウ]の活用

白い境界線と黒いロングシャドウを追加して、メインテキストに立体感を出します。ロングシャドウは白い境界線の不透明部分の影を、透明部分に任意の長さで描けます。

After

Before

1. メインテキストの輪郭用のレイヤーを追加する

❶

[レイヤー] メニューの [透明部分] - [不透明部分を選択範囲に] をクリックします。

❶メインテキストの不透明部分が選択範囲になりました。

[レイヤー] メニューの [新しいレイヤーの追加] をクリックして、[新しいレイヤー] ダイアログボックスを表示します。

❷ [レイヤー名] に「輪郭」と入力して、❸ [OK] をクリックします。

ショートカットキー　[新しいレイヤーの追加]

Ctrl （⌘） ＋ Shift ＋ N

❹ [レイヤー] ダイアログに [輪郭] レイヤーが追加されました。

❺ [輪郭] レイヤーをドラッグして、[West All Stars] レイヤーの下に移動します。

2. メインテキストの輪郭を描く

❶ [ツールボックス] の [描画色] をクリックします。

❷ [描画色の変更] ダイアログボックスが表示されました。

❸ [R] を「255.0」、[G] を「255.0」、[B] を「255.0」に設定し、❹ [OK] をクリックします。

[描画色] が白に変わりました。

[編集] メニューの [選択範囲の境界線を描画] をクリックします。

❺ [選択範囲の境界線を描画] ダイアログボックスが表示されました。

❻ [線の幅] を「20.0」pxに設定し、❼ [ストローク] をクリックします。

❽ 選択範囲が白く縁取られました。

Next Page

[選択]メニューの[選択を解除]をクリックします。

❾選択範囲が解除されました。

ショートカットキー　**[選択を解除]**
Ctrl [⌘] + Shift + A

3. ロングシャドウで立体的にする

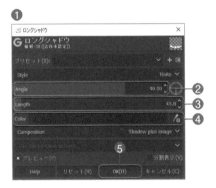

[フィルター]メニューの[照明と投影]-[ロングシャドウ]
をクリックします。

❶[ロングシャドウ]ダイアログボックスが表示されました。

❷[Angle]を「90.00」、❸[Length]を「45.0」、❹[Color]
を黒に設定し、❺[OK]をクリックします。

❻ぽってりとした立体的なロゴになりました。

必要であれば[ツールボックス]の[移動]をクリックし、各
レイヤーの不透明部分をドラッグして移動させ、レイアウ
トを微調整します。

[表示]メニューからもう一度[ガイドの表示]を選択して、
ガイドを非表示にします。

❼ガイドが消え、ロゴが完成しました。

////// Hint //

[ロングシャドウ]フィルターの効果

透明部分に落ち影を追加する[ドロップシャドウ]と似て
いますが、[ロングシャドウ]にはスタイルが4種類ありま
す。くっきりとしたシルエットや長さの調節ができ、3D
感を出したりと、影以外にもさまざまな表現に使えます。
ここではロゴに厚みをつけて目立たせるために使用して
います。

4-05 メインテキストに立体感を出そう

レッスン

5

**写真をトレースして
キャラクターのイラストを描く**

本章における制作の流れ

写真をトレースしてキャラクターのイラストを描く

レッスン 5-01　線画を描きやすい環境設定にしよう … P131

線画を描く前の下準備をします。人物写真を開き、トレースしやすい表示にします。またブラシと消しゴムを異なるサイズで使うために［ツール共有］の設定を解除し、線画を描くのに適したブラシの設定に変更します。

レッスン 5-02　写真をトレースして線画にしよう ……… P133

半透明に表示した写真を、ブラシでトレースします。手ブレ補正がかかっているので、きれいな線を描くことができます。線は長めにほかの線と接するように描きます。顔のパーツは省略して描きます。

レッスン 5-03　目をキャラ絵風に変身させよう ………… P137

トレースした目を大きく変形し、位置を下げて両目の間隔を広くします。トレースした元が写真でも、こうするとキャラ絵風の顔に近づきます。

レッスン 5-04　線をきれいに修正して墨だまりを描こう… P140

わざと長めにはみ出して描いた線を［消しゴム］で消して修正します。また、インクの溜まったような「墨だまり」を描いて、線に立体感を出します。墨だまりは修正がしやすいように、線画とは別のレイヤーに分けて描きます。

レッスン 5-05　着彩して、ぼかした写真を重ねよう …… P143

完成

指定された色を［塗りつぶし］でアニメ塗りのように塗りつぶします。最後に、ぼかしをかけた写真をオーバーレイで重ねて、陰影を表現します。

線画を描きやすい環境設定にしよう

[GIMPの設定]の活用

線画の作業に適した作業環境にします。[ツール共有]を解除して、ブラシと消しゴムを別々のサイズで使えるようにします。トレースの際に目立たないように、透明部分の市松模様を白の無地に変更します。

After

Before

1.素材画像を開く

・使用素材
[Dekicre_gimp]-[Lesson]-[Lesson5]フォルダ
人物写真　[girl.jpg]

人物写真をGIMPで開きます。

・素材仕様
幅：1024pixel、高さ：1024pixel
解像度：300pixel/inch、カラーモード：RGB

[表示]メニューの[表示倍率]-[ウィンドウ内に全体を表示]をクリックします。

❶画面サイズに合わせて画像全体が表示されます。

ショートカットキー　[開く/インポート]

[Ctrl] [⌘] + [O]

Next
Page

2. [レイヤー]ダイアログで線画を描きやすい設定にする

❶新しく描く線画を見やすくするために、[レイヤー]ダイアログで[girl.jpg]レイヤーを選択し、[不透明度]を「50.0」に設定します。

❷写真が半透明になりました。

透明部分はデフォルトだと市松模様になっています。通常は便利ですが、今回は写真と線画が見えにくくなるので無地に変更します。

[編集]メニューの[設定]をクリックして、[GIMPの設定]ダイアログボックスを表示します。

Macの場合は、[GIMP-2.10]メニューの[設定]をクリックします。

❸[ディスプレイ]をクリックし、❹[透明部分の表示方法]の[スタイル]を[無地(白)]に設定します。

ブラシと消しゴムのサイズはデフォルトでは[ツール共有]で連動していますが、線画を描くブラシは消しゴムには小さすぎるため[ツール共有]を解除します。

❺[ツールオプション]をクリックし、❻[ツール共有の描画オプション]で[ブラシ]のチェックマークを外します。

❼[OK]をクリックします。

市松模様が消えて写真が見やすくなりました。

ブラシと消しゴムを異なるサイズで使えるようになりました。

//// Hint ///

ペンタブレットを使う前に

このレッスンではペンタブレットの使用を推奨しています。使用する場合は、50ページを参考に入力デバイスの設定を行ってください。

写真をトレースして線画にしよう

[手ブレ補正]と[動的特性]の活用

線画には筆圧でサイズが変わるブラシが適しています。ブラシの動的特性を編集して、オリジナルの線画ブラシを作りましょう。なお線画にはペンタブレットの使用が最適ですが、マウスでも近い仕上がりにすることができます。

After

Before

1. 線画用ブラシを設定する

❶[ツールボックス]の[ブラシで描画]をクリックします。

ショートカットキー **[ブラシで描画]**

P

❷[ツールオプション]の[ブラシ]を[2. Hardness 075]に、❸[サイズ]を「5.00」に設定して、❹[散布]がオフになっていることを確認します。

❺[手ブレ補正]をクリックしてチェックマークを付け、❻[品質]を「30」、❼[ウエイト]を「200.0」に設定します。

この設定はかなり強めに手ブレ補正が効いているので、慣れてきたら自分の使いやすい数値に下げても問題ありません。

//// Hint //

慣れないうちは手ブレ補正を活用する

手ブレ補正があるとないとでは、線画のクオリティは大きく変わってきます。ペンタブレットで震えていない線画を描こうとしても慣れるまで時間がかかりますが、手ブレ補正で自分に合った設定にすれば、はじめてでもきれいな線画が描けます。

Next Page

2.線画用ブラシの動的特性を設定する

❶[ツールオプション]の[動的特性]をクリックして、表示されたメニューで❷[[描画の動的特性]ダイアログを開く]をクリックします。

> **参照** [ツールオプション] の設定
>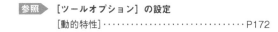
> [動的特性]・・・・・・・・・・・・・・・・・・・・・・・・・・P172

❸[描画の動的特性]ダイアログで[新しい動的特性を作成します]をクリックします。

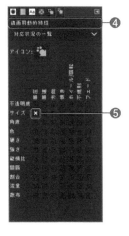

❹名称未設定の動的特性が追加されるので、「線画用動的特性」と入力します。

❺[筆圧]の[サイズ]をクリックしてチェックマークを付けます。

筆圧の強弱でブラシのサイズが変化する動的特性になりました。

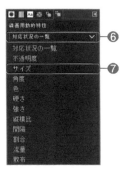

❻[動的特性エディター]の[対応状況の一覧]をクリックして、❼表示されたメニューで、[サイズ]を選択します。

5-02

写真をトレースして線画にしよう

❽筆圧が弱くても線が見えないほど細くならないように、グラフのカーブを画面のように弓なりに編集します。

/////// Hint //

マウスで描画する場合におすすめの設定

線画を描くには筆圧感知のあるペンタブレットの利用がおすすめですが、筆圧機能を持たないマウスや安価なペンを使用する場合には、[インクで描画]を使用しましょう。[ツールオプション]で[手ブレ補正]を強めに設定すると、近い仕上がりになります。また[スピード]を「1.0」に設定すると、ストロークの速さで線の太さが変わります。

3.写真をトレースして顔の輪郭を描く

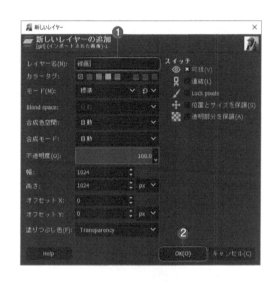

[レイヤー]メニューの[新しいレイヤーの追加]をクリックして、[新しいレイヤー]ダイアログボックスを表示します。

❶[レイヤー名]に「線画」と入力して、❷[OK]をクリックします。

ショートカットキー　[新しいレイヤーの追加]
`Ctrl`〔⌘〕+ `Shift` + `N`

❸[レイヤー]ダイアログに[線画]レイヤーが追加されました。

❹写真を[ブラシで描画]でトレースして線画を描きます。まずは顔の輪郭をトレースしていくイメージで描き進めます。

細かいところまでトレースできるように[表示]メニューの[表示倍率]-[拡大表示]を数回クリックします。

ゆっくりなぞるように描くと、手がブレてしまいきれいな線が描けないので、勢いをつけてサッと一筆で描画します。きれいな線が描けなければ `Ctrl`〔⌘〕+ `Z` キーで直前に描いた線を削除するか、141ページの手順3を参考に[消しゴム]で気になる部分を削除して、再度ブラシで描画し直します。

Next
Page

線画の細かい部分はレッスン5-04でも調整するので、ここでは描き進めます。

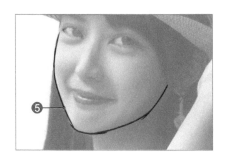

❺長い線を一筆で描くのは難しいので、数回のストロークに分けて描きます。

分けて描くときは、線と線がクロスするくらい長めに描きます。これは線画の隙間をなくすためでもあります。後の工程で線で囲まれたエリアを塗りつぶすとき、隙間があると塗りつぶし部分が外に広がってしまい、うまく塗り分けられません。

❻同様にして輪郭線をトレースします。

顔のパーツ以外の輪郭線がトレースされました。

/////// Hint //

線画は全体像を大きく描こう

線画はあとの手順で背景と合成したときの輪郭のメリハリを出すためのものなので、厳密に写真をなぞる必要はありません。漫画やイラストのように見せるので、肌の部分などはあまり線を多く描き込む必要はありません。多少写真からずれても気にせず描きましょう。

4. 顔のパーツを省略しながら描く

キャラクター化するので、顔のパーツはリアルになりすぎないようシンプルにします。

❶目の下の涙袋やシワは省略します。鼻筋も省略し、鼻中隔（鼻の穴と穴の間）を縦に描くにとどめます。唇は下唇のラインを少し短めに描きます。

写真をトレースして基本の線画ができました。

/////// Hint //

画像を描きやすい角度に回転しながら描く

利き手や手のクセによって人それぞれ描きにくい角度があるので、[Shift]キーを押しながらホイールボタンをドラッグして回転角度を指定するか、または[表示]メニューの[反転と回転]でビューをこまめに回転させると、楽に線が描けます。

目をキャラ絵風に変身させよう

[自由選択]の活用

キャラ絵風の顔の特徴は、とにかく目です。丸く大きく、左右の間隔を広くして下に配置します。両目と口を結んで正三角形になると、かわいい印象になります。子供向けのファンシーキャラクターと似た法則です。

Before

After

1. 両目の下半分を選択する

❶ [レイヤー] ダイアログで目のアイコンをクリックして、[girl.jpg] レイヤーを非表示にします。

❷

[表示] メニューの [表示倍率] - [2:1] をクリックします。

❷目元が拡大され、細かい作業がしやすくなりました。

❸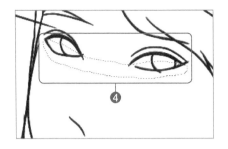

❸［ツールボックス］の［自由選択］をクリックします。

❹ドラッグしながら左右の目の下半分を囲み、Enter
〔return〕キーを押して選択範囲を決定します。

左右の目の下半分が選択範囲になりました。

ショートカットキー　[自由選択]

F

2. 両目を縦長に加工する

❶ Ctrl ＋ Alt 〔⌘ ＋ option〕キーを押したまま、選択
範囲を下方向に40px程度ドラッグします。

ドラッグの途中で Shift キーを押すと、真っすぐ下方向に
選択範囲を移動させられます。

❷移動距離はステータスバーで確認できます。

❸［レイヤー］ダイアログで［フローティングレイヤーを固
定します］をクリックします。

移動した選択範囲が、［線画］レイヤーに固定されます。

参照　**フローティングレイヤーを扱うには**
　　　フローティングレイヤーの作成・・・・・・・・・・・・P241
　　　通常のレイヤーへの変換・・・・・・・・・・・・・・・・・・・P241

3. 片目を移動して両目の間隔を広げる

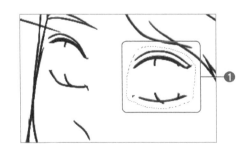

❶［自由選択］でドラッグしながら向かって右側の目全体
を囲み、Enter 〔return〕キーを押して選択範囲を決定しま
す。

//// Hint //

ステータスバーを活用しよう

ステータスバーは、選択したツールの機能や修飾キー
などの補足事項、移動距離や座標が表示される便利な
バーです。［表示］メニューの［ステータスバーの表示］で
表示と非表示の切り替えができ、非表示にすれば画像
ウィンドウのスペースをより広く使えます。

5-03

目をキャラ絵風に変身させよう

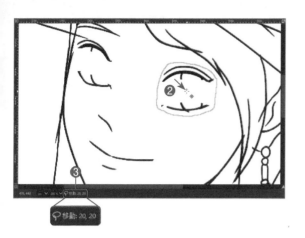

❷ Ctrl + Alt 〔⌘ + option〕キーを押したまま、選択範囲を右斜め下方向に20px程度ドラッグします。

ドラッグの途中で Shift キーを押すと、真っすぐ斜め方向に選択範囲を移動させられます。

❸移動距離はステータスバーで確認できますが、選択範囲の大きさで多少調節してください。

❹[レイヤー]ダイアログで[フローティングレイヤーを固定します]をクリックします。

❺両目をキャラ絵風の配置に移動できました。

//// Hint //

選択範囲内を複製して移動したいときは

選択範囲内を移動すると、移動し切り取られた部分は透明な穴になってしまいます。 Alt 〔option〕+ Shift キーを押したままドラッグすると、選択範囲内の不透明部分を複製して移動するので、穴を作らず複製することができます。

04

線をきれいに修正して墨だまりを描こう

[ブラシで描画]と[消しゴム]の活用

上下に分断した目を補う線を加え、目をキャラ風にデザインします。線画は[消しゴム]できれいに修正し、万年筆やつけペンで描いたような「墨だまり」に似せて、線と線の接した部分を黒く穴埋めします。

After

Before

1. 黒目を修正する

❶[ツールボックス]の[ブラシで描画]をクリックします。

ショートカットキー　[ブラシで描画]

P

❷上下に離れてしまった黒目の輪郭を線でつなぎます。黒目は丸く描かず、直線に近いタッチで描くほうが、大きく強調されてキャラ絵らしくなります。

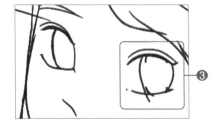

❸向かって右側の目は手前にあるので、やや大きく見せるために黒目の幅を左目より二割ほど広めに描き足します。

2. 上アイラインを太く描く

❶上まぶたのアイラインの幅をキャラ絵らしく太くし、そのまま目尻を三角に尖らせて、くっきりとしたまつ毛とアイラインにします。この段階ではまだ塗りつぶしません。

3. 消しゴムで線画を修正する

❶［ツールボックス］の［消しゴム］をクリックします。

ショートカットキー　**［消しゴム］**

`Shift` ＋ `E`

❷［ツールオプション］の［ブラシ］を［2. Hardness 100]に、❸［サイズ］を「5.00」に、❹［動的特性］を［線画用動的特性］に設定します。

> 参照　**描画ツールの基本**
> ［消しゴム］・・・・・・・・・・・・・・・・・・・・・・・・・・・・・P169

❺クロスした線画のはみ出しや不要な部分を消します。線の先端は綺麗に細くとがるよう［消しゴム］で消して削ります。

［ブラシで描画］と［消しゴム］を切り替えながら線画をきれいに修正します。

/////// Hint //

［消しゴム］と背景色

［消しゴム］は、本物の消しゴムのように単に描いたものを消すのではなく、画像を「背景色か透明にする」ツールです。透過効果のある画像ファイルでは［消しゴム］で描いた部分が透明（削除）になりますが、透過効果のない画像ファイル（JPEG形式など）では描いた部分が背景色で塗りつぶされます。削除して透明にしたい場合は、［レイヤー］メニューの［透明部分］-［アルファチャンネルの追加］をクリックして、レイヤーにアルファチャンネル（透明度の情報）を追加しましょう。

Next
Page

4. 別レイヤーで墨だまりを描き足す

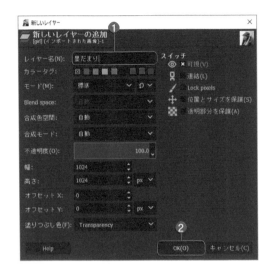

[レイヤー]メニューの[新しいレイヤーの追加]をクリックして、[新しいレイヤー]ダイアログボックスを表示します。

❶[レイヤー名]に「墨だまり」と入力して❷[OK]をクリックします。

ショートカットキー　[新しいレイヤーの追加]

Ctrl（⌘）＋ Shift ＋ N

❸[レイヤー]ダイアログに[墨だまり]レイヤーが追加されました。

❹線と線がぶつかってT字になっている部分を、隙間を埋めるようにブラシで塗りつぶし、インクの「墨だまり」を表現します。影になる部分に多めに入れると立体的になります。

はみ出した部分は[消しゴム]で修正します。[線画]と別レイヤーにしてあるので消しても[線画]レイヤーに影響はありません。

❺目のアイラインの部分もこのタイミングで塗りつぶします。

///// Hint ///

こまめな保存を心がけよう

線画の作成は、かなりの作業時間を要します。こまめに保存するのはもちろんですが、途中で操作を間違えたときのために、[ファイル]メニューの[名前を付けて保存]でファイル名を番号や時間にして、複数保存しておくのがおすすめです。[作業履歴]ダイアログの履歴を使う方法もありますが、履歴が増えすぎるとメモリを消費し、パソコンに負担がかかってしまうことがあります。

05

着彩して、ぼかした写真を重ねよう

[塗りつぶし]の活用

指定のカラーでパーツを塗ります。[塗りつぶし]の設定を[見えている色で]にすると、線画で区切られた領域を見た目で判断して塗りつぶせます。最後にブラシ塗りのようなグラデーションのある陰影を、ぼかした写真を重ねることで表現します。

After

Before

1. 塗りのレイヤーを追加してツールを設定する

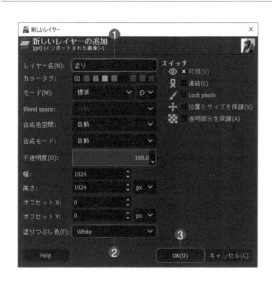

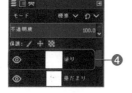

[レイヤー]メニューの[新しいレイヤーの追加]をクリックして、[新しいレイヤー]ダイアログボックスを表示します。

❶[レイヤー名]に「塗り」と入力し、❷[塗りつぶし色]で[White]を選択して❸[OK]をクリックします。

ショートカットキー　[新しいレイヤーの追加]

Ctrl（⌘）＋ Shift ＋ N

❹[レイヤー]ダイアログに白く塗りつぶされた[塗り]レイヤーが追加されました。

Next
Page

⑤ [塗り] レイヤーをドラッグして [線画] レイヤーの下に移動します。

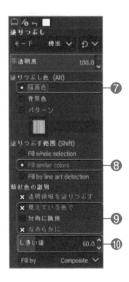

線画との境目や曲線をきれいに塗りつぶせるように [塗りつぶし] の [ツールオプション] を設定します。

⑥ [ツールボックス] の [塗りつぶし] をクリックします。

ショートカットキー　**[塗りつぶし]**
[Shift] + [B]

⑦ツールオプションの [塗りつぶし色] を [描画色] に設定します。

⑧ [塗りつぶす範囲] を [Fill similar colors] に設定し、⑨ [類似色の識別] の [見えている色で] [なめらかに] をクリックしてチェックマークを付けます。

⑩ [しきい値] を「60.0」に設定します。

2.指定のカラーでパーツを塗り分ける

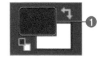

❶ [ツールボックス] の [描画色] をクリックして、[描画色の変更] ダイアログボックスを表示します。

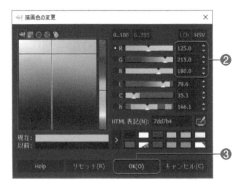

❷ [R] を「125.0」、[G] を「215.0」、[B] を「180.0」に設定し、❸ [OK] をクリックします。

[描画色] が緑に変更されました。100を超える数値が設定できないときは、上部の [0..255] をクリックしてください。

❹背景部分にマウスポインターを合わせてクリックします。

❺

❺線画で区切られた壁の部分だけ塗りつぶされました。

同様にして、ほかのパーツも塗りつぶしていきます。

❻

描画色の[R]を「250.0」、[G]を「185.0」、[B]を「120.0」に設定します。

[描画色]がオレンジに変更されました。

❻帽子とピアスをクリックして塗りつぶします。

///// Hint ///

隙間のある線画には「スマート着色」も使える

もし線画に小さな隙間が開いていて、塗りつぶすと線画の外に色がはみ出してしまう場合は、線画を修正するか、「スマート着色（Smart Colorization）」を試してみましょう。「スマート着色」は[塗りつぶし]の機能で、線がきちんと閉じていなくても、適切なエリアを予想して塗りつぶしてくれます。「スマート着色」を使用するには[ツールオプション]の[塗りつぶす範囲]に[Fill by line art detection]を設定します。

❼

描画色の[R]を「120.0」、[G]を「135.0」、[B]を「145.0」に設定します。

[描画色]がグレーに変更されました。

❼帽子のリボンをクリックして塗りつぶします。

❽

描画色の[R]を「170.0」、[G]を「115.0」、[B]を「80.0」に設定します。

[描画色]が茶色に変更されました。

❽帽子の影の部分をクリックして塗りつぶします。

❾

描画色の[R]を「125.0」、[G]を「95.0」、[B]を「105.0」に設定します。

[描画色]が栗色に変更されました。

❾髪と眉をクリックして塗りつぶします。

描画色の[R]を「255.0」、[G]を「205.0」、[B]を「185.0」に設定します。

[描画色]が肌色に変更されました。

⑩髪と眉をクリックして塗りつぶします。

描画色の[R]を「100.0」、[G]を「130.0」、[B]を「190.0」に設定します。

[描画色]が紺色に変更されました。

⑪黒目の部分をクリックして塗りつぶします。

描画色の[R]を「240.0」、[G]を「90.0」、[B]を「90.0」に設定します。

[描画色]が赤に変更されました。

⑫洋服をクリックして塗りつぶします。

線画全体を着彩することができました。

Next
Page

3. ハイライトを追加する

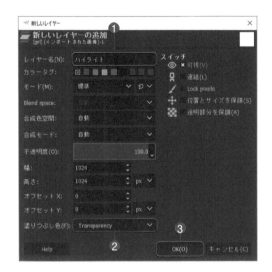

[レイヤー] メニューの [新しいレイヤーの追加] をクリック
して、[新しいレイヤー] ダイアログボックスを表示します。

❶ [レイヤー名] に「ハイライト」と入力し、❷ [塗りつぶし
色] を [Transparency] に設定して❸ [OK] をクリックしま
す。

ショートカットキー　**[新しいレイヤーの追加]**
Ctrl 〔⌘〕＋ Shift ＋ N

[レイヤー] ダイアログに [ハイライト] レイヤーが追加され
ました。

❹ [ハイライト] レイヤーをドラッグして [墨だまり] レイ
ヤーの上に移動します。

❺ [ツールボックス] の [ブラシで描画] をクリックします。

ショートカットキー　**[ブラシで描画]**
P

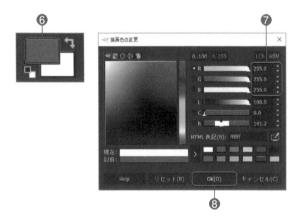

❻ [ツールボックス] の [描画色] をクリックして、[描画色
の変更] ダイアログボックスを表示します。

❼ [R] を「255.0」、[G] を「255.0」、[B] を「255.0」に設
定し、❽ [OK] をクリックします。

[描画色] が白に変更されました。

❾黒目と白目の間にハイライトを描き込みます。ハイライトを線画の上に重ねると、瞳が輝きます。唇、鼻の先などの盛り上がった部分にもハイライトを描き込みます。

4. ぼかした写真を重ねて陰影を反映させる

❶ [girl.jpg] レイヤーをドラッグして、[ハイライト] レイヤーの上に移動します。

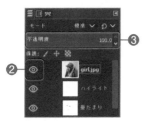

❷ [レイヤー] ダイアログで目のアイコンをクリックして [girl.jpg] レイヤーを表示し、❸ [不透明度] を「100.0」に設定します。

[フィルター] メニューの [ぼかし]-[ガウスぼかし] をクリックします。

[ガウスぼかし] ダイアログボックスが表示されました。

❹ [Size X] と [Size Y] を「20.00」に設定して、❺ [OK] をクリックします。

Next
Page

画像全体にぼかしの効果が追加されました。

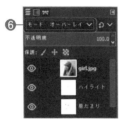

❻[girl.jpg]レイヤーの[モード]を[オーバーレイ]に変更します。

完成

写真の陰影が塗りに反映されました。

////// Hint //

必要があれば初期設定に戻しておこう

レッスン5-01では環境設定を行いましたが、この設定は今後もGIMPを使う上で保存されます。必要があれば132ページの操作❸～❼を参考に、元の設定に戻しておきましょう。なお[透明部分の表示方法]の[スタイル]は、初期設定では[市松模様（中間調）]が選択されています。

////// Hint //

アニメ塗り風のイラストを作成するには

写真画像を別ファイルで開き、[画像]メニューの[モード]-[インデックス]をクリックします。[インデックスカラー変換]ダイアログボックスで[最大色数]を「15」に設定して[変換]をクリックすると15色まで減色されます。完成画像の[塗り]レイヤーの上にコピーし、[色]メニューの[レベル]で明るくします。[フィルター]メニューの[ぼかし]-[ガウスぼかし]で輪郭を滑らかにした後、[フィルター]メニューの[芸術的効果]-[水彩]を実行します。アニメ塗りのような塗り分けがされるので、[レイヤー]ダイアログでモードを[乗算]に変更します。

リファレンス

1

解像度の基本

リファレンス

1-01 画像形式と解像度 ························· P152

1-02 さまざまな場所から画像を作成する ······· P159

1-03 主なファイル形式の特徴と用途 ········ P161

画像形式と解像度

新規ファイルを作成するとき、キャンバスサイズ（画像サイズ）、解像度、色空間、塗りつぶし色など
を最初に設定します。ここではそれぞれの概要と設定の方法を紹介します。

デジタル画像と解像度の概念

デジタル画像は、色情報を持った格子状のピクセル（画素）の
集合体です。デジタル画像を拡大していくと、最終的に格子状
のピクセルが表れます。このピクセルが1インチあたりいくつ並
んでいるかをその画像の「画像解像度」あるいは「解像度」と呼
びます。単位は「ppi」(pixel/inch)です。「dpi」(dot/inch)と
も呼びます。画像解像度が高いほど高精細で鮮明な画像にな
ります。

◆ デジタル画像の仕組み

アナログ画像　　　　　　　　　　　　　デジタル画像

左がフィルムカメラで撮影
したアナログ画像、右がデ
ジタルカメラで撮影したデ
ジタル画像の模式図です。
アナログ画像は連続した
階調で表現され、拡大し
ても滑らかさは失われませ
ん。
デジタル画像は格子状の
ピクセル（画素）の集合体
として表現され、ある程度
拡大すると格子（モザイク）
状の画素が現れます。

◆ 画像解像度の数値と見え方

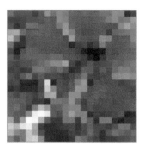

15ppiの解像度の画像で
す。1インチあたり15個の
画素で構成されています。
画像を構成するピクセルが
モザイクのように見えてい
ます。

72ppiの解像度の画像で
す。1インチあたり72個の
画素で構成されています。
これは一般的なモニター解
像度（72〜96ppi）の数値
です。モニターでは分かり
ませんが、印刷するとピク
セルが見えてしまいます。

300ppiの解像度の画像
です。1インチあたり300
個の画素で構成されてい
ます。これは一般的な商
業印刷の解像度（300〜
350ppi）の数値です。ピ
クセルは目で確認できない
ほど細かくなります。

/// **Point** ///

モニター解像度とは

コンピューターなどに使われるディスプレイの解像度を表
します。一般的なモニター解像度はこれまで72か96dpi
とされてきましたが、液晶ディスプレイでは200dpi前後、
iPhone 4以降に搭載されているRetina（網膜）ディスプ
レイシリーズは326ppi以上と、高解像度化の方向に進
んでいます。

ビットマップ画像とベクトル画像

GIMPで扱う画像は、ピクセルの集合で構成された「ビットマップ（ラスター）画像」と、線（ベジェ曲線）で構成された「ベクトル（ベクター）画像」に分けられます。

◆ ビットマップ画像とは

ビットマップ画像は、写真画像のように、1つ1つが異なった階調情報を持つピクセルの集合体です。拡大や縮小をすると、ピクセル同士で補間（周囲のピクセル情報を元に新しいピクセルを生成すること）が行われ、画像が劣化してしまいます。
縮小する場合はそれほど問題は出ませんが、拡大すると品質がかなり劣化するので、基本的に拡大は行わないようにしましょう。

ビットマップ画像を拡大した例。画素が現れてジャギー（ぎざぎざ）が目立つようになります。

◆ ベクトル画像とは

ベクトル画像は、点（アンカーポイント）と、それを結ぶ線（セグメント）で構成された面の情報を数値化し、画面上で描画しています。拡大しても縮小しても、その都度、数値を元に再描画するので、画像が劣化することはありません。

ベクトル画像の例。拡大しても縮小しても、品質は変わりません。

［新しい画像を作成］の詳細設定

新規ファイルを作成すると［新しい画像を作成］ダイアログボックスが表示され、「キャンバスサイズ」（画像サイズ）の設定画面が表示されます。キャンバスサイズは画像の縦と横の大きさを表し、解像度はピクセル（画素）の密度（きめ細かさ）を表します。

◆ 新しい画像を作成する

［ファイル］メニューの［新しい画像］をクリックして、［新しい画像を作成］ダイアログボックスを表示します。

［新しい画像を作成］ダイアログボックスが表示されました。［詳細設定］をクリックすると、さらに設定項目が表示されます。ここで、テンプレート、キャンバスサイズ（画像サイズ）、幅、高さ、水平解像度、垂直解像度、色空間、塗りつぶし色などを設定できます。

【テンプレート】
ディスプレイや印刷用紙、CDなどに対応した設定が用意されています。

【キャンバスサイズ（画像サイズ）】
ピクセル（px）やミリメートル（mm）などの単位を選択し、画像の大きさを設定します。

【水平解像度／垂直解像度】
表示／出力の形式に合わせて設定します。

【色空間】
RGBやグレースケールなどのカラーモードを設定します。

【精度】
描画の精度を設定します。

【ガンマ】
画像を作成する際のガンマ値を設定します。

【塗りつぶし色】
画像の背景色を設定します。

【カラープロファイル】
使用するカラープロファイルを選択します。

【コメント】
［画像］メニューの［画像の情報］を選択して表示される［画像の情報］ダイアログボックスで表示される［コメント］を入力できます。

Next
Page

画像サイズを変更する

デジタルカメラで撮影した画像など、そのままWebに掲載したりメールに添付したりするにはデータ量が大きすぎることがあります。そのときは、画像サイズを変更して調整します。

◆ 画像のサイズを変更する

ここでは画像のサイズを小さくします。

❶［画像］メニューの［画像の拡大・縮小］をクリックします。

［画像の拡大・縮小］ダイアログボックスが表示されました。

❷画像サイズの鎖のアイコンがつながっていることを確認します。

❸［幅］を「2080」に設定して Enter〔return〕キーを押し、❹［拡大・縮小］をクリックします。解像度は変更しません。

鎖がつながっている状態だと、縦横比を維持して［高さ］の数値も自動的に調整されます。

画像の縮小ができました。上が変更前の画像で下が変更後の画像です。幅と高さが半分に減った分、データ容量も減少しています。

◆ 画像の解像度を変更する

ここでは画像の解像度を小さくします。

❶［画像］メニューの［画像の拡大・縮小］をクリックします。

［画像の拡大・縮小］ダイアログボックスが表示されました。

❷解像度の鎖のアイコンがつながっていることを確認します。

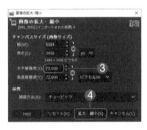

❸［水平解像度］を「72」に設定して Enter〔return〕キーを押し、❹［拡大・縮小］をクリックします。

鎖がつながっている状態だと、縦横比を維持して［垂直解像度］の数値も自動的に調整されます。

解像度を変更できました。上が変更前の解像度350ppi（pixel/inch）の画像で、下が72ppiに変更後の画像です。［表示］メニューの［ピクセル等倍］をクリックしてチェックマークを外すと、大きさの違いが分かります。解像度が高いほうが、ディスプレイに表示するピクセルの密度が高くなるので、表示サイズは小さくなります。

キャンバスサイズを変更する

画像自体は拡大／縮小せずに、キャンバスサイズを変更することができます。画像の周辺にスペースを作ったり、画像を切り抜きたいときに使います。

◆ キャンバスサイズを拡大する

ここでは画像のサイズはそのままで、キャンバスサイズを拡大します。

❶[画像]メニューの[キャンバスサイズの変更]をクリックします。

[キャンバスサイズの変更]ダイアログボックスが表示されました。

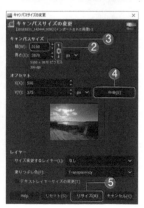

❷鎖のアイコンをクリックしてつなげ、❸[幅]を「5160」に設定して Enter〔return〕キーを押し、❹[中央]をクリックします。

キャンバスサイズの幅と高さが変更され、画像の周囲にスペースが加わりました。[オフセット]はキャンバスサイズの中の画像の位置を表し、画像とスペースの位置を調整できます。

❺[リサイズ]をクリックします。

周囲に透明なスペースができました。拡大された部分はまだ透明の状態ですが、[鉛筆で描画]などのツールで着色できます。

◆ キャンバスサイズを縮小する

ここでは画像サイズはそのままで、キャンバスサイズを縮小します。

[画像]メニューの[キャンバスサイズの変更]をクリックします。

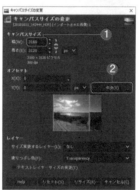

[キャンバスサイズの変更]ダイアログボックスが表示されました。

鎖のアイコンのつながりが外れていることを確認し、❶[幅]を「3160」に設定して Enter〔return〕キーを押し、❷[中央]をクリックします。

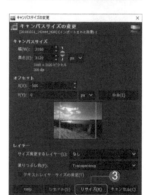

[オフセット]に縮小した際の位置、プレビュー画面に切り取りの枠が表示されます。

❸[リサイズ]をクリックします。

キャンバスが縮小し、キャンバスからはみ出した画像が見えなくなりました。

Next Page

拡大／縮小時の［補間方法］の設定

［画像の拡大・縮小］ダイアログボックスには［補間方法］の設定があります。画像を拡大／縮小するとピクセル数も変わってしまうので、増加したピクセルや減少したピクセルを不自然にならないように調整する必要があります。補間方法とはアルゴリズムを使った画像の再サンプルの方法のことで、［補間しない］［線形］［キュービック］［NoHalo］［LoHalo］から選択します。

◆ ［線形］による補間

この元画像をそれぞれの補間方法で再サンプルします。

補間方法の選択は、［画像の拡大・縮小］ダイアログボックスの［補間方法］をクリックして選択します。

◆ ［補間しない］で画像を再サンプルする

［補間しない］は、補間は行われず、ピクセルを削除したり増加したりして画像を生成します。

◆ ［線形］で画像を再サンプルする

［線形］は、最も近い4つの画素を平均して画像を生成します。処理が速いというメリットがあります。

◆ ［キュービック］で画像を再サンプルする

［キュービック］は、最も近い8つの画素を平均して画像を生成します。処理速度は落ちますが、品質は向上します。通常はこの［キュービック］を選択します。

◆ ［NoHalo］［LoHalo］で画像を再サンプルする

［NoHalo］（上）と［LoHalo］（下）は、［キュービック］と同様に、処理速度は落ちますが、品質は向上する補間方法です。品質にこだわる場合は、どちらも試してみましょう。

テンプレートを活用しよう

テンプレートとは新しい画像を作成するときのために、あらかじめキャンバスサイズや解像度を定めておいたひな形のことです。 多くのテンプレートが用意されていますが、自分で作成することもできます。

◆ テンプレートを開く

[テンプレート]のリストを開きます。

[ファイル]メニューの[新しい画像]を選択し、[新しい画像を作成]ダイアログボックスの[テンプレート]の右の[▼]をクリックします。

リストには、ディスプレイの解像度、印刷用紙、CDカバー、Webバナー用などが用意されています。

◆ テンプレートを新規に作成する

テンプレートは新しく作成できます。

[ウィンドウ]メニューの[ドッキング可能なダイアログ]-[テンプレート]をクリックし、[テンプレート]ダイアログを表示します。

❶下段の[新しいテンプレートを作成します]をクリックします。

【このテンプレートを削除します】
選択したテンプレートを削除します。

【テンプレートの編集】
選択したテンプレートの内容を編集します。

【このテンプレートで新しい画像を作成します】
選択したテンプレートで新しい画像を作成します。

【このテンプレートを複製します】
選択したテンプレートを複製します。

【新しいテンプレートを作成します】
新しいテンプレートを作成します。

[新規テンプレート]ダイアログボックスが表示されました。ここではWeb広告でよく使われる正方形のパターン（250×250ピクセル）のテンプレートを作成します。

❷[名前]に「スクエア(250)」と入力し、❸[幅]を「250」、[高さ]を「250」に設定して❹[OK]をクリックします。

❺[テンプレート]ダイアログに[スクエア(250)]が追加されました。❻[このテンプレートで新しい画像を作成します]をクリックすると、設定した内容で新しい画像が作成されます。

カラーモードの設定

GIMPは、RGBカラーとグレースケールの2つのカラーモードが用意されていて、RGBカラーは、約1670万色のカラーで画像を表現します。グレースケールは、最大256階調のグレーで画像を表現します。カラーモードは新規画像の作成時に設定できるほか、編集中でも変更できます。

◆ 新規作成時のカラーモード設定

❶[ファイル]メニューの[新しい画像]をクリックし、[新しい画像を作成]ダイアログボックスを表示し、[詳細設定]をクリックします。

❷[色空間]をクリックすると、[RGBカラー]と[グレースケール]を選択できます。

◆ [画像]メニューから変更する

画像の編集中に[画像]メニューの[モード]からカラーモードを変更できます。

インデックスカラーの設定

インデックスカラーは、最大256色のカラーで設定するカラーモードです。画質はそれほど低下せず、ファイル容量が小さくなるので、軽い画像を作成したいときに便利です。インデックスカラーに対応しているのは、GIFやPNG-8などです。

◆ インデックスカラーに変換する

[画像]メニューの[モード]-[インデックス]をクリックし、[インデックスカラー変換]ダイアログボックスを表示します。

【カラーマップ】
[Generate optimum palette]
[最大色数]に入力した色数で画像に最も適したパレットを生成します。
[Use web-optimized palette]
ブラウザに適したパレットを使用します。
[Use black and white (1-bit) palette]
モノクロ2階調の画像に変換します。
[Use custom palette]
アイコンをクリックするとカスタムパレットの一覧が表示されるので、パレットを選択します。

【ディザリング】
インデックスカラーに変換したときに不自然に見える部分を調整します。

◆ インデックスカラーの変換例

変換前

最適パレットを生成
(最大色数:48)

ウェブ用最適化パレットを使用

カスタムパレットを使用
(Tango Icon Theme)

さまざまな場所から画像を作成する

GIMPはクリップボードやスキャナー、デジタルカメラ、スクリーンショットから画像を作成できます。特にスキャナーやデジカメから直接画像を作成できるので便利です。

クリップボードから画像を作成する

選択範囲をコピーすると、クリップボードに一時的にデータが保存されます。このクリップボードから画像を作成することができます。

---

1 選択範囲をコピーする

選択範囲を作成して［編集］メニューの［コピー］をクリックします。

クリップボードに画像が保存されました。

2 ［クリップボードから］を選択する

［ファイル］メニューの［画像の生成］-［クリップボードから］をクリックします。

3 画像が作成される

クリップボードの画像がコピーされて、新しいウィンドウが開きました。レイヤー名は「貼り付けられたレイヤー」になります。

外部機器から画像を読み込む

GIMPはスキャナーやデジタルカメラなど、外部の接続機器から直接画像を読み込むことができます。

◆ スキャナーから読み込む

スキャナーをパソコンに接続します。

❶［ファイル］メニューの［画像の生成］-［スキャナー/カメラ］をクリックします。

［ソースの選択］ダイアログボックスが表示されました。

❷使用するスキャナーを選択して、❸［選択］をクリックします。

［WIA（スキャナー名）を使ったスキャン］ダイアログボックスが表示されました。

❹［プレビュー］をクリックして使用する範囲を選択し、❺［スキャン］をクリックします。

スキャンした画像が画像ウィンドウに表示されました。

◆ デジタルカメラから画像を読み込む

デジタルカメラをパソコンに接続します。

[ファイル]メニューの[画像の生成]-[スキャナー/カメラ]をクリックします。

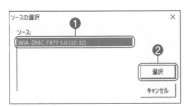

[ソースの選択]ダイアログボックスが表示されました。

❶使用するデジタルカメラを選択して、❷[選択]をクリックします。

[(デジタルカメラ名)から画像を取得]ダイアログボックスが表示されました。

❸一覧から画像を選択し、❹[画像の取得]をクリックします。

選択した画像が画像ウィンドウに表示されました。

スクリーンショットから画像を作成する

GIMPにはモニターの状態を撮影できるスクリーンショット機能があります。選択されたウィンドウか画面全体を撮影でき、そこから画像を作成することができます。

◆ GIMPでスクリーンショットを作成する

❶[ファイル]メニューの[画像の生成]-[スクリーンショット]をクリックします。

[スクリーンショット]ダイアログボックスが表示されました。

❷[単一ウィンドウ]をクリックして、❸[スナップ]をクリックします。

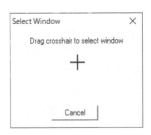

[Select Window]ダイアログボックスが表示されました。

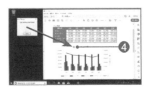

❹画像として保存したいウィンドウに[+]をドラッグします。

スクリーンショットが撮影され、画像ウィンドウに表示されました。

さまざまな場所から画像を作成する

1-02

主なファイル形式の特徴と用途

作成した画像はファイル名を付けて保存します。そのとき、GIMP形式（.xcf）以外にも、さまざまな形式で画像を保存できます。ここではそれぞれの保存形式の特徴と用途を紹介します。

画像を保存する

作成した画像を保存するには、［ファイル］メニューの［保存］を選択し、［画像の保存］ダイアログボックスで、各種の設定をして保存します。別に名前を付けて保存したり、複製を保存したりすることもできます。

◆ 新規で作成した画像を保存する

❶［ファイル］メニューの［保存］をクリックし、［画像の保存］ダイアログボックスを表示します。

❷［名前］にファイル名を入力し、❸保存場所を選択して、❹［保存］をクリックします。

指定した場所に画像が保存されます。

◆ 別名のファイルや複製として保存する

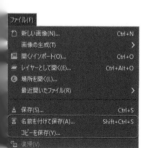

別の名前で保存するときは［名前を付けて保存］を、複製を保存するときは［コピーを保存］をクリックします。

GIMPで作成した画像をPhotoshopやIllustratorで加工したり、Webサイトに公開したりする際には、ファイル形式を変換しなければなりません。GIMPは画像を多様なファイル形式に変換して保存できます。操作方法は次ページから解説します。

◆ GIMPで保存できる主なファイル形式

GIMPが保存できる代表的なファイル形式は以下の通りです。

ファイル形式	拡張子	ファイルの概要
Alias Pix画像	.pix	Autodesk Aliasで使われる保存形式です。
AutoDesk FLIC動画	.fli	Autodesk Animatorで使われる動画の保存形式です。
EPS形式	.eps	PostScript（ポストスクリプト）を使ったベクトル画像の保存形式です。DTPで主に使われます。
GIF画像	.gif	画像用ですが、アニメーションとしても保存できます。色数は256色、透明度は2階調までの制限があります。
GIMP XCF画像	.xcf	GIMP専用の保存形式。CMYKモードはなく、ほかの保存形式との互換性はありません。
GIMPパターン	.pat	GIMPのパターンで使われる保存形式です。
GIMPブラシ	.gbr	GIMPのブラシで使われる保存形式です。
GIMPブラシ（動画）	.gih	GIMPのブラシ動画で使われる保存形式です。
JPEG画像	.jpg	画像を圧縮して保存します。容量が小さくなりますが、データは劣化します。デジタルカメラなどで使われています。
MNG動画	.mng	アニメーション機能を持ち、透明度も保存できます。GIMPでは認識できなくなります。
Photoshop画像	.psd	Adobe Photoshopで標準的に使われている保存形式です。
PNG画像	.png	画像の劣化がなく、透明度も保存できます。アニメーション機能やレイヤーの保存はできません
Raw画像データ	.data	デジタル一眼レフカメラなどで使われる画像の生データの保存形式です。
Silicon Graphics IRIS画像	.sgi	シリコングラフィックスのアプリケーションで使われる保存形式です。
TIFF画像	.tif	さまざまなOSに対応した汎用性の広い画像の保存形式です。
Windows BMP画像	.bmp	Windowsで標準的に使われている画像の保存形式です。
X PixMap画像	.xpm	XSystemのカラーアイコンで使われる画像の保存形式です。
Xウィンドウダンプ	.xwd	XSystemのスクリーンダンプで使われる画像の保存形式です。
Xビットマップイメージ	.xbm	XSystemのビットマップ形式で使われる画像の保存形式です。
ZSoft PCX画像	.pcx	IBM互換PCやWindowsで使われるラスター画像の保存形式です。

Next Page

JPEG画像として保存する

容量も軽く取り扱いやすいJPEG画像は、デジタルカメラを中心に、Webでもよく利用されています。JPEG画像として保存する方法を紹介します。

① [画像をエクスポート]ダイアログボックスを表示する

GIMPで作成した画像をJPEG形式に変換して保存します。

❶[ファイル]メニューの[Export As](名前を付けてエクスポート)をクリックします。

② ファイル形式を選択する

❶[名前]にファイル名を入力し、❷保存場所を選択して、❸[ファイル形式の選択]をクリックします。

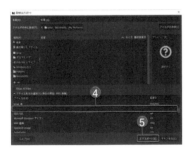

❹[ファイル形式の選択]の中から[JPEG 画像]をクリックして選択し、❺[エクスポート]をクリックします。

/////// Point ///////////////////////////////////

名前と一緒に拡張子を直接入力できる

[エクスポート]を選択した場合、[ファイル形式]から選択するのではなく、ファイル名の後ろに直接拡張子を追記して保存することもできます。慣れてきたらこちらの方法も利用してみましょう。

③ 画像をエクスポートする

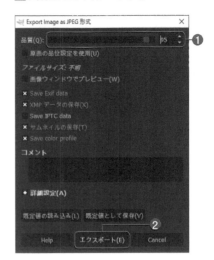

[Export Image as JPEG 形式]ダイアログボックスが表示されました。

❶[品質]を設定して、❷[エクスポート]をクリックします。

JPEG画像の詳細を設定したい場合は、[詳細設定]をクリックします。

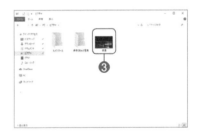

❸設定した場所にファイルが保存されました。

/////// Point ///////////////////////////////////

JPEGの詳細設定の使い方

[Export Image as JPEG形式]ダイアログボックスの[詳細設定]をクリックすると画像の変換に関する調整ができます。[最適化]をクリックしてチェックマークを付けると、画像の品質はそのままでファイルサイズを圧縮し、[プログレッシブ]にチェックマークを付けるとWeb使用時にダウンロード中でも徐々に表示される画像になります。[スムージング]の値を大きくすると、保存時の圧縮作業で発生することのある劣化を防ぎます。

/////// Point ///////////////////////////////////

高品質はファイルサイズが大きくなる

保存の際に、[品質]を低くするほど容量は小さくなりますが、画質は劣化します。[品質]を高くすると容量は増えますが、画質は良くなります。何度か確かめて、品質を決定するといいでしょう。

GIF画像として保存する

GIF画像は圧縮で容量が小さくなる分、最大色数が8bit（256色）と画像の劣化もあり、使える用途は限られています。色数の少ない画像や簡単なアニメーションに向いています。

1 ファイル形式を選択する

❶前ページを参考に［ファイル形式の選択］から［GIF画像］を選択し、❷［エクスポート］をクリックし、［Export Image as GIF形式］ダイアログボックスを表示します。

2 画像をエクスポートする

【インターレース】
チェックマークを付けると、粗い画像から鮮明な画像に徐々に表示します。

【GIFコメント】
チェックマークを付けると、ファイル内にコメントを保存できます。

【アニメーションとしてエクスポート】
チェックマークを付けると、レイヤー1つを1コマとしてアニメーションGIFを作成できます。

【アニメーションGIFのオプション】
［無限ループ］
チェックマークを付けると、繰り返し再生になります。
［指定しない場合のディレイ］
フレーム間の再生速度を指定します。
［指定しない場合のフレーム処理］
フレーム再生時の処理方法を指定します。［気にしない］はフレームの上書き、［累積レイヤー（結合）］はフレームに累積、［レイヤー毎に1フレーム（置換）］は次のフレームの表示の直前に前のフレームを消去します。
［全フレームのディレイにこの値を使用］
指定した再生時間をすべてのフレームに適用します。
［全フレームのフレーム処理にこの値を使用］
指定した処理が全フレームに適用されます。

❶［GIFのオプション］を設定して、❷［エクスポート］をクリックします。

PNG画像として保存する

PNG画像はGIF画像に代わるWebの標準画像形式としてW3C（World Wide Web Consortium）で提唱され、広く使われるようになっています。圧縮率が高く256インデックスカラーのPNG-8と、非可逆圧縮でフルカラーのPNG-24があり、PNG-8はGIFに代わる保存形式として、PNG-24はJPEGに代わる保存形式として使われています。

1 ファイル形式を選択する

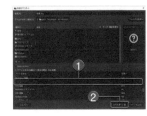

❶前ページを参考に［ファイル形式の選択］から［PNG画像］をクリックし、❷［エクスポート］をクリックし、［Export Image as PING形式］ダイアログボックスを表示します。

2 画像をエクスポートする

【インターレース（Adam7）】
設定するとWebで使用時にダウンロード中でも徐々に表示される画像になります。

【背景色を保存】
ファイル内に透明情報を利用できないブラウザで表示するときに代わりに表示する背景色を保存します。

【ガンマ値を保存】
ファイル内にモニターの設定による色や明るさのズレを防ぐ情報を保存します。

【解像度を保存】
ファイル内に解像度情報を追加します。

【作成日時を保存】
ファイル内に作成日時を保存します。

【透明ピクセルの色の値を保存】
透明部分にも色の情報を付加して保存します。

【圧縮レベル】
保存時の圧縮の強さを設定します。PNGは可逆圧縮なので、圧縮レベルが最大でも画像は劣化しません。

❶［圧縮レベル］でファイルサイズを設定し、❷［エクスポート］をクリックします。

Next Page

画像の印刷

GIMPの印刷に関する設定は［印刷］ダイアログボックスで行います。ここでは印刷時のサイズや位置の設定、プレビューの確認ができます。

1 ［印刷］ダイアログボックスを表示する

GIMPで作成した画像をプリンターで印刷します。

❶［ファイル］メニューの［印刷］をクリックします。

［印刷］ダイアログボックスが表示されました。

【プリンターの選択】
パソコンに接続されているプリンターの一覧が表示されます。
［詳細設定］
選択しているプリンターの印刷設定を表示できます。
［プリンターの検索］
使用するプリンターが表示されないときはここをクリックして検索します。

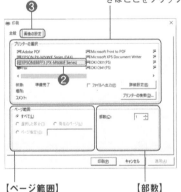

【ページ範囲】
印刷する範囲を設定します。

【部数】
印刷する枚数を設定します。

❷使用するプリンターをクリックして選択し、❸［画像の設定］をクリックします。

2 印刷プレビューを確認する

印刷時の画像サイズと位置に関する設定が表示されました。

【サイズ】
［幅／高さ］
印刷時の画像の幅と高さを設定します。
［水平解像度／垂直解像度］
印刷時の画像の解像度を設定します。

【プレビュー】
印刷時のイメージが表示されます。余白はグレーの線で表示されます。

【位置】
紙の上での画像の位置を設定できます。［ページ余白を無視する］をクリックしてチェックマークを付けると、プレビューから余白が消え、プリンターで設定されている余白を無視して位置を設定します。

❶［プレビュー］で印刷時のイメージを確認し、❷［印刷］をクリックします。

プリンターから画像を印刷できました。

/////// Point ///

用紙やインクの設定は［詳細設定］から行う

GIMPの［印刷］ダイアログボックスでは、印刷に使用する用紙や、カラーやモノクロの設定はできません。これらの設定を変更する場合は［プリンターの選択］で使用するプリンターを選択し、［詳細設定］をクリックしましょう。選択したプリンターに合わせた設定画面が表示されます。

リファレンス

2

描画系ツールの使いこなし

リファレンス

2-01 色を選択するには …………………………… P166

2-02 描画ツールの基本 …………………………… P168

2-03 ［ツールオプション］の設定 …………… P170

2-04 そのほかの描画ツールの使い方 ……… P176

01 色を選択するには

色の選択は、基本的に描画色か背景色を通して行います。[描画色]や[背景色]をクリックするとカラーの設定画面が表示されます。[スポイト]を使うと、画像から色情報を取り出すことができます。

描画色と背景色

[ツールボックス]の一番下にある描画色と背景色の切り替えツールで、描画色と背景色を設定したり、それぞれを入れ替えたり、黒と白に設定し直したりすることができます。

◆ [ツールボックス]で描画色と背景色を設定する

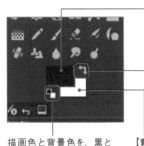

【描画色】
描画ツールで描くときの表示色です。

描画色と背景色を入れ替えます。[ツール]メニューの[描画色と背景色の交換]でも同じ操作を行えます。

描画色と背景色を、黒と白にリセットします。[ツール]メニューの[描画色と背景色のリセット]でも同じ操作を行えます。

【背景色】
消しゴムなどで削除したときに表示される色です。

◆ [描画色の変更]／[背景色の変更]で色を設定する

[描画色]あるいは[背景色]をクリックします。

[描画色の変更]または[背景色の変更]ダイアログボックスが表示され、カラー設定切り替えタブから色を選択できます。

【カラー設定切り替えタブ】　【LCh／HSV】

【カラーフィールド】　【数値の範囲】　【RGB設定エリア】

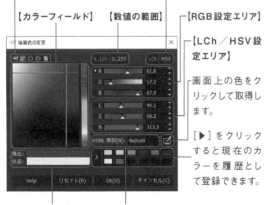

【LCh／HSV設定エリア】

画面上の色をクリックして取得します。

[▶]をクリックすると現在のカラーを履歴として登録できます。

【現在のカラー】／【1つ前のカラー】　現在のカラーをHTMLで表記します。

【GIMP】

カラーフィールドで色をクリックして設定します。右側のRGBかLCh／HSVの設定エリアで、スライダーか数値入力で設定することもできます。

【CMYK】

CMYKの値をそれぞれのスライダーか数値入力で設定します。GIMPはCMYKカラーをサポートしていませんが、入力したCMYKの数値をRGBに変換して再現できます。

【水彩色】

カラーフィールドで色をクリックすると絵の具を混ぜるようにクリックした色が加わります。右のスライダーではクリックした色の量を調節します。

【色相環】

HSV（色相、彩度、明度）カラーモデルで色を設定します。周囲のリングでは色相、中の三角形では明度と彩度を設定します。

【パレット】

[パレット]ダイアログで選択しているカラーパレットを表示します。それぞれの色をクリックして色を選択します。

◆ カラーパレットを設定する

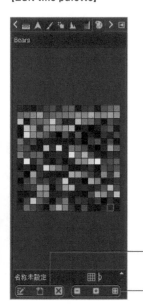

カラーパレットの設定は[パレット]ダイアログで行います。

[ウィンドウ]メニューの[ドッキング可能なダイアログ]-[パレット]をクリックします。

[パレット]ダイアログには、あらかじめ41パターンのカラーパレットが用意されています。カラーパレットは複数のカラーの集合体で、色数に制限はありません。

カラーパレットは、[パレットエディター]ダイアログで、既存のものを編集したり、新規に作成したりすることができます。

【このパレットを削除します】

【このパレットを複製します】 ─ 【パレットをファイルから再度読み込みます】

【新しいパレットを作成します】

【Edit this palette】

[パレット]ダイアログで、編集したいカラーパレットをダブルクリックするか、下部の[Edit this palette]（パレットエディターで編集）をクリックすると、[パレットエディター]ダイアログが表示されます。

新規のカラーパレット作成も[パレットエディター]ダイアログからできます。

色の編集／追加／削除を行えます。

表示倍率を調整できます。

ショートカットキー　[スポイト]

Ｏ

/// Point ///

[スポイト]で背景色を設定する

[スポイト]で取り出した色情報は、そのままだと描画色に設定されますが、Ctrl（⌘）キーを押しながらクリックすると、色情報が背景色として設定されます。

[スポイト]

[スポイト]は、画面上のピクセルの色の情報をクリックして取り出すツールです。取り出した色は描画色に設定され、色の情報は[スポイト]ダイアログボックスに表示されます。

◆ [スポイト]の基本操作

❶[ツールボックス]の[スポイト]をクリックします。

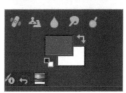

❷描画色に設定したい画像の色をクリックします。

❸クリックした画像の色情報を取り出し、描画色に設定されました。

◆ [スポイト]の[ツールオプション]の設定項目

【色の平均を取る】
チェックマークを付けると、[半径]で設定したピクセル範囲の色の平均値を取り出します。

【見えている色で】
チェックマークを付けると、複数のレイヤーがある場合、その結合した色を取り出します。

【情報ウィンドウを使用】
チェックマークを付けるとクリックしたときに、[スポイト]ダイアログボックスが表示されるようになります。

【Pick Target】
[スポイト情報のみ]を選択すると描画色や背景色に反映されなくなります。[パレット]ダイアログの[新しいパレットを作成します]をクリックして新規に作成しているとき、[パレットに追加]を選択すると、新規に作成したカラーパレットに取得した色が追加されます。

描画ツールの基本

GIMPには、[鉛筆で描画][ブラシで描画][エアブラシで描画]などの描画ツールが用意されています。ここでは[消しゴム]も加えて、それぞれの設定と基本的な使い方を紹介します。

[鉛筆で描画]

[鉛筆で描画]は輪郭のはっきりした線が描けます。1ピクセルから描けるのでドット絵などを作るのにも向いています。詳細な設定は[ツールオプション]で行います。

◆ [鉛筆で描画]の[ツールオプション]の設定項目

[ツールボックス]の[鉛筆で描画]をクリックします。

[鉛筆で描画]の色は[描画色]で設定します。

[ツールオプション]は、[鉛筆で描画][ブラシで描画][エアブラシで描画]ではほぼ共通しています。

[鉛筆で描画]をクリックすると、[ツールオプション]が表示されます。
ここで[モード][不透明度][サイズ][縦横比][角度][動的特性]などを設定できます。

[ツールオプション]の使い方は170ページを参照してください。

輪郭のはっきりした直線や曲線を描くことができます。

[ブラシで描画]

[ブラシで描画]は、絵筆やブラシのタッチで線を描くことができます。[鉛筆で描画]と同様に、詳細な設定は[ツールオプション]で行います。

◆ [ブラシで描画]の[ツールオプション]の設定項目

[ツールボックス]の[ブラシで描画]をクリックします。

[ブラシで描画]の色は[描画色]で設定します。

[ブラシで描画]をクリックすると、[ツールオプション]が表示されます。

ブラシのサムネイルをクリックすると、ブラシの形状を選択するメニューが開きます。
ブラシの形状だけでなく、[サイズ][縦横比][角度]なども設定できます。

[ツールオプション]の使い方は170ページを参照してください。

ペンタブレットを使うと、筆圧を感知させながら使用できます。

[鉛筆で描画]と同様に、直線や曲線を細かく設定して描くことができます。

［エアブラシで描画］

［エアブラシで描画］は、縁を大きくぼかしてエアブラシを吹き付けたような効果を出すことができます。ずっと同じ場所に吹き付けると絵の具溜まりも再現されます。詳細な設定は［ツールオプション］で行います。

◆ ［エアブラシで描画］の［ツールオプション］の設定項目

［ツールボックス］の［エアブラシで描画］をクリックします。

［エアブラシで描画］の色は［描画色］で設定します。

［エアブラシで描画］をクリックすると、［ツールオプション］が表示されます。

［ブラシで描画］と同様に、ブラシの形状や［サイズ］［縦横比］［角度］などを設定できます。

［ツールオプション］の使い方は170ページを参照してください。

ペンタブレットを使うと、筆圧を感知させながら使用できます。

［エアブラシで描画］は［ブラシ移動時のみ以下を適用］をクリックしてチェックマークを付けると、ドラッグしているときだけ［割合］と［流量］の設定が適用されます。［割合］は描画のスピード、［流量］は色の濃さの設定です。

［ブラシで描画］よりもさらに柔らかな線を描くことができます。

［消しゴム］

［消しゴム］も描画ツールの1つといえます。［消しゴム］は、ドラッグした軌跡を背景色や透明色で描画しているからです。詳細な設定は［ツールオプション］で行います。

◆ ［消しゴム］の［ツールオプション］の設定項目

［ツールボックス］の［消しゴム］をクリックします。

アルファチャンネルのあるレイヤーにおける［消しゴム］の色は透明色です。アルファチャンネルのないレイヤーでは［背景色］となります。

［消しゴム］をクリックすると、［ツールオプション］が表示されます。

［ブラシで描画］と同様に、消しゴムの形状や［サイズ］［縦横比］［角度］などを設定できます。

［ツールオプション］の使い方は170ページを参照してください。

［消しゴム］の場合、［ツールオプション］の一番下に［ハードエッジ］と［逆消しゴム］が表示されます。

［ハードエッジ］をクリックしてチェックマークを付けると［不透明度］が100%に、［逆消しゴム］をクリックしてチェックマークを付けると消去した場所を再度表示します（ただし、アルファチャンネルのあるレイヤーに限られます）。

ドラッグした部分が［背景色］（この場合は白）で描画されました。

［ツールオプション］の設定

［鉛筆で描画］［ブラシで描画］［エアブラシで描画］などの描画ツールの設定は、［ツールオプション］で行います。ここではそれぞれの設定の方法を紹介します。

描画ツールの［ツールオプション］

［鉛筆で描画］［ブラシで描画］［エアブラシで描画］などの描画ツールの［ツールオプション］は、設定項目がほぼ共通しています。これらの設定は必要に応じて編集したり、新たにプリセットを作成したりできます。

◆ 描画ツールの［ツールオプション］の設定項目

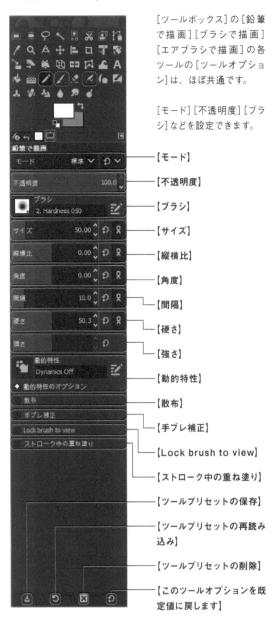

［ツールボックス］の［鉛筆で描画］［ブラシで描画］［エアブラシで描画］の各ツールの［ツールオプション］は、ほぼ共通です。

［モード］［不透明度］［ブラシ］などを設定できます。

【モード】

【不透明度】

【ブラシ】

【サイズ】

【縦横比】

【角度】

【間隔】

【硬さ】

【強さ】

【動的特性】

【散布】

【手ブレ補正】

【Lock brush to view】

【ストローク中の重ね塗り】

【ツールプリセットの保存】

【ツールプリセットの再読み込み】

【ツールプリセットの削除】

【このツールオプションを既定値に戻します】

［モード］

［鉛筆で描画］［ブラシで描画］［エアブラシで描画］［インクで描画］［スタンプで描画］などの描画ツールは、［モード］が用意されています。ちょうど画像の上に描画レイヤーが乗って、レイヤーの［モード］のように作用していると考えるといいでしょう。

◆ ［モード］の設定

［モード］の［▼］をクリックします。

メニューが開き、［モード］を設定できます。

［モード］は［標準］のほかに38種類の［モード］が用意されています。

【モード】
デフォルトは、通常の描画方法である［標準］に設定されています。

下が［Dissolve］で描画した例です。色の濃淡を使わずに点描で周囲のぼかしが表現されます。

［後ろ］で描画した例です。透明部分にのみ描画されます。

アルファチャンネルを含む画像に赤色で描画した例です。［標準］（上）では赤色が描画され、［色消しゴム］（下）では赤色だけが消されます。

［不透明度］

スライダーか数値の入力で、描画色の不透明度を設定します。数値を小さくするほど描画の色が薄くなり、下の色が透けて見えるようになります。

◆ ［不透明度］の設定

スライダーをドラッグするか、数値を直接入力するか、右端の［▲］［▼］をクリックして設定します。

上は［不透明度］を「100.0％」、下は［不透明度］を「50.0％」に設定して描画した例です。

［ブラシ］

描画ツールで描画するプロセスで、ツールが画像に与える大きさと形状を設定します。プリセットでいろいろな形のブラシが用意されています。

◆ ブラシの設定

ブラシの形状を選択します。
　ブラシの名称を表示します。

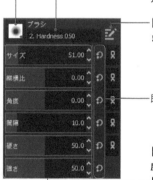

ブラシの設定では、ブラシの形状や［サイズ］［縦横比］［角度］を設定できます。

【ブラシエディターで編集します】

既定値に戻します。

【サイズ】／【縦横比】／【角度】／【間隔】／【硬さ】／【強さ】

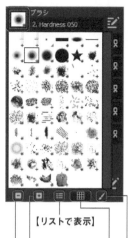

【リストで表示】
【大きなプレビュー】　【ブラシダイアログを開く】
【小さなプレビュー】　【グリッドで表示】

ブラシのサムネイルをクリックすると、ブラシの選択メニューが表示されます。

下段のメニューで、ブラシの形状やプレビューサイズ、表示方式の変更、［ブラシ］ダイアログの表示ができます。

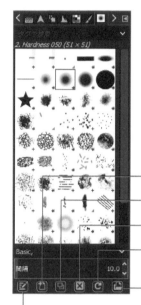

【新しいブラシを作成します】
【このブラシを複製します】
【このブラシを削除します】
【ブラシをフォルダーから再度読み込みます】
【ブラシファイルを画像ファイルとして開きます】
【ブラシエディターで編集します】

［ウィンドウ］メニューの［ドッキング可能なダイアログ］-［ブラシ］をクリックすると、［ブラシ］ダイアログが表示されます。

［ブラシ］ダイアログでは、ブラシの新規作成や複製、作成したブラシの削除ができます。

［2. Hardness 075］で描画した例です。

［2. Star］で描画した例です。

［Chalk 02］で描画した例です。

［動的特性］

［動的特性］とは、ブラシ感度を調整する機能です。筆圧や筆速などに対してブラシをどのように調整するかを設定します。主にペンタブレットで使われますが、マウスでも有効です。

◆ 動的特性の設定

【Paint dynamics】

【動的特性の名称】

【動的特性を設定します】

【動的特性のオプション】

動的特性は［Paint dynamics］をクリックして、プリセットから動的特性の設定を選択します。

［Paint dynamics］をクリックすると、動的特性のプリセットメニューが表示されます。

［Pen Generic］で描画した例です。インクペンで書いたようにインクのにじみや筆速に比例する線の太さの変化を再現できます。

◆ ［動的特性のオプション］の設定

【フェードの長さ】

ピクセルやポイント、ミリメートルなどで指定した長さで、描画をフェードアウトします。

［動的特性のオプション］をクリックすると、［フェードのオプション］と、［色のオプション］が表示されます。

【反復】

1回のストロークの中の反復の形状（ノコギリ波、三角波、Truncate）を設定します。

【グラデーション】

［色］の動的特性を設定している場合、ここで設定したグラデーションに基づいて描画されます。

◆ 動的特性の設定の確認

［動的特性を設定します］をクリックすると、［動的特性エディター］ダイアログが表示されます。

［不透明度］や［角度］など、チェックマークを付けている項目は［対応状況の一覧］メニューから選択し、設定を確認することができます。

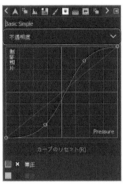

［対応状況の一覧］をクリックして［不透明度］を選択すると、［不透明度］に対する動的特性の設定が表示されます。

［Basic Simple］では、［筆圧］に対して、［不透明度］が敏感に反応する設定であることが分かります。

◆ 動的特性エディターの設定項目

動的特性の入力設定

項目名	動作条件
筆圧	ペンタブレットの筆圧の強さに応じて効果の強弱が変わる
筆速	マウスやペンタブレットのストロークの速さに応じて効果の強弱が変わる
方向	マウスやペンタブレットの描画の方向と曲線の角度に応じて効果の強弱が変わる
傾き	ペンタブレットのペンの傾きに応じて効果の強弱が変わる
ホイール/回転	ペンタブレットのホイールの動きに応じて効果の強弱が変わる
不規則	マウスやペンタブレットの動きに関係なく不規則に効果の強弱が変わる
フェード	［動的特性のオプション］の［フェードの長さ］に応じて効果の強弱が変わる

動的特性の出力設定

項目名	動作条件
不透明度	不透明度の大きさが変化する
サイズ	描画サイズが変化する
角度	ブラシの角度が変化する（正円のブラシでは効果が出ない）
色	［ツールオプション］の［色のオプション］の設定に基づいて色が変化する
硬さ	ブラシの輪郭のぼかし具合が変化する
強さ	［ぼかし/シャープ］［にじみ］［暗室］の効果の強弱が変化する
縦横比	ブラシの縦横の比率が変化して歪む
間隔	描画間隔が変化し、点線のように描画される
割合	［エアブラシで描画］の［割合］が変化する
流量	［エアブラシで描画］の［流量］が変化する
散布	［ツールオプション］の［散布］が有効のとき、［散布］の強弱が変化する

［動的特性］の変更

［動的特性］は新しく設定したり、既存のプリセットを変更したりすることができます。ここではインクペン風の書き味の［Pen Generic］を変更する例を紹介します。

1 ［描画の動的特性］ダイアログを開く

❶［Paint dynamics］をクリックし、❷動的特性のメニューの下の［［描画の動的特性］ダイアログを開く］をクリックします。

❷【［描画の動的特性］ダイアログを開く】

2 プリセットを選択して動的特性を複製する

［描画の動的特性］ダイアログが表示されました。

❶設定したいプリセットを選択し、❷［動的特性を複製します］をクリックします。

新規に作成するときは、左の［新しい動的特性を作成します］をクリックします。

【新しい動的特性を作成します】

❷【動的特性を複製します】

3 動的特性エディターが表示される

編集可能な状態で［動的特性エディター］ダイアログが表示されました。

［対応状況の一覧］で、変更したい設定を確認します。

ここでは［不透明度］［サイズ］［角度］にチェックマークが付いています。

4 ［不透明度］の設定を変更する

❶［対応状況の一覧］をクリックして、［不透明度］をクリックします。

❷［筆圧］の設定を❸図のようにポインターをドラッグして調整します。

筆圧に対する不透明度の増加が早くなり、書きはじめてすぐに濃い色が出るようになりました。

5 ［サイズ］の設定を変更する

❶［不透明度］をクリックして［サイズ］を選択します。

❷［筆圧］をクリックして選択し❸図のようにポインターの1つをダイアログの欄外にドラッグします。

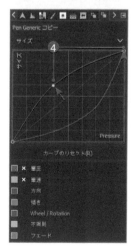

ポインターが1つなくなりました。

❹図のようにほかの2つのポインターをドラッグして調整します。

筆圧でサイズが変わるように設定しています。

筆圧に対するサイズの増加が大きくなり、インクの出が多いペンのようになりました。

⑥ ［角度］の設定を変更する

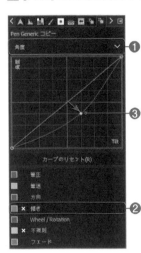

続いてペンタブレットの傾きの感知を設定します。

❶［サイズ］をクリックして［角度］を選択し、❷［傾き］をクリックしてチェックマークを付けて❸図のようにポインターをドラッグして調整します。

これで設定は完了です。

タブレッドなどで操作したときにペンの傾きに比例してペン先に角度が付いて線が細くなる割合が小さくなりました。

［動的特性］の編集前に描画した例です。

［動的特性］の編集後に描画した例です。文字がより太くなり、不透明度も上がりました。

そのほかの［ツールオプション］の設定項目

［ツールオプション］の最下段では、［散布］［手ブレ補正］［Lock brush to view］［ストローク中の重ね塗り］（［エアブラシで描画］選択時は［ブラシ移動時のみ以下を適用］）の設定ができます。

◆ そのほかの［ツールオプション］の設定項目

そのほかのオプションの設定は最下段のそれぞれの項目をクリックして、チェックマークを付けてから行います。

［散布］をクリックしてチェックマークを付けると、［散布量］が表示され、点描のような描画ができます。

［手ブレ補正］をクリックしてチェックマークを付けると、［品質］と［ウエイト］（硬さ）が表示され、手ブレを補正して描画ができます。

［Lock brush to view］をクリックしてチェックマークを付けると、画像の表示倍率にかかわらず、画面上のブラシの見た目が固定されます。ズームインしても表示されるブラシのサイズが変わらず、相対的に小さく見えるため、細かい箇所を描くことができます。

表示倍率：100%

表示倍率：200%

［ストローク中の重ね塗り］をクリックしてチェックマークを付けると、1つのストロークの中でも重ね塗りによってさらに濃くする描画ができるようになります。

［エアブラシで描画］では、［ストローク中の重ね塗り］の代わりに［ブラシ移動時のみ以下を適用］が表示されます。ここをクリックしてチェックマークを付けると、ブラシを動かしているときのみ［割合］と［流量］の設定が適用されるようになります。

/////// P o i n t //

直線を描く

［鉛筆で描画］［ブラシで描画］［エアブラシで描画］［インクで描画］は、まず画像上で1点をクリックし、続いて Shift キーを押しながら終点をクリックすると直線が描けます。

Shift キーを押しながら終点をクリックします。

新しいブラシを設定する

新しいブラシは［ブラシエディター］ダイアログで設定します。写真やイラストなど、オリジナルの画像を設定してブラシを作成することもできます。

◆ 新しいブラシを作成する

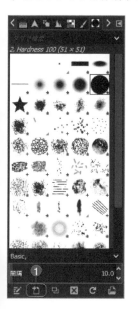

❶［ブラシ］ダイアログを表示して、下段の［新しいブラシを作成します］をクリックします。

❷［ブラシエディター］ダイアログが表示されました。［形状］や［とがりの数］［硬さ］などを設定できます。

【形状】ブラシの形状を設定します。

【半径】ブラシの中心から縁までの距離を設定します。

【とがりの数】鋭角の頂点（とがり）の数を設定します。

【硬さ】ぼかしのかかり具合を設定します。硬さ1でぼかしは0になります。

【とがりの縦横比】ブラシの縦と横の比率を設定します。

【角度】ブラシの形状の角度を設定します。

【間隔】ブラシの間隔を設定します。

上の設定で作成したブラシで描画した例。

◆ オリジナルのブラシを作成する

❶ブラシ用のオリジナル画像をGIMPで作成します。背景は透明に設定します。

❷［ファイル］メニューの［Export］（エクスポート）をクリックし、［画像をエクスポート］ダイアログボックスを表示します。

画像データの保存先と保存形式を設定します。

❸［名前］にファイル名を入力し、❹保存先にブラシ用フォルダを設定します。ブラシ用フォルダの場所は、［編集］メニューの［設定］をクリックして表示される［GIMPの設定］ダイアログボックスの［フォルダー］-［ブラシ］で確認できます。
❺［ファイル形式の選択］をクリックして、［GIMPブラシ］を選択して、❻［エクスポート］をクリックします。

［Export Image as ブラシ］ダイアログボックスが表示されました。

❼［説明］に「GIMP Brush」、❽［間隔］に「25」と入力し、❾［エクスポート］をクリックします。

❿［ブラシ］ダイアログに作成したブラシが表示されました。

⓫オリジナルのブラシで描画できました。

そのほかの描画ツールの使い方

GIMPには、ほかにも[インクで描画][MyPaintブラシで描画][塗りつぶし][グラデーション]の描画ツールがあります。特に[塗りつぶし]と[グラデーション]は面を塗るツールなので利用頻度も多くなります。

[インクで描画]

[インクで描画]は、ペンのイメージで線を描くことができる描画ツールです。ペン先の形状やサイズ、角度、感度や筆速を[ツールオプション]で設定することができます。

◆ [インクで描画]の[ツールオプション]の設定項目

[ツールボックス]の[インクで描画]をクリックします。

【モード】
ほかの描画ツールと同様に、[モード]を設定します。

【不透明度】
インクの不透明度を設定します。

【手ブレ補正】
筆の軌跡の手ブレを[品質]と[ウエイト](硬さ)で補正します。

【補正】
[サイズ]は最も太くなる箇所のペン先の大きさ、[角度]は水平面に対する角度を設定します。

【感度】
[サイズ]はペン先の大きさ、[傾き]はペン先の傾きの感度、[スピード]はマウスやタブレットの速さに対応してペン先の大きさや傾きを反映します。

【形状】
ブラシの形を設定します。

マウスやタブレットでペンを速く動かすと線が細くなり、ゆっくり動かすと線が太くなります。

[MyPaintブラシで描画]

[MyPaintブラシで描画]は、フリーソフト「MyPaint」のブラシを使用して線を描いたりできる描画ツールです。ブラシの種類が豊富で、アナログの画材で描いたような質感を表現できます。

◆ [MyPaintブラシで描画]の[ツールオプション]の設定項目

[ツールボックス]の[MyPaintブラシで描画]をクリックします。

【不透明度】
描画の不透明度を設定します。

【硬さ】
描画に対するぼかしのかかり具合を設定します。値が大きいほどはっきりとした描画になります。

【手ブレ補正】
筆の軌跡の手ブレを[品質]と[ウエイト](硬さ)で補正します。

【ブラシ】
使用する「MyPaint」のブラシを選択します。

【Erase with this brush】
チェックマークを付けると、選択したブラシを消しゴムとして使用できます。

【No erasing effect】
チェックマークを付けると、不透明度を下げる描画ができなくなります。

【半径】
ブラシの半径を設定します。

【Base Opacity】
ベースの不透明度を0.00〜2.00の値で設定します。実際の描画の不透明度は、ここで設定した値と[不透明度]で設定した値をかけた値となります(最大値は100)。

ショートカットキー 　[インクで描画]

K

◆ ブラシの設定

[MyPaintブラシで描画]では、鉛筆や水彩など、画材の質感を再現したブラシが100種類以上用意されています。

ブラシのサムネイルをクリックすると、ブラシの選択メニューが表示されます。

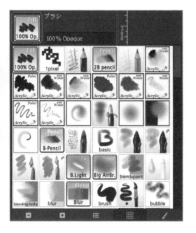

使用したいブラシをクリックして選択できます。

[2B pencil #1]で描画した例です。

[watercolor glazing]で描画した例です。

[100% Opaque]で描いた緑の線を[acrylic 04 only water]でぼかした例です。

[塗りつぶし]

[塗りつぶし]は、選択範囲や類似色領域を、[描画色]や[背景色]、[パターン]で塗りつぶすことができる描画ツールです。よく使うツールなので、機能を把握しましょう。

◆ [塗りつぶし]の[ツールオプション]の設定項目

[ツールボックス]の[塗りつぶし]をクリックします。

【モード】
ほかの描画ツールと同様に、[モード]を設定します。

【不透明度】
塗りつぶしの不透明度を設定します。

【塗りつぶし色】
塗りつぶしの色を設定します。[描画色][背景色][パターン]から選択できます。

【塗りつぶす範囲】
塗りつぶしの範囲を設定します。[Fill whole selection]は選択範囲、[Fill similar colors]は類似した色の範囲、[Fill by line art detection]は線画で囲まれた範囲を検出して塗りつぶします。

【類似色の識別】
類似色の識別について設定します。

類似色の判定基準を[Composite](すべての色)、[Red]、[Green]、[Blue]などから選択します。

◆ 塗りつぶしの例

[パターン]で塗りつぶした例。パターンを選択し、[塗りつぶし]で塗りつぶしたい領域をクリックします。

ショートカットキー　**[MyPaintブラシで描画]**

Y

Next Page

[Fill whole selection]
で塗りつぶした例。選択
範囲を設定し、[塗りつぶ
し]で選択領域をクリック
します。

顔全体を選択範囲に設定
した例です。

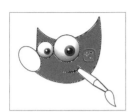

[Fill by line art detection]
で塗りつぶした例。描画色
を設定し、線画の塗りつぶ
したい領域の内側をクリッ
クします。

線画の内側をクリックした
例です。線に塗切れた箇所
があっても、閉じた領域を自
動的に予測して塗りつぶしま
す(レッスン4-03、レッス
ン5-05を参照)。

[見えている色で]で塗りつ
ぶした例。描画色を設定
し、塗りつぶしたい色をク
リックします。

右白目をクリックした例で
す。見えているすべてのレ
イヤーのうち、類似した色
の範囲を識別して塗りま
す。

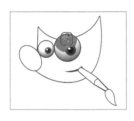

［グラデーション］

［グラデーション］は、グラデーションを使って描画するときに
使うツールです。グラデーションの形状は豊富なプリセットが
用意されていて、使う色やパターンを自由に設定できます。

◆ ［グラデーション］の［ツールオプション］の
設定項目

[ツールボックス]の[グラ
デーション]をクリックしま
す。

【モード】
ほかの描画ツールと同様
に、[モード]を設定します。

【不透明度】
塗りつぶしの不透明度を
設定します。

【グラデーション】
グラデーションのパター
ンを設定します。[形状]
[Metric][反復]の設定も
できます。

【Adaptive Supersampling】
／【Instant mode】／【Modify
active gradient】

【オフセット】
グラデーションの変化の割
合を設定します。初期設定
は0で、大きくなるほど緑
の色幅が大きくなります。

【ディザリング】
インデックスカラーの画像
のとき、ここをクリックして
チェックマークを付けると、
限られた色数でもRGBカ
ラーのようなグラデーショ
ンを描画できます。

ショートカットキー　[塗りつぶし]

Shift + B

ショートカットキー　[グラデーション]

G

◆ [グラデーション]の使い方

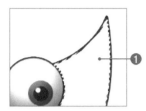

❶グラデーションを設定したい範囲を、選択ツールなどで選択します。

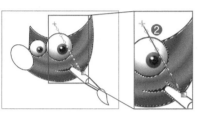

❷[ツールボックス]の[グラデーション]をクリックし、図のようにドラッグします。

選択範囲がグラデーションに塗られました。

◆ グラデーションのパターンの設定

GIMPにはグラデーションのパターンが多数用意されています。

[ウィンドウ] メニューの [ドッキング可能なダイアログ]-[グラデーション]をクリックし、[グラデーション] ダイアログを表示して設定できます。

◆ グラデーションのパターンの一例

[描画色から背景色(RGB)]
ツールボックスの描画色から背景色へのグラデーションを描きます。シンプルなグラデーションを作りたいときに便利です。

[Browns]
ブラウン系のカラーでグラデーションを描きます。ゴールド系のゴージャスでシックな雰囲気のグラデーションができます。

[Full saturation spectrum CCW]
色相環のすべてを使ったグラデーションを描きます。ポップで元気な雰囲気が演出できます。

[Pastels]
パステルカラーでグラデーションを描きます。淡いピンクなどの色でさわやかな雰囲気を演出できます。

◆ グラデーションの形状の設定

[ツールオプション]の[形状]をクリックすると、11種類の形状のパターンが表示されます。

パターンを選択すると、グラデーションの形状を変化させることができます。

◆ グラデーションの形状の一覧

[線形]
始点から終点までの変化が均一な帯状のグラデーションを描きます。

[双線形]
始点から双方向に向かって線形のグラデーションを描きます。筒状の表現に向いています。

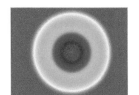

[放射状]
中心から同心円状に広がるように、グラデーションを描きます。

[四角形]
中心から広がるように正方形でグラデーションを描きます。

[Conical (symmetric)]
円錐の頂点を上から見下ろしたような図柄になります。引いた線を元に、対称的にグラデーションを描きます。

[Conical (asymmetric)]
[Conical (symmetric)]と似ていますが、こちらは始点を中心に円上にグラデーションが描かれます。

[形状広がり(角張った)]
長方形で、ピラミッドのように中心が突き出ている印象を与えるグラデーションを描きます。

[形状広がり(球面)]
[形状広がり(角張った)]と似ていますが、こちらは外周に向かって変化が密になるようにグラデーションを描きます。

[形状広がり(くぼみ)]
[形状広がり(角張った)]と似ていますが、こちらは中心に向かって変化が密になるようにグラデーションを描きます。

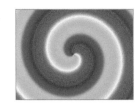

[Spiral (clockwise)]
時計回りに、円錐形(非対称)のグラデーションを螺旋状に描きます。引いた線の長さで、繰り返しの幅が決まります。

[Spiral (counter-clockwise)]
反時計回りに、円錐形(非対称)のグラデーションを螺旋状に描きます。引いた線の長さで、繰り返しの幅が決まります。

/// **Point** ////////////////////////////////////

グラデーションの[反転]とは?

[ツールオプション]の[反転]をクリックすると、グラデーションパターンの向きが反転します。例えば[描画色から背景色(RGB)]を選んでいるときは、グラデーションが背景色から描画色に色が変化するようになります。

グラデーションの作成と編集

グラデーションはプリセットで用意されているものをもとに編集
したり、新しく作成したりできます。作成したグラデーションは
プリセットに登録することもできます。

1 [グラデーション]ダイアログを表示する

❶ [ウィンドウ]-[ドッキン
グ可能なダイアログ]-[グ
ラデーション] を選択して、
[グラデーション] ダイアロ
グを表示します。

❷ [新しいグラデーション
を作成します] をクリック
し、[グラデーションエディ
ター] ダイアログを表示し
ます。

2 右クリックしてメニューを開く

❶ プレビューエリアで右ク
リック〔ctrl キーを押しな
がらクリック〕してメニュー
を表示し、❷ [左終端色の
指定] をクリックします。

3 左終端色を設定する

[左終端色]ダイアログボッ
クスが表示されました。色
の選択方法は166ページ
を参照してください。

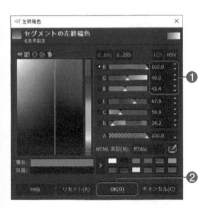

❶左の終端色を設定し、❷
[OK] をクリックします。

4 右終端色を設定する

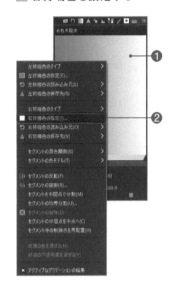

❶ プレビューエリアで右ク
リック〔ctrl キーを押しな
がらクリック〕してメニュー
を表示し、❷ [右終端色の
指定] をクリックします。

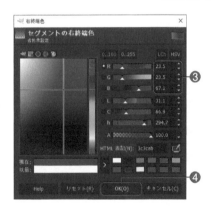

[右終端色]ダイアログボッ
クスが表示されました。

❸右の終端色を設定し、❹
[OK] をクリックします。

Next
Page

5 設定を保存する

新しいグラデーションの設定が完了しました。

❶ 名前に「朝焼け」と入力します。

6 [グラデーション]ダイアログに登録された

[グラデーション]ダイアログを表示すると、[朝焼け]が登録されているのが確認できます。

作成したグラデーションを描画した例です。

///// Point //

[グラデーションエディター]ダイアログで[左終端色]ダイアログボックスを開いて、不透明度([A])の設定を「0」に近づけると(下図)、背景色となじませることが可能な、透明度を持ったグラデーションを作成することができます。

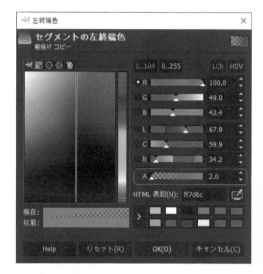

[グラデーションエディター]ダイアログには、右から左へ透明度が増していくグラデーションが表示されます。

作成したグラデーションを描画した例です。

リファレンス

3

選択範囲の作成

リファレンス

3-01 選択ツールの種類 ………………………… P184

3-02 選択範囲を追加・削除するには ……… P189

3-03 選択範囲を編集するには ……………… P190

3-04 [パス] で範囲を選択するには ………… P197

3-05 グリッドとガイドを使うには …………… P201

01

選択ツールの種類

GIMPでは、画像処理を行うために、特定の選択範囲を作ります。画像処理をかけたい範囲の形によって使い分けるため、いろいろな特徴を持った選択範囲ツールが用意されています。

選択ツールの主なオプション

選択ツールには、どれも共通のオプション設定があります。

【モード】
選択範囲を新規に作成または置き換えたり、選択範囲を追加したり削除したり、交差する部分のみを選択範囲にしたりといったモードを切り替えます。

【なめらかに】
[矩形選択]以外で、滑らかな選択範囲を作成します。

【境界をぼかす】
指定した数値で選択範囲の境界をぼかします。

円形の選択範囲を塗りつぶし、どのようになっているかを比べてみます。

[なめらかに]のチェックマークを外すと、ピクセル単位できっちりと選択されます。境界を明確にしたい場合に利用します。

[なめらかに]にチェックマークを付けると、選択範囲の境界が滑らかに見えるようにアンチエイリアス処理が行われます。

[境界をぼかす]にチェックマークを付けると、境界のぼやけた選択範囲が作成されます。
[選択]メニューの[境界をぼかす]でも同じ効果が得られます。

[矩形選択]

[矩形選択]は、四角形の選択範囲を作成します。主にトリミングなどに使用しますが、それ以外にも広い範囲で応用して活用できるツールです。

1 [矩形選択]を選択する

[ツールボックス]の[矩形選択]をクリックします。

[ツールオプション]の[中央から拡げる]にチェックマークを付けると、選択範囲を中心から広げるように作成できます。

正方形を描くには、[ツールオプション]のここにチェックマークを付け、[縦横比]を選択して「1:1」を設定するか、[Shift]キーを押しながらドラッグします。

2 画像をドラッグして選択する

選択したい範囲を対角線にドラッグすると、四角い点線で囲まれ、四隅に四角の変形用ハンドルが表示され、仮の選択範囲が作成された状態になります。

この状態で選択範囲をドラッグして移動したり、四隅の変形用ハンドルをドラッグして大きさを変更したりできます。

選択範囲内をクリックするか、[Enter][return]キーを押します。

選択範囲が確定しました。

ショートカットキー **[矩形選択]**

［楕円選択］

［楕円選択］は、円形の選択範囲を作成します。画像をトリミングする以外にも、丸い範囲で効果を付けたいときに有効です。操作自体は［矩形選択］とほとんど一緒です。

１ ［楕円選択］を選択する

［ツールボックス］の［楕円選択］をクリックします。

［ツールオプション］の［なめらかに］にチェックマークを付けると、ぎざぎざしない滑らかな選択範囲を作成できます。

そのほかの［ツールオプション］の設定は［矩形選択］と一緒です。

２ 画像をドラッグして選択する

選択したい範囲を囲む四角をイメージして対角線にドラッグすると、丸く点線で囲まれ、四隅に四角の変形用ハンドルが表示されます。マウスのボタンから手を離した位置で仮の選択範囲が作成された状態になります。

この状態で選択範囲をドラッグして移動したり、四隅の変形用ハンドルをドラッグして大きさを変更したりできます。

選択範囲内をクリックするか、[Enter]（[return]）キーを押します。

選択範囲が確定しました。

ショートカットキー　**［楕円選択］**

/////// Point ///////////////////////////////////

選択範囲だけ明るく表示できる

［ツールオプション］の［ハイライト表示］にチェックマークを付けると、選択範囲以外が暗く表示され、より明確に選択範囲のイメージをつかみやすくなります。

［自由選択］

［自由選択］は、おおまかな選択範囲を作りたいときに、ドラッグしながら投げ縄をするように対象物を囲んで使用します。

◆ ドラッグして自由な線を選択する

❶［ツールボックス］の［自由選択］をクリックします。

［ツールオプション］は、［なめらかに］［境界をぼかす］のみが設定できます。

❷選択したい形に沿っておおまかにドラッグしながら囲んでいきます。

❸始点にマウスポインターを合わせて、黄色い丸が表示されたところでマウスのボタンを離します。[Enter]（[return]）キーを押すと、選択範囲が確定します。

始点に戻らなくても、マウスのボタンを離して[Enter]（[return]）キーを押すと選択範囲を確定できます。

◆ クリックして直線で囲んだ範囲を選択する

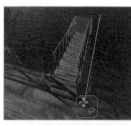

選択したい範囲の頂点を順番にクリックすると、次にクリックした位置までが直線で結ばれます。

始点にマウスポインターを合わせて、黄色い丸が表示されたところでクリックすると、直線で囲んだ部分で選択範囲が作成されます。[Enter]（[return]）キーを押すと、選択範囲が確定します。

[Enter]（[return]）キーを押す前であれば、頂点をドラッグして選択範囲を調整できます。

ショートカットキー　**［自由選択］**

Next Page

［ファジー選択］

［ファジー選択］は、魔法の杖のアイコンでクリックしたピクセルの色を拾って、近い色の隣接ピクセルをたどっていき、自動的に選択範囲にします。選択基準になる色の範囲は、［しきい値］で設定します。

◆ ［ファジー選択］の［ツールオプション］の設定項目

［ツールボックス］の［ファジー選択］をクリックします。

【透明部分も選択可】
チェックマークを付けると、透明部分も選択対象になります。

【見えている色で】
チェックマークを付けると、複数のレイヤーが重なっていた場合、透過した下の可視レイヤーも選択対象となります。

【対角に隣接】
チェックマークを付けると、上下左右のピクセルに加えて斜め方向にあるピクセルも隣接ピクセルとして扱います。

【しきい値】
選択範囲とする色の範囲を数値で指定します。数値を大きくするほど、選択範囲に含む色の範囲が広がります。

【判定基準】
選択範囲とするカラーの基準を指定できます。［Composite］を選ぶと、すべての色が対象範囲になります。

◆ 隣接した範囲から近似色を選択する

選択したい場所をクリックして、基準となる色を選択します。

うまく選択できない場合は、［しきい値］の数値を変更してからクリックし直します。

ショートカットキー　【ファジー選択】

U

////// Point //

選択がうまくいかない場合は

Ctrl（⌘）＋ Z キーで選択の操作を取り消し、クリックして再度選択範囲を作り直します。または、［作業履歴］ダイアログから選択する前の段階に戻すこともできます。

◆ 透明部分を選択する

透明部分がある画像を開いておきます。

❶ ［ツールオプション］の［透明部分も選択可］にチェックマークを付けます。

❷レイヤーの透明部分をクリックすると、透明部分が選択されます。

◆ しきい値による変化

［しきい値］を「15.0」に設定してクリックした場合。青色の一部しか選択されません。

［しきい値］を「75.0」に設定してクリックした場合。青色の広い範囲が選択されます。

◆ ［判定基準］による変化

［Composite］はすべての色を使用して選択範囲の境界を判定します。特定の色を判定基準にした場合は、その色のみを使って境界を判定します。色相や彩度を判定基準とすることもできます。選択したい範囲に合わせて基準を選ぶといいでしょう。

［色域を選択］

［色域を選択］は、クリックした色を基準に近似色を自動選択します。［ファジー選択］と異なり、連続していない離れた場所にある色も選択範囲として同時に選択できます。

◆ ［色域を選択］を選択する

［ツールボックス］の［色域を選択］をクリックします。

［ツールオプション］の設定は、［対角に隣接］がないほかは前ページの［ファジー選択］と同様です。

1つの黄緑のブロックをクリックすると、画面上の同じ黄緑のブロックが同時に選択されます。

ショートカットキー 　［色域を選択］

Shift ＋ O

//////// Point //

複数の色を同時に指定できる

色域を選択したあとに Shift キーを押しながら追加したい部分をクリックするか、［ツールオプション］の［選択範囲に加えます］をクリックすると選択する色域を追加できます。また、ドラッグすると、複数の色域を一度に選択できます。

黄緑のブロックと青いブロックを同時に選択することもできます。

［電脳はさみ］

［電脳はさみ］は、クリックした箇所から次のクリックした箇所までの境界を自動的に選択できます。コントラストがはっきりとした部分を選ぶときに有効です。［自由選択］より的確に手早く選択できます。

1 ［電脳はさみ］を選択する

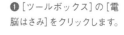

❶［ツールボックス］の［電脳はさみ］をクリックします。

❷ 選択したい色の境界線を選んでクリックします。

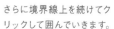

❸ 境界線上にある次の点をクリックします。

境界が自動的に検出されてつながりました。

さらに境界線上を続けてクリックして囲んでいきます。

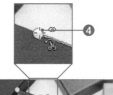

❹ 開始点にマウスポインターを合わせ、クリックします。

境界線が結ばれました。

この時点ではまだ選択範囲に変換されていないので、白い丸のポイントをドラッグして微調整ができます。また、Shift キーを押しながら線をクリックするとポイントを追加できます。

2 選択範囲を確定する

❶ 白いポイントと境界線に囲まれている範囲内をクリックします。

❷ 選択範囲が確定しました。

ショートカットキー 　［電脳はさみ］

 I

 Next Page

右側縦書き：3-01 選択ツールの種類

[前景抽出選択]

[前景抽出選択]は、画像から前景の範囲をおおまかに抽出して、選択範囲を作成します。

◆ [前景抽出選択]の[ツールオプション]の設定項目

[ツールボックス]の[前景抽出選択]をクリックします。

【描画モード】
ドラッグで塗りつぶす範囲を、前景、背景、不透明部分のいずれにするか選択します。

【ストローク幅】
ドラッグで塗りつぶす際のブラシの大きさを設定します。

【Preview Mode】
プレビューのモードを[Color][Grayscale]から選択できます。[Color]を選択すると、任意の色でプレビューを表示できます。

【エンジン】
前景抽出の演算に使用するエンジンについて設定します。標準は[Matting Global]です。[Matting Levin]は精度が高い代わりに演算に時間がかかります。

1 選択したい範囲の周囲をドラッグする

❶前景部分の選択したい範囲をドラッグして囲み、❷開始点近くで黄色い丸が表示された位置でマウスのボタンを離します。Enter〔return〕キーを押して確定します。

選択したい部分がすべて含まれていれば、ドラッグする範囲はおおまかで構いません。

2 選択したい範囲の内側をドラッグする

ドラッグした範囲の内外が、[Preview Mode]で設定した色の濃淡で表示されました。

❶前景部分をドラッグして[描画色]で塗ります。

ブラシの大きさは[ストローク幅]で調節します。

抽出したい範囲からはみ出していなければおおまかで構いません。

塗り終わったら、Enter〔return〕キーを押します。

❷塗った範囲をもとにして前景部分が抽出されました。

抽出されていない部分があったら、さらにドラッグして塗ります。

逆に不要な部分が抽出されてしまった場合は、下のPointを参考にその部分を削除します。

3 範囲選択を作成できた

前景部分を正しく選択できたら、Enter〔return〕キーを押します。

選択範囲が確定されます。

/////// Point ///

前景部分から塗りつぶしがはみ出したとき

前景部分の塗りつぶしが背景部分にはみ出したときは、[ツールオプション]の[背景を描画]にチェックマークを付けてドラッグすると、はみ出した部分を背景に設定して選択範囲から除外できます。[不明部分を描画]にチェックマークを付けてドラッグした箇所は、演算によって前景と判定された部分だけが選択範囲に含まれます。

02 選択範囲を追加・削除するには

単純な選択範囲なら1回の操作でも選択できますが、複雑な選択範囲の場合、選択範囲を追加したり削除したりして微調整を行います。ここでは、選択範囲の調整方法を解説します。

[モード]の設定

各選択ツールの[ツールオプション]では、[モード]を設定して選択範囲の追加や削除を切り替えられます。頻繁に行う操作なので、ショートカットキーを覚えておくと便利です。

◆ 選択ツールで設定できる[モード]

【選択範囲を新規作成または置き換えます】
選択するたびに選択範囲を新規に作成し直します。

【選択範囲に加えます】
選択した範囲を、すでにある選択範囲に追加します。

【選択範囲から引きます】
選択した範囲を、すでにある選択範囲から削除します。

【現在の選択範囲との交差部分を新しい選択範囲にします】
選択した範囲と、すでにある選択範囲の重なる部分のみを選択範囲とします。

◆ 選択範囲に加える

❶[ツールオプション]の[選択範囲に加えます]をクリックします。

ここでは[矩形選択]を使用します。

❷すでに選択範囲がある状態で、さらにドラッグします。

❸ドラッグした範囲が選択範囲に追加されました。

ショートカットキー **[選択範囲に加えます]**

（選択ツールで）[Shift]

◆ 選択範囲から引く

 ❶

❶[ツールオプション]の[選択範囲から引きます]をクリックします。

ここでは[矩形選択]を使用します。

❷すでに選択範囲がある場所をさらに重ねてドラッグします。

❸ドラッグした範囲が、選択範囲から削除されました。

ショートカットキー **[選択範囲から引きます]**

（選択ツールで）[Ctrl]〔⌘〕

◆ 交差部分を新しい選択範囲に

 ❶

❶[ツールオプション]の[現在の選択範囲との交差部分を新しい選択範囲にします]をクリックします。

ここでは[矩形選択]を使用します。

❷すでに選択範囲がある場所をさらに重ねてドラッグします。

❸重複する部分だけ選択範囲として残りました。

ショートカットキー **[現在の選択範囲との交差部分を新しい選択範囲にします]**

（選択ツールで）[Ctrl]〔⌘〕+[Shift]

選択範囲を編集するには

選択範囲はあらゆる効果や加工の前段階です。思い通りの選択範囲を作成できるようになれば、作品のクオリティーも上がります。

[選択]メニュー

メニューバーの[選択]メニューの項目を見てみましょう。選択範囲に関するメニューが並んでいます。

◆ [選択]メニューの基本的なコマンド

【すべて選択】
キャンバス内のすべてを選択します。

【選択を解除】
現在の選択範囲を解除します。

【選択範囲の反転】
現在の選択範囲を反転させます。

ショートカットキー　[すべて選択]

Ctrl〔⌘〕＋ A

ショートカットキー　[選択を解除]

Ctrl〔⌘〕＋ Shift ＋ A

ショートカットキー　[選択範囲の反転]

Ctrl〔⌘〕＋ I

//// Point ////////////////////////////////

選択範囲を移動するときはフロート化を使用する

作成した選択範囲は[選択]メニューの[選択範囲のフロート化]を選択すると、切り取られて浮かんだような状態になり、ドラッグして移動させてもほかの部分に影響を与えません。

[選択範囲のフロート化]コマンド

選択範囲をフロート化すると、レイヤー機能と組み合わせて画像の一部分を移動できるようになります。

1 [選択範囲のフロート化]コマンドを選択する

ここでは[矩形選択]を使います。

選択範囲を作成した状態で、[選択]メニューの[選択範囲のフロート化]をクリックします。

[レイヤー]ダイアログで、[フローティング選択範囲（フロート化されたレイヤー）]が作成されたことを確認できます。

2 フロート化した選択範囲を移動する

フロート化したレイヤーの領域にマウスポインターを合わせると移動のカーソルに変わるので、ドラッグして移動させたい場所に移動します。

選択範囲の部分のみを移動できました。

フロート化した選択範囲は、241ページの手順を参考にレイヤーに変換できます。

ショートカットキー　[選択範囲のフロート化]

Ctrl〔⌘〕＋ Shift ＋ L

［境界をぼかす］コマンド

選択範囲の境界をぼかして滑らかにフェードアウトさせることができます。

---

1 ［境界をぼかす］コマンドを選択する

❶選択範囲を作成した状態で、［選択］メニューの［境界をぼかす］をクリックします。

2 ぼかす量を入力する

［選択範囲の境界をぼかす］ダイアログボックスが表示されました。

❶［縁をぼかす量］にぼかしの半径を設定して❷［OK］をクリックします。

3 選択範囲の境界がぼかされた

画像では分かりにくいですが、選択範囲の境界がぼかされました。四角い選択範囲の場合は角が丸くなります。

確認のために、選択範囲をコピーして別のファイルや別のレイヤーにペーストしてみましょう。境界がぼけていることが分かります。

［境界の明確化］コマンド

［境界をぼかす］とは反対に、より境界がはっきりした選択範囲を作ります。一度境界をぼかした画像を再度明確化させるときや、円形などアンチエイリアスが適用されている画像に使用します。

◆ 選択範囲の境界を明確化する

ここでは［境界をぼかす］ですでにぼかしてある［楕円選択］を使います。

❶選択範囲を作成した状態で、［選択］メニューの［境界の明確化］をクリックします。

❷画像では分かりにくいですが、選択範囲の境界がシャープになりました。

確認のために、選択範囲をコピーして別のファイルや別のレイヤーにペーストしてみましょう。境界がシャープになっていることが分かります。

///// Point ///

［選択］メニューと［ツールオプション］の違い

［選択］メニュー以外に［ツールオプション］にも［境界をぼかす］という項目があります。違いは手順のみで、同じような結果が得られます。使いやすい方を選んで使いこなしましょう。

Next Page

［選択範囲の拡大］コマンド／［選択範囲の縮小］コマンド

指定したピクセルの分だけ、選択範囲の境界線から外側に拡大、あるいは境界線から内側に縮小します。

◆ ［選択範囲の拡大］コマンド

❶ 選択範囲を作成し、［選択］メニューの［選択範囲の拡大］をクリックします。

［選択範囲の拡大］ダイアログボックスが表示されました。

❷［選択範囲の拡大量］にピクセル数を入力して❸［OK］をクリックします。

❹ 選択範囲が外側に拡大されました。

◆ ［選択範囲の縮小］コマンド

❶ 選択範囲を作成して、［選択］メニューの［選択範囲の縮小］をクリックします。

［選択範囲の縮小］ダイアログボックスが表示されました。

❷［選択範囲の縮小量］にピクセル数を入力して❸［OK］をクリックします。

❹ 選択範囲が内側に縮小されました。

［縁取り選択］コマンド

選択範囲の境界線から指定したピクセル幅で、縁取りの選択領域を作成します。

1 ［縁取り選択］コマンドを選択する

❶ 選択範囲を作成して、［選択］メニューの［縁取り選択］をクリックします。

2 縁取りの幅を入力する

［縁取り選択］ダイアログボックスが表示されました。

❶［選択範囲に対する縁の幅］にピクセル数を入力し、❷［OK］をクリックします。

3 縁取りした選択範囲を作成できた

選択範囲が指定したピクセル数で縁取りされました。

///// Point ///

元の選択範囲はなくなる

選択範囲を編集するコマンドを実行すると、最初にあった選択範囲は削除されます。最初にあった選択範囲を残しておきたい場合は、194ページの［チャンネルに保存］や199ページの［選択範囲をパスに］で別途保存しておきましょう。

［角を丸める］コマンド

元の選択範囲の形状にかかわらず、選択範囲の上下の幅に合わせて四方が丸められた選択範囲を作成します。

1 ［角を丸める］コマンドを選択する

❶選択範囲を作成して、［選択］メニューの［角を丸める］をクリックします。

2 角を丸める割合を入力する

［Script-Fu:角を丸める］ダイアログボックスが表示されました。

❶［Radius］（半径）に選択範囲の大きさに対する角丸の割合を入力し、❷［OK］をクリックします。

［Concave］（凹ませる）にチェックマークを付けると、四隅の角丸が内側にへこんだ形になります。

3 選択範囲の角を丸められた

四隅の角が丸くなった選択範囲が作成されました。

//////// Point //

角を凹ませることもできる

［Script-Fu:角を丸める］ダイアログボックスの［Concave］をクリックしてチェックマークを付けると、［Radius］で設定した数値に合わせて、選択範囲の四隅が内側にへこむように作成されます。

［選択範囲を歪める］コマンド

選択範囲の境界線を、ぎざぎざに歪めた境界線に変えます。使い方によっては、面白い効果を得ることができます。

1 ［選択範囲を歪める］コマンドを選択する

❶選択範囲を作成して、［選択］メニューの［選択範囲を歪める］をクリックします。

2 選択範囲の歪ませ具合を設定する

❶［Script-Fu:選択範囲を歪める］ダイアログボックスで値を設定して、❷［OK］をクリックします。

【Threshold】（しきい値）
値が大きいほど選択範囲が小さくなります。

【Spread】（拡散度）
値が大きいほど揺れが激しくなります。

【Granularity】（粒状度）
値が大きいほど粒状の歪みが強くなります。

【Smooth】（滑らかさ）
水平方向、垂直方向の滑らかさを指定します。

3 選択範囲を歪められた

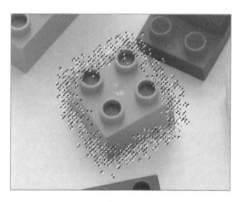

ぎざぎざに歪んだ選択範囲が作成されました。

Next Page

[チャンネル]とは

GIMPのチャンネルは、RGBカラーとアルファチャンネルを扱うことができます。RGBカラーは光の三原色（赤、緑、青）からきており、すべての色が重なると白色（R:255、G:255、B:255）に、すべての色がない場合は黒色（R:0、G:0、B:0）になります。アルファチャンネルは、透明度の量を管理するチャンネルで、レイヤーマスクを作成するときなどに使用します。

◆ [チャンネル]の概要

[チャンネル]ダイアログでは、赤（R）、緑（G）、青（B）の3つの色ごとに画像が表示されています。それぞれのチャンネルのサムネイルは、グレースケールで濃い／薄いが表現されています。

◆ RGBチャンネル

RGBカラーは、光の三原色（赤、青、緑）をそれぞれ加色してモニターで表現されています。モニターでの表示は、拡大して見てみるとドット（画素）が敷き詰められているような状態です。その1つ1つのドットが、3つの光の素子で表現されています。

[レイヤー]ダイアログと同様に、各チャンネルの目のアイコンをクリックすることで、それぞれのカラーチャンネルの表示／非表示を切り替えられます。

[赤]のみ表示

[青]のみ表示　　　　　[緑]のみ表示

選択範囲を保存する

頻繁に同じ選択範囲を使用するなら、作成した選択範囲を「チャンネルマスク」として保存しておけば、後から何度でも読み込んで使用できるようになります。

❶ [チャンネルに保存]コマンドを選択する

ここでは人物を囲った選択範囲を保存します。

❶選択範囲を作成して[選択]メニューの[チャンネルに保存]をクリックします。

❷ チャンネルマスクが追加された

❶[チャンネル]ダイアログに[選択マスク コピー]という名前で選択範囲がチャンネルマスクとして保存されます。

サムネイルの白い部分が選択範囲です。保存した選択範囲は、サムネイルを右クリック（ ctrl キーを押しながらクリック）して[チャンネルを選択範囲に]をクリックすればいつでも再度利用できます。

/////// Point //

[チャンネル]ダイアログからも保存できる

[チャンネル]ダイアログ右上の[このタブの設定]の[チャンネルのメニュー]-[チャンネルの追加]で[新規チャンネル]ダイアログボックスを表示し、新しいチャンネルを保存することができます。[選択範囲で初期化]をクリックしてチェックマークを付ければ、手順と同様に選択範囲でチャンネルマスクを作成できます。

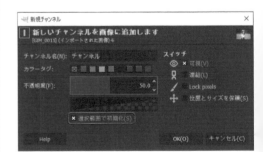

チャンネルマスクから選択範囲を作成する

保存したチャンネルマスクを読み込んで、選択範囲を作成します。何度も使用する選択範囲などはチャンネルマスクとして保存することで、使う度に選択範囲を作成する必要がなくなります。

■1 チャンネルマスクを選択する

❶[チャンネル]ダイアログに保存されている[選択マスク コピー]をクリックして選択し、❷[チャンネルから選択範囲を作成します]をクリックします。

または、[このタブの設定]の[チャンネルのメニュー]から[チャンネルを選択範囲に]をクリックしても作成できます。

■2 選択範囲が作成された

保存されたチャンネルマスクから、選択範囲を作成できました。

チャンネルマスクを編集する

チャンネルマスクは、選択範囲を加えたり、減らしたり、拡大したり、縮小したり、あとから編集することができます。複雑なかたちの選択範囲を作成したり、チャンネルマスクを上手に使うと、同じ選択範囲を加工したりするときに、効率的に行うことができます。

◆ チャンネルマスクを表示する

❶[チャンネル]ダイアログに保存されている[選択マスク コピー]の左側をクリックして、目のアイコンを表示します。

画面にチャンネルマスクが表示され、選択範囲はそのまま、選択範囲外の領域はグレーがかかった状態になります。これでどこが選択されているかがわかります。

◆ チャンネルマスクを広げる

チャンネルマスクのグレーがかかった部分を[消しゴム]でドラッグします。

チャンネルマスクの選択範囲が広がりました。

◆ チャンネルマスクを狭める

チャンネルマスクの明るい部分を[鉛筆で描画]や[ブラシで描画]でドラッグします。

チャンネルマスクの選択範囲が狭まりました。

///// P o i n t //

選択範囲に加えたり、削除したりもできる

画面上に別の選択範囲がある場合に、チャンネルマスクから読み込んだ選択範囲を加えたり、差分を削除したり、交差部分を新しい選択範囲にしたりできます。それぞれ、チャンネルマスクを右クリック〔[ctrl]キーを押しながらクリック〕して表示されるメニューから[選択範囲に加える][選択範囲から引く][選択範囲との交わり]を選択します。

［アルファチャンネル］の活用

画像に透明度を持たせると、表現の幅が広がります。透明度は、「アルファチャンネル」が情報を管理しています。

3-03

選択範囲を編集するには

◆ アルファチャンネルとは

アルファチャンネルは、透明度の情報が保存されています。アルファチャンネルがなければ、透明情報を持つことはできません。

アルファチャンネルは、［チャンネル］ダイアログのRGBチャンネルの下に作成されます。サムネイルで黒く塗られている部分が透明部分です。

◆ アルファチャンネルの有無の違い

アルファチャンネル：なし

アルファチャンネルのない通常の状態で、ボールの周りの選択範囲を削除してみます。背景色である白が表示されます。

アルファチャンネル：あり

アルファチャンネルのある状態で、ボールの周りの選択範囲を削除してみます。背景色ではなく、透明になります。

◆ アルファチャンネルを作成する

1 ［アルファチャンネルの追加］コマンドを選択する

［レイヤー］メニューの［透明部分］-［アルファチャンネルの追加］をクリックします。

2 アルファチャンネルが作成できた

［チャンネル］ダイアログに［アルファ］が追加されました。アルファチャンネルができた状態で、画像レイヤーをアクティブにして［消しゴム］で削除すると、背景色ではなく透明になることが確認できます。

［消しゴム］で画像をドラッグします。

［消しゴム］でドラッグした部分が透明になりました。

///// Point //

［レイヤー］ダイアログからも作成できる

［レイヤー］ダイアログからもレイヤーを右クリック［ ctrl キーを押しながらクリック］して表示されたメニューの［アルファチャンネルの追加］をクリックすれば、アルファチャンネルを作成できます。

［パス］で範囲を選択するには

04

［パス］を使いこなすと、ベジェ曲線で選択範囲を正確にトレースして作成できます。ベジェ曲線はルノー社のピエール・ベジェ氏が考案した描画方法で、幅広いソフトウェアで応用されています。

パスの基本

点と点をクリックして結べば直線、ドラッグして結べば曲線のパスになります。文章だけでは理解しにくいですが、使ってみれば意外と簡単に感覚をつかめます。

◆ パスとは

パスは、ベクトル位置を制御する点と点をつないで描いていきます。そのため、ドットとは異なり、シャープで正確なラインを描くことができます。拡大や縮小をしても劣化することはありません。

◆ パスを構成するパーツの名称

【アンカーポイント】
パスの情報が詰まった点です。

【セグメント】
アンカーポイントをつなぐ線です。

【方向点（ハンドル）】
アンカーポイントから伸びている線の端のことで、ドラッグして曲線の方向や張り具合を調整します。

【方向線】
線の方向と長さで、曲線の張り具合を表しています。

パスを作成する

パスの操作方法は、ほかの描画ツールの操作とは感じがかなり異なりますが、難しく考えずにまずは描いてみましょう。

◆ 直線のセグメントを作成する

❶

❶［ツールボックス］の［パス］をクリックします。

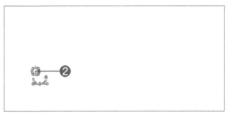

❷ 画像ウィンドウ上でクリックして、始点のアンカーポイントを作成します。

❸ 次の点をクリックしてアンカーポイントを作成します。
始点との間にセグメントの直線が描かれます。

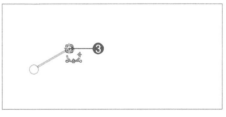

❹ 次々とクリックしてセグメントを描いていきます。

Shift キーを押しながら終点をクリックすると、閉じていないパス（オープンパス）ができます。

Next
Page

◆ 曲線のセグメントを作成する

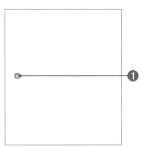

❶ 画像ウィンドウ上でクリックして、始点のアンカーポイントを作成します。

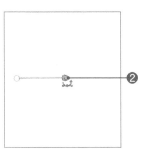

❷ 次の点にマウスポインターを合わせ、マウスのボタンを押します。

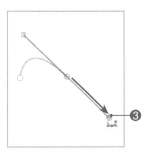

❸ マウスのボタンを離さずにドラッグします。

ドラッグした方向と距離に応じて曲線のセグメントが描かれます。

Shift キーを押しながら終点をクリックすると、閉じていないパス（オープンパス）ができます。

◆ クローズパスを作成する

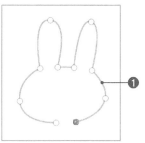

❶ 直線や曲線を組み合わせてパスを作成します。

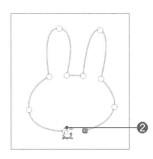

❷ Ctrl 〔⌘〕キーを押しながら始点にマウスポインターを合わせ、クリックします。

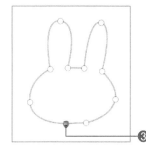

❸ セグメントがつながって、クローズパスになりました。

//// P o i n t ///

方向線と曲線の関係

方向線は、長く伸ばせば伸ばすほど極端な曲線を描きます。逆に方向線が短いと緩やかな曲線になり、直線に近づきます。

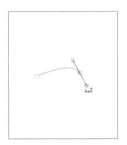

//// P o i n t ///

クローズパスって何？

その名の通り、パスが閉じた状態を「クローズパス」と呼びます。逆に、線端が閉じていない状態を「オープンパス」と呼びます。パスを選択範囲に利用するときは、パスを閉じておかないときちんと選択範囲が作成されません。

パスを調整する

描画ツールで一度描いた線を修正するのは大変ですが、パスなら何度でも修正が可能です。一発でパスを上手に描けなくても、少しずつ調整すれば思い通りの線を描けます。

◆ アンカーポイントを移動する

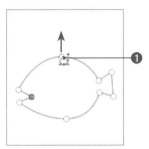

❶移動したいアンカーポイントをドラッグします。

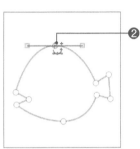

❷アンカーポイントが移動して、それに伴いパスも変化しました。

◆ セグメントをドラッグして曲線にする

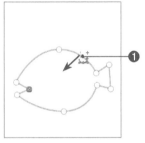

❶変形したいセグメントをドラッグします。

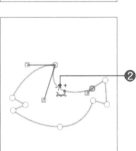

❷セグメントが変形しました。セグメントが移動すると、方向線も形状が変わります。

◆ 方向点を操作して曲線を変更する

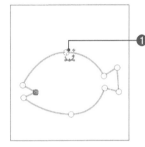

❶アンカーポイントをクリックします。

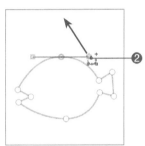

方向線が表示されました。

❷方向線の端にあるハンドルをドラッグします。

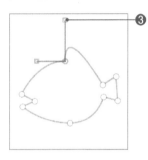

❸ハンドルが移動したことに伴い、曲線の方向や張り具合も変わりました。

////// Point //

Shift キーでアンカーポイントを複数選択できる

Shift キーを押しながらクリックすれば複数のアンカーポイントを同時に選択できます。選択したアンカーポイントは、白い不透明な丸から丸い線のみの表示に変わります。

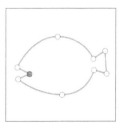

////// Point //

選択範囲からもパスを作成できる

パスは、選択範囲からも作成できます。選択範囲を作成した状態で［選択］メニューの［選択範囲をパスに］をクリックすると、［選択範囲］という名前のパスが作成されます。［自由選択］や［ファジー選択］などと組み合わせることで複雑な形のパスを簡単に作成できます。

Next Page

［パス］ダイアログの概要

［パス］ダイアログは、［レイヤー］ダイアログと同様に階層で管理されています。アクティブになっているパスだけ追加、調整、編集をすることができます。

◆ アンカーポイントの追加

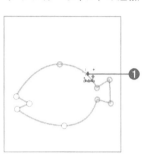

❶ Ctrl（⌘）キーを押しながらセグメント上にマウスポインターを合わせ、［＋］が表示されたらクリックします。

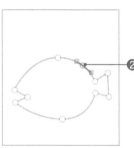

❷アンカーポイントが追加されました。アンカーポイントを増やすと、より細やかなパスを描けます。

◆ ［パス］ダイアログの設定項目

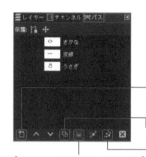

［ウィンドウ］メニューの［ドッキング可能なダイアログ］-［パス］をクリックします。

【新しいパスの作成】
新しいパスを作成します。

【このパスを複製します】
選択中のパスを複製します。

【パスから選択範囲を作成します】
パスから選択範囲を作成します。Shift キーを押しながらクリックすると、作成した選択範囲を追加、Ctrl（⌘）キーを押しながらクリックすると既存の選択範囲と重複する選択範囲を削除、Ctrl（⌘）+ Shift キーを押しながらクリックすると既存の選択範囲とパスの選択範囲が交差した部分で新しい選択範囲が作成されます。

【パスに沿って描画します】
選択中のパスの境界線を描画します。

［パスに沿って描画します］をクリックすると、［パスの境界線を描画］ダイアログボックスが表示されます。ここで線の色や幅などを指定して境界線を描画できます。

◆ アンカーポイントの削除

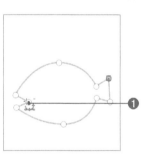

❶ Ctrl（⌘）+ Shift キーを押しながら、削除したいアンカーポイントにマウスポインターを合わせて、［−］が表示されたらクリックします。

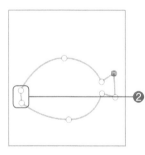

❷アンカーポイントが削除され、両側のセグメントがつながりました。アンカーポイントをクリックして Back space（delete）キーを押すことでも削除できます。

◆ 以前作成したパスを再度表示するには

❶［パス］ダイアログから再度表示したいパスをクリックします。

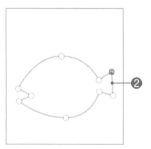

❷パスが編集可能な状態で表示されました。

//// Point //

パスから選択範囲を作成できる

クローズパスを作成した状態で［選択］メニューの［パスを選択範囲に］をクリックすると、パスから選択範囲が作成できます。次に解説する［パス］ダイアログでも操作できます。

3-04

［パス］で範囲を選択するには

グリッドとガイドを使うには

画像を正確に配置するときに便利な機能が、グリッドとガイドです。グリッドは画面全体に
格子状の線を配置します。ガイドは任意のポイントに縦線と横線を引くことができます。

[グリッドの表示]コマンド

[表示]メニューの[グリッドを表示]をクリックしてチェックマークを付けると、画像ウィンドウに等間隔の格子（グリッド）が表示されます。グリッドは便利な機能ですが、常に表示していると画面が見にくくなるので、必要なときに表示させるといいでしょう。

◆ グリッドの概要

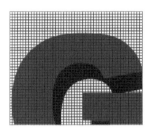

グリッドは初期状態では左の図のように実線の格子で表示されます。画像の左上を基準に等間隔に表示されるので、テキストや複数の画像を組み合わせて作品作りをするときの位置合わせに役立ちます。

◆ グリッドを表示する

❶

❶グリッドを表示したい画像を開きます。

❷[表示]メニューの[グリッドの表示]をクリックしてチェックマークを付けます。

❸

❸画像ウィンドウにグリッドが表示されました。グリッドを非表示にするときは、再度[表示]メニューの[グリッドの表示]をクリックします。

[グリッドにスナップ]コマンド

[表示]メニューの[グリッドにスナップ]をクリックしてチェックマークを付けると、テキストやレイヤーを移動してグリッドに近づけるだけでグリッドに引き寄せられ、画像を正確な位置に配置することができます。画像を正確に配置したい場合に便利な機能です。

◆ [グリッドにスナップ]を有効にする

[表示]メニューの[グリッドにスナップ]をクリックしてチェックマークを付けます。

[グリッドにスナップ]を無効にするときは、再度[表示]メニューの[グリッドにスナップ]をクリックします。

◆ イラストや文字をグリッドにスナップさせる

❶

❶画像を開いてグリッドを表示しておきます。

 ❷

❷[ツールボックス]の[移動]をクリックして、❸文字をドラッグします。

❹移動した文字はテキストボックスの辺とグリッドがきれいに重なるように配置されます。

Next Page

［グリッドの設定］コマンド

［画像］メニューの［グリッドの設定］をクリックして［グリッドの調整］ダイアログボックスを表示すると、グリッドの［線種］［描画色］［背景色］［間隔］［オフセット］を細かく設定できます。

◆ ［グリッドの調整］ダイアログ

［画像］メニューの［グリッドの設定］をクリックします。

【オフセット】
グリッドの起点の位置を調整します。合わせたいポイントがある場合にはここで調整します。

【表示スタイル】
［線種］
［交点のみ（ドット）］［交点のみ（クロスヘア）］［破線］［破線（2色）］［実線］から選択できます。破線（2色）の色は、描画色と背景色で設定します。

［描画色］
グリッドの線の色を設定します。

［背景色］
［線種］で［破線（2色）］を選択したときのもう一方の色を設定します。

【間隔】
グリッドの間隔を設定します。基本は水平と垂直が1：1で設定されますが、鎖のアイコンをクリックして連結を外せば、それぞれ独立して設定できます。

◆ 間隔の変更例

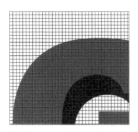

［水平：10　垂直：10］

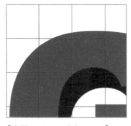

［水平：100　垂直：100］

◆ オフセットの変更例

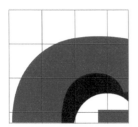

［水平：0　垂直：0］

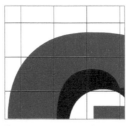

［水平：50　垂直：50］

◆ 線種の変更例

【交点のみ（ドット）】
グリッドが、交点のドットのみで表示されます。画面に影響を与えたくないときに便利です。

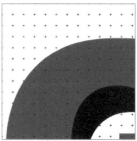

【交点のみ（クロスヘア）】
グリッドが、交点の＋で表示されます。［交点のみ（ドット）］と同じく、画面に影響を与えたくないときに便利です。

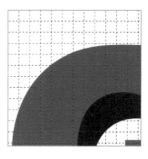

【破線】
グリッドが、破線で表示されます。破線の色は［グリッドの調整］ダイアログボックスで設定した［描画色］が適用されます。

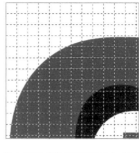

【破線（2色）】
グリッドが、2色の破線で表示されます。破線の色は［グリッドの調整］ダイアログボックスで設定した［描画色］と［背景色］の2色が適用されます。

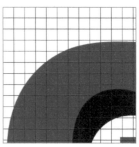

【実線】
グリッドが、実線で表示されます。実線の色は［グリッドの調整］ダイアログボックスで設定した［描画色］が適用されます。

［ルーラーの表示］コマンド

［表示］メニューの［ルーラーの表示］にチェックマークを付けると、画面の上と左に目盛りが表示されます。表示すると画像のサイズを確認しながら作業がしやすくなり、ガイドの作成も可能になるので表示の仕方を覚えておきましょう。

◆ ルーラーの概要

ルーラーは画像の位置やサイズを確認しながら作業をするときに便利です。ガイドと異なり画面全体には表示されないため、常に表示していても作業の妨げになりません。ルーラーの目盛りの単位は［ピクセル］［インチ］［ミリメートル］［ポイント］などから選択できます。

◆ ルーラーの表示／非表示

［表示］メニューの［ルーラーの表示］をクリックしてチェックマークを付けます。

◆ ルーラーの単位設定

❶画像ウィンドウの下端にある［px］をクリックします。

❷表示されたメニューからルーラーに表示したい単位をクリックします。

❸ルーラーに表示される目盛りの単位が変わりました。

ガイド

画面上に、自由に縦横の基準線（ガイド）を設定することができます。テキストや画像を整列させたりするときに便利です。ガイドにはスナップ機能があり、作業の効率化も図れます。

◆ ガイドの概要

ルーラーから画面上にマウスポインターをドラッグして作成します。縦のガイドを作成したい場合は左端のルーラーから右に、横のガイドを作成したい場合は上端のルーラーから下にドラッグします。

◆ ガイドの追加

❶画像ウィンドウにルーラーを表示し、ルーラーにマウスポインターを合わせ、ガイドを追加したい場所までドラッグします。

画像ウィンドウにガイドが追加されました。

◆ ガイドの削除

❶［ツールボックス］の［移動］をクリックします。

❷［ツールオプション］の［つかんだレイヤーまたはガイドを移動］をクリックしてチェックマークを付け、ガイドをルーラーまでドラッグします。

ガイドが削除されました。

///// Point ///

オブジェクトの位置揃えに便利

ガイドは［画像］メニューの［ガイド］-［新規ガイド（パーセントで）］をクリックして、［Script-Fu: 新規ガイド（パーセントで）］ダイアログボックスから画像に対して中央線や外枠に沿った線を引くことができます。テキストやレイヤーなどのオブジェクトの位置揃えに便利です。

Next Page

[Snap to Guides]コマンド

レイヤー上の画像やテキストをドラッグして、設定したガイドに吸着させる機能が[Snap to Guides]（ガイドにスナップ）コマンドです。きれいに配置したいときに便利な機能です。

◆ [Snap to Guides]を有効にする

[表示]メニューの[Snap to Guides]をクリックしてチェックマークを付けます。

◆ イラストや文字をガイドにスナップさせる

❶[ツールボックス]の[移動]をクリックして、❷移動したいイラストや文字をクリックして選択します。

❸イラストや文字をガイドの近くまでドラッグします。

❹ガイドの近くに文字やイラストが近づくと、ガイドときれいに重なる部分で吸い付くように止まります。

/// Point ///

スナップの距離を調整する

ガイドにスナップする感度は[GIMPの設定]ダイアログボックスで設定できます。[編集]メニューの[設定]をクリックして[GIMPの設定]ダイアログボックスを表示し、[画像ウィンドウのスナップ設定]の[スナップ距離]を変更することでオブジェクトがガイドに吸着する距離をピクセル単位で設定できます。値を大きくすると簡単にスナップできるようになりますが、細かい調整が利かなくなるので気を付けましょう。

[Slice Using Guides]コマンド

[Slice Using Guides]コマンドを使うと、ガイドに沿って画面を分割することができます。ばらばらになった画面は、それぞれ新しい画像として表示されます。Webの制作時に便利な機能です。

1 分割する境界にガイドを作成する

イラストを分割したい境界線にガイドを作成します。

2 [Slice Using Guides]コマンドを選択する

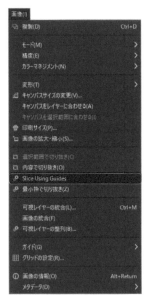

[画像]メニューの[Slice Using Guides]をクリックします。

3 画像が分割された

ガイドを境界線にして分割された画像が作成されました。

分割された画像は1つずつ画像ウィンドウに表示されるので、必要に応じて名前を付けて保存します。

リファレンス

4

画像の色調補正

リファレンス

4-01 色調補正とは ……………………………… P206
4-02 画像を補正するには ………………………… P208
4-03 色を減少・反転させる ……………………… P223

01

色調補正とは

色調補正とは画像の色合いや明るさ、鮮やかさなどを補正することです。GIMPには知識がなくても使えるツールから、設定を細かく調整できるツールまで、さまざまな色調補正ツールが用意されています。

色や明るさの補正

GIMPでは、照明などで色かぶりしてしまった画像や、暗すぎたり明るすぎたりする画像をさまざまなツールで補正できます。ここでは代表的なツールを紹介します。

◆ 色の補正の例

ここでは色の補正による変化を自動補正では代表的な[ホワイトバランス]コマンドを用いて確認します。

[色]メニューの[自動補正]-[ホワイトバランス]をクリックします。

[ホワイトバランス]コマンドで自動補正された結果です。

◆ 明るさの補正の例

暗い画像を、トーンカーブという機能で調整してみましょう。

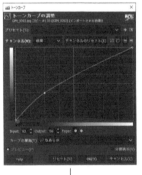

[色]メニューの[トーンカーブ]で[トーンカーブ]ダイアログボックスを表示し、トーンカーブを左上にドラッグして凸型にします。

トーンカーブで中間調の明るさをやや明るくした結果です。トーンカーブについては、詳しくは216ページで解説します。

色調補正の構成要素

「色相」は色合いの違い、「輝度」は明るさの違い、「彩度」は鮮やかさの違いで、すべての色はこの3つの要素でできています。これに輝度の最大値と最低値の差である「コントラスト」を含めた4つの要素を調整して色調補正を行います。

◆ 色相（Hue）

元画像

画像の色合いです。色相を調整するツールでは、シアン→マゼンタ→イエロー→シアンと並んでいる色相環をずらして、色合いを変えます。[色相-彩度]コマンドなどを利用します。

緑色系に変更

紫色系に変更

◆ 彩度（Saturation、Chroma）

元画像

色の鮮やかさです。彩度の値を小さくして0にすると、画像はモノクロになります。逆に彩度の値を大きくすると、鮮やかな色になります。[色相-彩度]コマンドなどを利用します。

彩度を上げた

彩度を下げた

◆ 輝度（Brightness、Lightness）

元画像

画像の明るさです。輝度を調整するツールでは、数値を小さくするほど暗くなり、大きくするほど明るくなります。[明るさ-コントラスト]コマンドやトーンカーブを利用します。

輝度を上げた　　輝度を下げた

◆ コントラスト（Contrast）

元画像

色の明暗の差です。値を大きくするほど明暗の差が大きくなり、値を小さくするほど明暗の差が小さくなります。[明るさ-コントラスト]コマンドやトーンカーブを利用します。

コントラストを上げた

コントラストを下げた

02 画像を補正するには

GIMPには色調補正をするためのさまざまな機能が実装されています。機能ごとに補正する範囲や補正の基準などが異なるため、目的に合った機能を使うためにそれぞれの機能の特徴を確認しましょう。

[カラーバランス]コマンド

カラーバランスは画面の明るさを変化させず、色の方向だけを変化させます。特定の色がかぶったときの修正に有効です。

1 [カラーバランス]ダイアログボックスを表示する

[色]メニューの[カラーバランス]をクリックして、[カラーバランス]ダイアログボックスを表示させます。

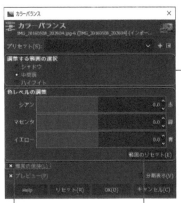

2 調整する範囲と色レベルを設定する

❶[調整する範囲の選択]の[中間調]をクリックし、❷[色レベルの調整]の[シアン]-[赤]を「5」に、[マゼンタ]-[緑]を「-5」に、[イエロー]-[青]を「-10」に設定します。

❸[輝度の保持]をクリックしてチェックマークを付け、❹[OK]をクリックします。

3 [カラーバランス]を適用する

建物のクリーム色が強くなり、全体的にくっきりとした画像になりました。

【輝度の保持】
補正後に明るさを保持して、[色レベルの調整]で色を濃くしたときに画像が暗くなったり、色を薄くしたときに画像が明るくなったりすることを防ぎます。

【色レベルの調整】
[シアン]-[赤][マゼンタ]-[緑][イエロー]-[青]とそれぞれの色の方向性をドラッグして調整します。

【調整する範囲の選択】

[シャドウ]
画像の暗い部分の色を調整します。

[中間調]
中間的な明るさの色を調整します。

[ハイライト]
画像の明るい部分の色を調整します。

///// **Point** ////////////////////////////////

調整する範囲は階調ごとに設定しよう

[シャドウ][中間調][ハイライト]と明るさの範囲を選択することにより、それぞれのカラーの方向を変化させることができます。調整をかけたい画像によって明るさの範囲が異なるので、明るさで範囲を選択することにより目的の色調を補正しやすくなります。

［色温度］コマンド

［色温度］コマンドを使用すると、画像を温かみのある色合いにしたり、逆に冷たい色合いにしたりといった調整ができます。

❶ ［色温度］ダイアログボックスを表示する

ここでは、左の画像の色合いを調整します。

［色］メニューの［色温度］をクリックして、［色温度］ダイアログボックスを表示します。

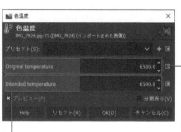

【Intended temperature】
変更後の色温度を設定します。元画像の色温度よりも低く設定すると寒色寄りに、高く設定すると暖色寄りの色合いになります。

【Original temperature】
元画像の色温度を設定します。

❷ 色温度を設定する

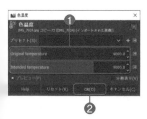

❶［Original temperature］を「4000.0」、［Intended temperature］を「9000.0」に設定し、❷［OK］をクリックします。

全体的に青みが薄れ、温かみのある色合いになりました。

//// Point ///

色温度とは

色温度とは、太陽光や蛍光灯など、さまざまな光源が発する光の色を示す尺度で、単位はケルビン（K）です。色温度が低いほど暖色系の色になり、高いほど寒色系の色になります。白熱電球の赤みがかった光が3000K程度、白に近い日中の太陽光が5500K程度、晴天の日陰が8000K程度になります。

［色相-クロマ］コマンド

［色相-クロマ］コマンドでは、LChカラーモデルに基づいて、画像全体の色相、彩度、明度を調整できます。

❶ ［色相-クロマ］ダイアログボックスを表示する

ここでは、左の画像の色を鮮やかに調整します。

［色］メニューの［色相-クロマ］をクリックして、［色相-クロマ］ダイアログボックスを表示します。

【Hue】
設定した値の大きさだけ色相がずれます。

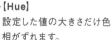

【Lightness】
明るさの増減を設定します。

【Chroma】
彩度の増減を設定します。

❷ 色相、彩度、明度を設定する

❶［Hue］を「-5.00」、［Chroma］を「25.00」、［Lightness］を「10.00」に設定し、❷［OK］をクリックします。

全体的に色が鮮やかになり、はっきりとした画像になりました。

[色相-彩度]コマンド

複雑な色合いや明るさを視覚的に調整できるように、ダイアログボックスが用意されています。

1 [色相-彩度]ダイアログボックスを表示する

[色]メニューの[色相-彩度]をクリックして、[色相-彩度]ダイアログボックスを表示させます。

【調整する基準色を選択】
変更したい色系統を、色相環の順に並んでいるRGB三原色と補色CMYの6色から選択します。中央の[マスター]をクリックすると、すべての色が一括で変換されます。

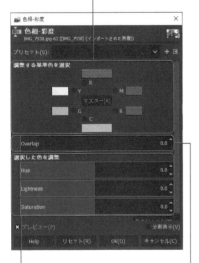

【選択した色を調整】
[Hue]（色相）、[Lightness]（輝度）、[Saturation]（彩度）をスライダーで調節します。[色のリセット]をクリックすると、初期値に戻せます。

【Overlap】
調整する各色の重なり範囲を設定します。

2 基準色と色相、輝度、彩度を設定する

ここでは、画像の花の色を変更します。

❶[R]をクリックして基準色を赤に、❷[Overlap]を「20」に設定します。

❸[Hue]を「-120」に設定し、❹[OK]をクリックします。

3 [色相-彩度]を適用する

画像の赤い部分の色相を大きく動かしたことで、赤い花が青い花に変化しました。

/////// Point //

オーバーラップを設定してより自然な色分けにする

[Overlap]を設定することで、各範囲で色の重なり合う部分の程度を加減します。オーバーラップが「0」だと、色範囲がはっきりと分かれてしまい、境界が目立ったり、うまくなじまなかったりします。逆に、設定値を大きくしすぎると隣接する色相の色が強くでてしまうので、プレビューを見ながら適切な値に調整しましょう。

4-02

画像を補正するには

［露出］コマンド

［露出］コマンドでは、黒レベルと露光量を調節することによってコントラストを調整できます。

1 ［露出］ダイアログボックスを表示する

ここでは、左の画像のコントラストを強め、はっきりとした画像に調整します。

［色］メニューの［露出］をクリックして、［露出］ダイアログボックスを表示します。

【Exposure】
露出の設定です。値を大きくすると、画像が明るくなります。

【Black level】
黒レベルの設定です。値を大きくすると、シャドウの範囲がより広く、暗くなります。

2 黒レベルと露出を設定する

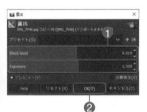

❶ ［Black level］を「0.010」、［Exposure］を「1.300」に設定し、❷ ［OK］をクリックします。

コントラストのはっきりとした画像になりました。

［影-ハイライト］コマンド

画像の陰の部分とハイライトの部分の明るさや色味を別々に調整できます。

1 ［影-ハイライト］ダイアログボックスを表示する

［色］メニューの［影-ハイライト］をクリックして、［影-ハイライト］ダイアログボックスを表示します。

【Shadows】
［Shadows］で影の明るさ、［Shadows color adjustment］で影の色を調整します。

【Common】
［White point adjustment］でハイライト点（215ページ参照）の調整、［Radius］で影やハイライトをなじませる半径の設定、［Compress］で効果の範囲の設定ができます。

【Highlights】
［Highlights］でハイライトの明るさ、［Highlights color adjustment］でハイライトの色を調整します。

2 ［影-ハイライト］コマンドを適用する

［Shadows］を「80.00」、［Radius］を「60.00」、［Compress］を「30.00」に設定し、［OK］をクリックします。

人物の部分が明るくなりました。

Next Page

［明るさ-コントラスト］コマンド

画面全体の明るさとコントラストを調整して、手軽にメリハリのある画像に補正できます。

1 ［明るさ-コントラスト］ダイアログボックスを表示する

ここでは、左の画像を明るく、明暗の差がはっきりとした画像に補正します。

［色］メニューの［明るさ-コントラスト］をクリックして、［明るさ-コントラスト］ダイアログボックスを表示します。

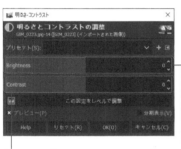

【Contrast】
値を小さくするとコントラストが弱まり、値を大きくするとコントラストが強くなります。

【Brightness】
値を小さくすると画像全体が暗くなり、値を大きくすると画像全体が明るくなります。

2 ［明るさ］と［コントラスト］を設定する

❶［Brightness］を「80」、❷［Contrast］を「70」に設定し、❸［OK］をクリックします。

暗めだった画像全体が明るくなりました。コントラストを強くすることにより、明暗の差は保たれて写真の立体感はそのままになりました。

［着色］コマンド

［着色］コマンドを使用すると、色ガラスを通して見るような単一色のモノトーン画像を作成できます。セピア調の画像を作成するときなどにも利用できます。

1 ［着色］ダイアログボックスを表示する

ここでは、この画像をセピア調の画像に補正します。

［色］メニューの［着色］をクリックして、［着色］ダイアログボックスを表示します。

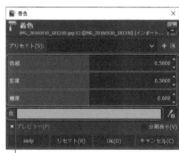

【色相】
HSV色相環から色合いを選択します。「0」から「1」までの値で設定できます。

【彩度】
「0」から「1」の値で鮮やかさを選択します。

【輝度】
「-1」から「1」の値で明るさを選択します。

【色】
ここをクリックすると、カラーフィールドから色をクリックして選択できます。

2 ［色相］［彩度］［輝度］を設定する

❶［色相］を「0.0417」、［彩度］を「0.1304」、［輝度］を「0.080」に設定し、❷［OK］をクリックします。

赤みがかった単色に色が変換され、セピア調の画像になりました。

[レベル]コマンドの概要

画像のピクセル値の分布を「ヒストグラム」というグラフで表し、グラフの値を調節しながら明るさや色合いを変更します。写真の明るすぎる部分や黒すぎる部分を補正してバランスを取るときなどに便利です。

◆ 各部の動き

[色]メニューの[レベル]をクリックして、[レベル]ダイアログボックスを表示します。

【チャンネル】
初期状態は[明度]となっており、画像全体のRGB値を変更して、明るさを調整します。[赤][緑][青][アルファ]を選択すると、それぞれのチャンネルを個別に調整することができます。また、[チャンネルのリセット]をクリックすると選択中のチャンネルの設定値が初期値に戻ります。

【ヒストグラム】
画像の暗い色(左側:レベル0(黒))から明るい色(右側:レベル255(白))に、画素の量を並べたグラフです。

【入力レベル】
三角形のスライダーが3つ用意されており、黒い三角でシャドウ、灰色の三角で中間調、白い三角でハイライトを調整します。

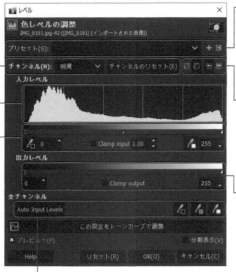

【全チャンネル】

[Auto Input Levels]
すべてのチャンネルのレベル調整を自動で行います。

[Pick black point for all channels／Pick gray point for all channels／Pick white point for all channels]
3つのスポイトは、それぞれシャドウ、中間調、ハイライトに対応しており、基準に設定するボタンをクリックしたあと、画像をクリックすると、クリックした場所を基準に自動補正されます。

【プリセット】
[+]をクリックして作成した補正の設定を保存できます。保存した設定は[プリセット]のプルダウンメニューから呼び出すことができます。

【線形ヒストグラム／対数ヒストグラム】
線形ヒストグラムと対数ヒストグラムを切り替えることができます。本書ではより一般的な線形ヒストグラムで解説します。

【出力レベル】
画像のハイライト、シャドウの明るさを調整し、コントラストの強さを設定します。

/////// P o i n t ///////////////////////////////////

ヒストグラム(度数分布図)とは

画像の明度の分布を表したものです。横軸が明度、縦軸がピクセル数を表しています。左端が暗い(黒)ピクセル、右端が明るい(白)ピクセルを表しています。画像の[モード]が[RGB]のときは、明度のヒストグラムに加えて、色ごとにヒストグラムを表示できます。明度のヒストグラムは、全色を合わせた明暗の分布を表しています。

/////// P o i n t ///////////////////////////////////

[自動調整]で色レベルを手軽に調整できる

[レベル]ダイアログボックスには、[自動調整]が用意されています。[自動調整]をクリックすると、ヒストグラムの最も暗いピクセルを「0」に、最も明るいピクセルを「255」に調整します。GIMPが自動的に行うものなので、適正な結果が得られるとは限りません。必ず調整後の画像を確認するようにしましょう。

ヒストグラムの読み方

ヒストグラムの左右の横軸幅を「ダイナミックレンジ」(階調)と呼びます。ダイナミックレンジの幅の広さや狭さ、山の膨らみ方で画像の特性を知ることができます。山の膨らみが右側に寄っていれば白っぽく明るい(ハイキー)画像、左側に寄っていれば黒っぽく暗い(ローキー)画像であることが分かります。

◆ ヒストグラムの要素

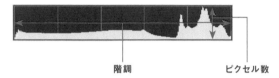

階調とピクセル数
白地に黒文字が描かれているような画像は、階調が少なく、ピクセル数が偏っているのでヒストグラムの表示がほとんど見えません。眠いような白けた画像は、左右に空きがあり中間調の明るさだけで構成されています。階調数の違いをよく見て、補正方法を使い分けましょう。

[色]メニューの[レベル]をクリックして、ヒストグラムを表示します。

◆ 階調数の違いを確認する

階調数が多い

一般的な画像ではヒストグラムは左右に広がり階調数も多くなります。

階調数が少ない

左のような「眠い画像」や「コントラストが低い画像」は、階調の左右の端にピクセルがなく、空白になっています。真っ黒の暗さと真っ白の明るさがなく、中間の明るさのピクセルのみで構成されていることが分かります。

◆ 白トビと黒ツブレを確認する

一般的な画像のヒストグラム

シャドウ領域　　ハイライト領域

白トビとは、ハイライトが白一色で、その領域での明るさの強弱がない状態で、黒ツブレとは、シャドウが黒一色で、その領域での暗さの強弱がない状態です。一般的な画像と、白トビや黒ツブレが発生している画像を見比べてみましょう。

黒ツブレを起こした画像のヒストグラム

シャドウ点　　　ハイライト点

左端のシャドウ点にピクセルが偏って、全体に真っ暗な写真です。色調の情報がないため、階調の補正は困難です。

[レベル] コマンドの操作

階調を操作して、画像を補正します。階調の幅とピクセル数の
山の形を意識しながら補正しましょう。

1 [レベル] ダイアログボックスを表示する

ここでは、ぼんやりとした
印象のある夕暮れの画像
を適正な明るさに修正しま
す。

[色] メニューの [レベル] を
クリックし、[レベル] ダイ
アログボックスを表示しま
す。

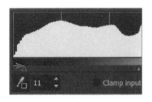

ヒストグラムの下に3つの
三角があります。左から
シャドウ点、中間点、ハイ
ライト点です。この3つの
点を移動させて階調を調整
します。

シャドウ点　中間点　ハイライト点

2 シャドウ部分を調整する

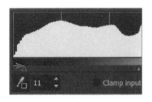

シャドウ点をヒストグラム
の変化が緩やかになる位
置まで右にドラッグします。

黒範囲が増えたことにな
り、画像のトーンを保ちな
がら全体が暗くなります。

3 ハイライト部分を調整する

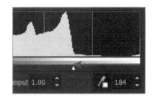

ハイライト点をピクセル数
の増加がはじまる位置まで
左にドラッグします。

ハイライトがシャドウ寄り
に変わり、先に設定した
シャドウを保ったまま全体
的に明るくなります。

4 中間調を調整する

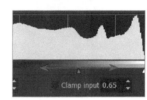

シャドウ点、ハイライト点
を移動しても、中間点は
変わらず「1.00」の位置に
あります。中間点を右にド
ラッグすると画像は暗くな
り、左にドラッグすると明
るくなります。

プレビューを確認しながら
中間点をちょうどいい位置
に移動し、[OK] をクリック
します。

シャドウ部分が暗くなり、
コントラストの効いた画像
になりました。

////// Point //

シャドウ点、中間点、ハイライト点の移動

階調の幅が狭いヒストグラムは、それぞれの点を白くない
領域まで移動させます。ヒストグラムを引き延ばしたこと
により、画像の暗い部分が増えて全体に暗くなります。中
間点の移動によりガンマの調整で1より小さい値にする
と、画像はさらに暗く引き締まります。

////// Point //

出力レベルの効果

[出力レベル] では画像全体の明るさを調整します。スラ
イダーの三角形を右にドラッグすると暗い部分が明るくな
り、左にドラッグすると明るい部分が暗くなります。[出力
レベル] を調整すると色の範囲が狭まるので、画像のコン
トラストは弱まります。

［トーンカーブ］コマンドの概要

写真などの画像の色調を線グラフの曲線を作ることにより調整するツールです。RGBの各成分を個別に調整することもできます。［トーンカーブ］は［レベル］より細かい調整を行えるので、色調整ツールの中でも最もよく使われています。

◆ 各部の動き

出力レベルを縦軸、入力レベルを横軸にした線グラフが表示されています。

［色］メニューの［トーンカーブ］をクリックし、［トーンカーブ］ダイアログボックスを表示します。

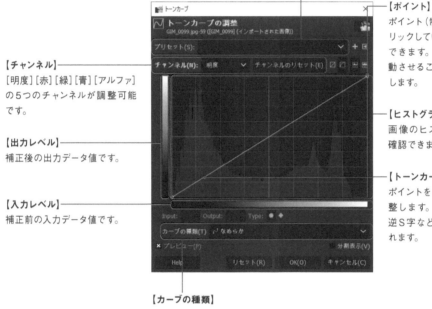

【プリセット】
トーンカーブの変更内容を保存できます。

【チャンネル】
［明度］［赤］［緑］［青］［アルファ］の5つのチャンネルが調整可能です。

【出力レベル】
補正後の出力データ値です。

【入力レベル】
補正前の入力データ値です。

【ポイント】
ポイント（制御点）は、線上をクリックしていくつも増やすことができます。ポイントを上下に移動させることにより色調を調整します。

【ヒストグラム】
画像のヒストグラムの広がりを確認できます。

【トーンカーブ】
ポイントをドラッグして色調を調整します。凸型、凹型、S字、逆S字などが、調整でよく使われます。

【カーブの種類】
［なめらか］と［自由曲線］が選択できます。［なめらか］は自動でポイント間を滑らかな曲線で結び、［自由曲線］は自分で自由にトーンカーブの形を描くことができます。

/////// Point ///

トーンカーブの読み方

トーンカーブは、補正前の入力データ値と補正後の出力データ値の変化を線で表しています。中央を中間調、右側をハイライト部、左側をシャドウ部と呼びます。トーンカーブの中央を上方にドラッグして凸型にすると、中間調が明るく、ハイライト部とシャドウ部が締まった画像になります。逆に凹型にすると、白っぽいハイキーな画像をノーマルに調整できます。S字（右図）は、中間調はそのまま、ハイライト部をより明るく、シャドウ部をより暗めに調整します。コントラストが上がり、フラットな画像をメリハリのある画像にできます。逆S字は白トビや黒ツブレが気になる画像のコントラストを下げ、ノーマルに調整できます。カーブを付けすぎると画像が不自然になるので、なるべく滑らかになるように調整します。トーンカーブを逆向き（左上から右下へ斜めの線）にすると、画像の色が反転します。

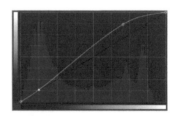

[トーンカーブ]コマンドの操作

ポイントを左上にドラッグすると画像が明るくなります。逆にポイントを右下にドラッグすると画像が暗くなります。

---

1 [トーンカーブ]ダイアログボックスを表示する

元画像を用意します。ここでは全体に暗めでメリハリのない画像を補正します。

[色]メニューの[トーンカーブ]をクリックし、[トーンカーブ]ダイアログボックスを表示します。

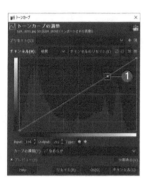

❶図を参考にトーンカーブ上をクリックして、ポイントを作成します。

2 ポイントをドラッグする

人物の顔を明るくしたいので、作成したポイントを左上に移動します。

❶図を参考にポイントを右上にドラッグします。

❷ポイントをドラッグしている間は、ヒストグラム左上にポイントの座標が表示されます。

気になっていた箇所の画像が明るく変化しているか、確認してみましょう。ここではハイライト部をより明るく、シャドウ部もやや明るめに調整して、顔の部分と背景が明るくなりました。

[プレビュー]にチェックマークが付いていると、[OK]をクリックしなくても効果をその場で確認できます。

3 ポイントを追加してさらに調整する

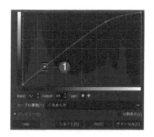

手順2で顔と背景は明るくなりましたが、全体にメリハリのないままです。人物をより引き立てるために、画像の暗い部分をさらに暗くします。

❶図を参考にシャドウ部のトーンカーブをクリックして、ポイントを追加します。

❷図を参考にポイントを右下にドラッグします。

❸ポイントをドラッグしている間は、ヒストグラム左上にポイントの座標が表示されます。

❹[OK]をクリックします。

2つのポイントを使ったことで、シャドウ部はあまり変わらず、中間調からハイライト部だけが明るめに調整されます。元画像と比較して、人物の画像がより引き立った、メリハリのある画像ができました。

//// **Point** //

プリセットの使い方

トーンカーブの設定は[プリセット]の[+]の隣のボタンをクリックして表示されるメニューから[現在の設定をファイルにエクスポート]をクリックして保存できます。気に入ったトーンカーブの設定はいつでも使えるように保存しておきましょう。保存しておいた設定を使用したいときは[現在の設定をファイルからインポート]で呼び出せます。

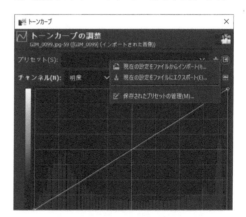

Next Page

自動補正

GIMPには、実行するだけで自動的に色調を補正してくれるコマンドが6種類用意されています。

◆［平滑化］コマンド

［平滑化］コマンドは、階調ごとのピクセル数が均等になるように画像を自動的に調整します。ダイアログボックスは表示されません。

［色］メニューの［自動補正］-［平滑化］をクリックします。

階調の偏りがなくなり、画像が全体的に明るくなりました。

◆［ホワイトバランス］コマンド

［ホワイトバランス］コマンドは、画像のホワイトバランスを自動的に調整します。このとき、ダイアログボックスは表示されません。

［色］メニューの［自動補正］-［ホワイトバランス］をクリックします。

ホワイトバランスが調整され、色がはっきりとしました。

◆［コントラスト伸長］コマンド

［コントラスト伸長］コマンドは、ぼんやりとした画像のコントラストを自動で強めます。

［色］メニューの［自動補正］-［コントラスト伸長］をクリックします。

表示された［コントラスト伸長］ダイアログボックスで［OK］をクリックします。

コントラストが強まり、画像がはっきりとしました。

◆［Stretch Contrast HSV］コマンド

［Stretch Contrast HSV］コマンドは、［コントラスト伸長］コマンドと同様にコントラストを強めますが、こちらはHSVに基づいた調整を行います。ダイアログボックスは表示されません。

［色］メニューの［自動補正］-［Stretch Contrast HSV］をクリックします。

コントラストが強まり、はっきりとした画像になりました。

◆ [Color Enhance]コマンド

[Color Enhance]コマンドは、自動で画像の色を鮮やかに調整します。ダイアログボックスは表示されません。

[色]メニューの[自動補正]-[Color Enhance]をクリックします。

画像の色が鮮やかに調整されました。

◆ [Color Enhance (legacy)]コマンド

[Color Enhance (legacy)]コマンドは、[Color Enhance]コマンドと同様に色を鮮やかにしますが、効果のかかり具合が異なります。ダイアログボックスは表示されません。

[色]メニューの[自動補正]-[Color Enhance (legacy)]をクリックします。

画像の色が鮮やかに調整されました。

[Channel Mixer]コマンド

「R」「G」「B」の3つのチャンネルの値をそれぞれで増減させます。この機能は画像にアルファチャンネルがあってもなくても動作します。設定でモノクロ変換も可能なので、精度の高いグレースケール画像を作成するときにも効果的です。

1 [Channel Mixer]ダイアログボックスを表示する

❶[色]メニューの[色要素]-[Channel Mixer]をクリックして、[Channel Mixer]ダイアログボックスを表示します。

[Channel Mixer]ダイアログボックスでは、出力チャンネルが[Red channel][Green channel][Blue channel]に分かれています。画像のどの部分でどの色味を増減させたいかに合わせて調整する数値を選択します。たとえば、画像の緑色の部分で赤い色味を増したいときには、[Red channel]の[Green in Red channel]の数値を増加させます。緑色の部分で赤みが増すので、混合色である黄色に近い色合いに修正されます。

2 出力チャンネルの設定をする

ここでは[Blue channel]の[Red in Blue channel]を増加させて、画像のピンクの色味を強めます。

❶[Blue channel]の[Red in Blue channel]の値を「0.450」に設定し、❷[OK]をクリックします。

全体的に画像の青みが強まり、特に赤みが強かったオレンジの花はピンク色に変化しました。

チャンネルの分解と合成

画像を「R」「G」「B」などのチャンネルごとにグレースケール画像のレイヤーに分解したり、逆にグレースケール画像のレイヤーをチャンネルに変換して合成したりできます。

◆［チャンネル分解］コマンド

［チャンネル分解］コマンドは、画像の持つチャンネルをレイヤーに変換し、グレースケール画像を新たに作成します。取り出すチャンネルは［RGB］以外にも［CMYK］や［HSV］などが選択できます。

［色］メニューの［色要素］-［チャンネル分解］をクリックして［チャンネル分解］ダイアログボックスを表示し、［OK］をクリックします。

グレースケールの画像ファイルが新しく作成されます。

新しく作成された画像ファイルは、元の画像のRGBの各チャンネルを、それぞれグレースケールのレイヤーとして保持しています。

◆［チャンネル合成］コマンド

［チャンネル合成］コマンドは、グレースケール画像が持つレイヤーを任意のチャンネルに変換し、合成することで新しい画像を作成します。ここでは、左で作成した画像の「赤チャンネル」レイヤーに星を書き加え、コマンドを適用してみます。

［色］メニューの［色要素］-［チャンネル合成］をクリックして［チャンネル合成］ダイアログボックスを表示し、［OK］をクリックします。

各レイヤーがチャンネルに変換され、新しい画像ファイルが作成されました。元の画像と比較すると、「赤チャンネル」を編集したため、赤色で星が書き加えられているのがわかります。

/////// Point ///

［再合成］コマンド

［チャンネル合成］コマンドは、グレースケール画像が［チャンネル分解］コマンドで作成されたものかどうかにかかわらず、まったく新しい画像ファイルを別に作成します。［チャンネル分解］コマンドで作成されたグレースケール画像を再度合成し、編集内容を［チャンネル分解］の元になった画像に反映させたい場合には、［再合成］コマンドを使用します。［再合成］コマンドでは、ダイアログボックスが表示されず、チャンネルを分解する際に実行した操作と逆の操作で合成が行われます。［チャンネル分解］コマンドで作成されたグレースケール画像以外には使用できません。

カラーマッピング

カラーマップとは、色を効率よく表現するための色定義テーブルです。GIMPには、このカラーマップを活用するメニューとして、6種類のコマンドが用意されています。

◆ [Alien Map]コマンド

[Alien Map]は周波数に比例して画素の色変換が多彩になり、位相変位の数値を変えると色変換の方向がずれて、まったく別の色に変わります。

[色]メニューの[カラーマッピング]-[Alien Map]をクリックして、[Alien Map]ダイアログボックスを表示し、6つのスライダーで[Red][Green][Blue]それぞれの[frequency](周波数)と[phase shift](位相変位)を設定します。

適用前の画像

適用後の画像

◆ [Color Exchange]コマンド

[Color Exchange]は[From Color]で設定した色領域を[To Color]で設定した色領域に変換します。変換の対象となる範囲は[Red Threshold][Green Threshold][Blue Threshold]に設定したしきい値によって決まります。

[色]メニューの[カラーマッピング]-[Color Exchange]をクリックして[Color Exchange]ダイアログボックスを表示し、[From Color]と[To Color]を設定します。

適用前の画像

適用後の画像

◆ [Rotate Colors]コマンド

ダイアログの中の色相環で設定した扇型の選択範囲でカラーマップを回転させ、色変換ができます。

[色]メニューの[カラーマッピング]-[Rotate Colors]をクリックして[Rotate Colors]ダイアログボックスを表示します。

[Source Range]と[Destination Range]の矢印をドラッグして、回転させる色範囲と回転後の色範囲を設定します。

適用前の画像

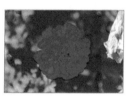

適用後の画像

◆ [グラデーションマップ]コマンド

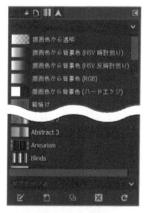

[グラデーション]ダイアログから選択したグラデーションで、画像を色変換します。このとき、ダイアログボックスは表示されません。

[グラデーション]ダイアログから適用するグラデーションをクリックして選択します。

[色]メニューの[カラーマッピング]-[グラデーションマップ]をクリックします。

適用前の画像

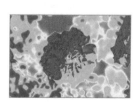

適用後の画像
（適用グラデーション：Full saturation spectrum CCW）

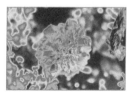

適用後の画像
（適用グラデーション：Golden）

Next Page

◆ [サンプル色付け]コマンド

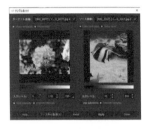

適用前の画像
（ターゲット画像）

適用前の画像（ソース画像）　　適用後の画像

まったく別の画像の色範囲、グラデーションを、変換したい画像にモノトーンとして適用させます。あらかじめ2枚の画像を開いておく必要があります。

[色]メニューの[カラーマッピング]-[サンプル色付け]で[サンプル色付け]ダイアログボックスを表示します。

[ターゲット画像]（色変換を適用する画像）と[ソース画像]（参考にする画像）を設定し、[入力レベル][出力レベル]を設定し、[ソース色の取得]をクリックし[Apply]をクリックします。

◆ [パレットマップ]コマンド

[パレット]ダイアログから選択したパレットの色で画像を色変換します。[グラデーションマップ]と同様に、ダイアログボックスは表示されません。

[パレット]ダイアログから適用するパレットをクリックして選択します。

[色]メニューの[カラーマッピング]-[パレットマップ]をクリックします。

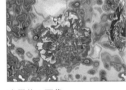

適用後の画像
（適用パレット：Royal）

適用後の画像
（適用パレット：Tango Icon Theme）

[色を透明度に]コマンド

画像の中から設定した色を含む領域を、透過画像に変換します。画像にアルファチャンネルが設定されている必要があります。

❶ [色を透明度に]ダイアログボックスを表示する

[色]メニューの[色を透明度に]をクリックし、[色を透明度に]ダイアログボックスを表示します。

❶ [この色を透明度に]をクリックして、透明にする色を設定し、❷ [OK]をクリックします。

❷ 設定した色を透明にできた

設定した色を含む領域が透明になりました。

////// P o i n t //

背景画像と透明度のある領域の活用

[色を透明度に]コマンドは、画像を重ね合わせて、背景となじませる効果を狙えます。設定した部分を透過して見せるので、背景画像の作成やテクスチャーを写真に重ねるときなどに活用できます。また、アンチエイリアスのかかった画像は指定した画像に近い画像が半透明に処理されるため、消しゴムやブラシで編集するよりも滑らかな透明感が得られます。

03

色を減少・反転させる

GIMPには色数を減らしたり、モノクロ画像やグレースケール画像を作成したり、階調や明度の反転が簡単にできるコマンドが用意されています。

反転

ネガカラーをポジカラーに変換するように、階調や明度を変換します。ネガカラーのような画像を作成したいときに便利です。

◆ [階調の反転]コマンド

[色]メニューの[階調の反転]をクリックします。

ネガカラーのような効果が得られました。適用後に再度[階調の反転]を実行すると元の画像に戻ります。

◆ [Linear Invert]コマンド

[色]メニューの[Linear Invert]をクリックします。

階調が反転しました。こちらは[階調の反転]とは異なり、適用後に再度[Linear Invert]を実行しても元の画像には戻りません。

◆ [光度の反転]コマンド

[色]メニューの[光度の反転]をクリックします。

光度が反転しました。こちらは[階調の反転]とは異なり、適用後に再度[光度の反転]を実行しても元の画像には戻りません。

[Extract Component]コマンド

[赤チャンネル][青チャンネル][緑チャンネル][アルファチャンネル]や彩度、色相などの要素を抽出し、白黒のモノトーン画像として出力します。

◆ [Extract Component]コマンドの概要

[色]メニューの[色要素]-[Extract Component]をクリックして[Extract Component]ダイアログボックスを表示します。

[Component]をクリックして抽出する要素を選択し、[OK]をクリックすると、選択した要素が白黒のモノトーン画像として抽出されます。

Next Page

◆ [Extract Component]コマンドの実行例

適用前の画像です。

[Component]で[Red]を選択してコマンドを適用した例です。

[Component]で[HSL Saturation]を選択してコマンドを適用した例です。

[Mono Mixer]コマンド

[赤チャンネル][青チャンネル][緑チャンネル]を任意の比率で合算したものを白黒のモノトーン画像として出力します。

◆ [Mono Mixer]コマンドの概要

[色]メニューの[色要素]-[Mono Mixer]をクリックして[Mono Mixer]ダイアログボックスを表示します。[色]メニューの[脱色]-[Mono Mixer]からでも同じダイアログボックスを表示できます。

[Red][Green][Blue]それぞれの比率を設定し、[OK]をクリックすると、設定した値をかけて合算したものが白黒のモノトーン画像として作成されます。

◆ [Mono Mixer]コマンドの実行例

適用前の画像です。

[Red Channel Multiplier]に「0.333」、[Green Channel Multiplier]に「-0.300」、[Blue Channel Multiplier]に「0.333」を設定してコマンドを適用した例です。

脱色

選択中のレイヤーのみをグレースケールのようなモノトーンの色調に変換します。グレースケール画像に変換したように見えますが、[画像]メニューの[モード]-[グレースケール]をクリックしたときとは異なり、RGB情報がなくなったわけではないので、コマンドの実行後でも色付けできます。

◆ [Color to Gray]コマンド

細部の色合いの違いを強調する形で画像をグレースケールに変換します。

[色]メニューの[脱色]-[Color to Gray]をクリックして[Color to Gray]ダイアログボックスを表示し、パラメーターを設定します。

適用前の画像

適用後の画像
（既定値のまま適用）

4-03

色を減少・反転させる

◆ [Desaturate]コマンド

[Desaturate]コマンドは輝度や明るさなど基準を設定してグレースケールに変換します。

[色]メニューの[脱色]-[Desaturate]をクリックして[Desaturate]ダイアログボックスを表示し、変換の基準を[モード]で設定します。

適用前の画像

適用後の画像
（モード：Luminance）

◆ [Sepia]コマンド

画像をセピア風にします。完全なモノトーン画像にしたり、元の色合いを残したりできます。

[色]メニューの[脱色]-[Sepia]をクリックして[Sepia]ダイアログボックスを表示し、効果の強さを[Effect strength]で設定します。

適用前の画像

適用後の画像
（Effect strength：0.500）

［しきい値］コマンド

カラー画像をモノクロ2階調の画像に変換します。白と黒の変換のしきい値を設定できるので、用途に合わせて、白と黒のバランスを変更することができます。

◆ [しきい値]コマンドの概要

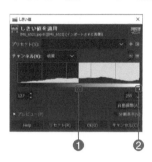

[色]メニューの［しきい値］をクリックして、［しきい値］ダイアログボックスを表示します。

ヒストグラムの下の[▲]と[△]を左右にドラッグするか数値を入力して❶[シャドウ]と❷[ハイライト]を設定し、どのしきい値で白黒にするかを調整します。

◆ [しきい値]コマンドの実行例

適用前の画像です。[しきい値]コマンドを実行すると、元画像のアンチエイリアス効果は失われます。

適用後の画像
（シャドウ：127／ハイライト：255）

適用後の画像
（シャドウ：162／ハイライト：255）

4-03

色を減少・反転させる

//// **P o i n t** ///

しきい値とは

一般に、しきい値とは境目となる値のことです。ある値以上で効果が表れ、それ以下では表れないような値をしきい値と呼びます。

[ポスタリゼーション]コマンド

画像の階調数を変更することで色数を減らして、イラスト風の効果が得られる画像処理です。通常の画像は、RGBそれぞれ256階調で表現されていますが、この階調を小さくすることでさまざまな効果を出すことができます。

◆ [ポスタリゼーション]コマンドの概要

画像を表示し、[色]メニューの[ポスタリゼーション]をクリックして、[ポスタリゼーション]ダイアログボックスを表示します。

[ポスタリゼーションのレベル]を設定して[OK]をクリックすると、設定したレベルに合わせて画像を描き出します。レベルは[2～256]の範囲で設定でき、値が小さいほど色数が少なくなります。

◆ [ポスタリゼーション]コマンドの実行例

適用後の画像
（ポスタリゼーションのレベル:3）

適用後の画像
（ポスタリゼーションのレベル:2）

[Dither]コマンド

RGBの階調を減らし、ディザという点描のような手法で階調を表現します。

◆ [Dither]コマンドの概要

[色]メニューの[Dither]をクリックして[Dither]ダイアログボックスを表示します。

[Red levels][Green levels][Blue levels]でそれぞれの階調数を設定し、[OK]をクリックすると、設定した階調数に従ってディザで表現された画像が作成されます。

◆ [Dither]コマンドの実行例

適用前の画像です。滑らかな階調で表現されています。

[Red levels]を「6」、[Green levels]を「7」、[Blue levels]を「6」としてコマンドを適用した例です。拡大すると、色の階調が点描で表現されているのがわかります。

リファレンス

5

レイヤーの活用

リファレンス

5-01 レイヤーの基本 ……………………………… P228

5-02 不透明度と描画モードを
調整するには ……………………………… P234

5-03 レイヤーをグループにまとめて
管理するには ……………………………… P240

5-04 フローティングレイヤーを扱うには …… P241

5-05 レイヤー内の不要な部分を隠すには … P242

01 レイヤーの基本

「レイヤー」とは複数の画像に階層を付けて管理できる構造のことです。レイヤーごとに編集でき、不透明度やモードの変更などレイヤー同士を組み合わせての表現も可能です。

レイヤーの構造

レイヤーは透明フィルムを重ねて画像を表現するような構造になっています。何も描かれていない部分は透明になるので、下のレイヤーが透けて見えます。

◆ レイヤーを利用したイラストの例

この画像は「背景」「テキスト」「塗り」など複数のレイヤーで構成されています。レイアウトを調整するときも、必要なレイヤーだけを移動できるので効率的です。

――レイヤー

◆ [レイヤー]ダイアログの表示

[ウィンドウ] メニューの [ドッキング可能なダイアログ]-[レイヤー] をクリックします。

ドックに [レイヤー] ダイアログが表示されました。

[レイヤー]ダイアログ

レイヤーの情報を一覧表示して管理するダイアログです。レイヤーの構造をサムネイルで見ることができ、編集、管理しやすくなっています。各レイヤーを編集したいときは、それぞれのレイヤーのサムネイルやレイヤー名をクリックします。

◆ [レイヤー]ダイアログの項目

【モード】
レイヤー同士の重なり方を設定します(236ページ参照)。

【不透明度】
レイヤーの不透明度を設定します。

【保護】
一時的にレイヤーを編集不可能にできます。左の筆のアイコンをクリックするとレイヤー全体、真ん中のアイコンをクリックするとレイヤーの位置とサイズ、右のアイコンをクリックすると透明部分が編集不可能になります。

【レイヤー】
レイヤーの一覧が表示されます。目のアイコンをクリックすることでレイヤーの表示／非表示を切り替えることができます。

【このレイヤーを削除します】
選択中のレイヤーを削除できます。

【新しいレイヤーグループを作成し画像に加えます】
レイヤーグループを追加できます。

【レイヤーを複製し、画像に追加します】
選択中のレイヤーを複製できます。

【新しいレイヤーを画像に追加します】
新しいレイヤーを追加できます。

【このレイヤーを1段上(前面)／1段下(背面)に移動します】
レイヤーを並べ替えることができます。

///// **Point** //

レイヤーの目のアイコンでレイヤーの表示状態が分かる

レイヤーの左に表示される目のアイコンはレイヤーの表示／非表示を表しています。目のアイコンが表示されているときはレイヤーの

内容が画面上に表示され、目のアイコンが非表示のときはレイヤーの内容は画面上に表示されません。表示／非表示の切り替えについては235ページで解説します。

レイヤーの追加

新しいレイヤーを追加します。追加したレイヤーは［レイヤー］ダイアログに表示されます。レイヤーを追加する際に、［塗りつぶし色］を選択できます。

◆ ［レイヤー］メニューから追加する

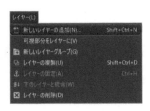

［レイヤー］メニューの［新しいレイヤーの追加］をクリックします。

［新しいレイヤー］ダイアログボックスが表示されます。

◆ ［レイヤー］ダイアログの設定メニューから追加する

❶［レイヤー］ダイアログの［このタブの設定］をクリックし、［レイヤーメニュー］-［新しいレイヤーの追加］をクリックします。

［新しいレイヤー］ダイアログボックスが表示されます。

1 ［レイヤー］ダイアログの［新しいレイヤーを画像に追加します］から追加する

❶［レイヤー］ダイアログの［新しいレイヤーを画像に追加します］をクリックします。

［新しいレイヤー］ダイアログボックスが表示されます。

2 ［新しいレイヤー］ダイアログボックスの概要

【レイヤー名】
［レイヤー］ダイアログに表示されるレイヤーの名前を入力します。

【カラータグ】
カラータグの色を選択すると、［レイヤー］ダイアログ内のレイヤーを色で分類できます。

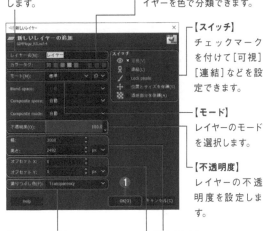

【スイッチ】
チェックマークを付けて［可視］［連結］などを設定できます。

【モード】
レイヤーのモードを選択します。

【不透明度】
レイヤーの不透明度を設定します。

【塗りつぶし色】
設定した色で画像を塗りつぶします。［Transparency］を選択すると、透明なレイヤーになります。

【幅／高さ】
追加するレイヤーの幅と高さを入力します。キャンバスサイズよりも大きい場合、はみ出した部分は非表示となります。

【オフセットX／Y】
キャンバスに対するレイヤーの位置を設定します。［オフセットX］は左から、［オフセットY］は上からの位置です。

❶［レイヤー名］などを設定し、［OK］をクリックします。

❷選択しているレイヤーの1つ上に新しいレイヤーが追加されます。

レイヤー名の変更

作成したレイヤーの名前は［レイヤー名の変更］ダイアログボックスでいつでも変更することができます。扱うレイヤー数が多くなったときは管理しやすくするために、分かりやすい名前を付けましょう。

1 ［レイヤー名の変更］ダイアログボックスを表示する

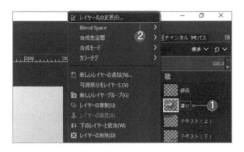

❶レイヤー名を変更したいレイヤーを右クリック〔 ctrl キーを押しながらクリック〕し、❷表示されたメニューの［レイヤー名の変更］をクリックします。

［レイヤー名の変更］ダイアログボックスが表示されました。

❸［レイヤー名］に新しいレイヤー名を入力し、❹［OK］をクリックします。

2 レイヤー名を変更できた

レイヤー名を入力した内容に変更できました。

///// Point ///

レイヤー名をダブルクリックしても変更できる

［レイヤー］ダイアログのレイヤー名をダブルクリックすると、レイヤー名が反転し、新しいレイヤー名を入力できる状態になります。

レイヤーの削除

不要なレイヤーを削除するには、［レイヤー］メニューから削除する方法と［レイヤー］ダイアログから削除する方法があります。

◆ ［レイヤー］メニューから削除する

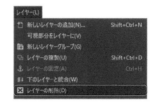

あらかじめ削除したいレイヤーを選択し、［レイヤー］メニューの［レイヤーの削除］をクリックします。

◆ ［レイヤー］ダイアログから削除する

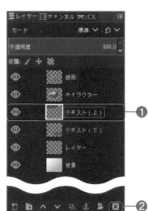

❶［レイヤー］ダイアログで削除するレイヤーを選択し、❷［このレイヤーを削除します］をクリックします。

◆ 指定したレイヤーが削除できた

レイヤーを削除すると、［レイヤー］ダイアログに削除したレイヤーが表示されなくなりました。

画像ウィンドウからも削除したレイヤーに含まれていた内容が削除されました。

レイヤーの複製

作成したレイヤーを複製するには、[レイヤー]メニューから複製する方法と[レイヤー]ダイアログから複製する方法があります。

◆ [レイヤー]メニューから複製する

あらかじめ複製したいレイヤーを選択し、[レイヤー]メニューの[レイヤーの複製]をクリックします。

◆ [レイヤー]ダイアログから複製する

❶[レイヤー]ダイアログで複製したいレイヤーを選択し、❷[レイヤーを複製し、画像に追加します]をクリックします。

◆ 指定したレイヤーが複製できた

レイヤーを複製すると、[(複製元のレイヤー名)コピー]という名前のレイヤーが追加されます。

同じ位置に同じ内容で複製するため、レイヤー同士が重なり、[移動]ツールなどで元の場所から移動しなければ、画像ウィンドウでは確認できません。

レイヤーの並べ替え

レイヤーを並べ替えて重ね順を変更するには、[レイヤー]ダイアログの[このレイヤーを1段上(前面)／1段下(背面)に移動します]から選択する方法と[レイヤー]ダイアログのレイヤーサムネイルを直接ドラッグする方法があります。

◆ [レイヤー]ダイアログの[レイヤーの移動]で並べ替える

❶並べ替えをしたいレイヤーを選択し、❷[このレイヤーを1段上(前面)に移動します]をクリックします。

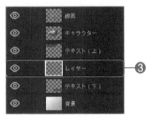

❸レイヤーの階層が1つ上に移動しました。

◆ レイヤーサムネイルをドラッグして並べ替える

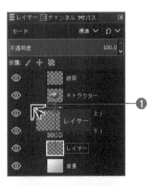

❶並べ替えをしたいレイヤーを並べ替える先までドラッグします。

移動先には線が表示されます。

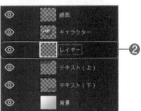

❷ドラッグした場所にレイヤーを並べ替えられました。

Next Page

[可視レイヤーの統合]コマンド

可視レイヤー、つまり表示状態のレイヤーのみを統合して1つのレイヤーにできます。また[レイヤーの統合]ダイアログボックスで不可視レイヤーの削除なども選択できます。

1 [レイヤーの統合]ダイアログボックスを表示する

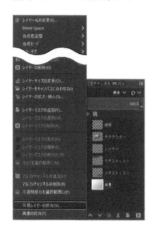

[レイヤー]ダイアログ内のレイヤーを右クリック[ctrl キーを押しながらクリック]し、表示されたメニューの[可視レイヤーの統合]をクリックして、[可視レイヤーの統合]ダイアログボックスを表示します。

目のアイコンが表示されているレイヤーが可視レイヤーで、表示されていないレイヤーが不可視レイヤーです。

2 可視レイヤーを統合する

【不可視レイヤーの削除】
レイヤーを統合後、統合しなかった不可視レイヤーを削除することができます。

【アクティブなレイヤーグループ内のみで統合】
レイヤーグループが作成されているとき、選択中のレイヤーが含まれているグループ内のレイヤーのみを統合できます。

【統合されたレイヤーの大きさ】
1つに統合したレイヤーのサイズを選択できます。

[Expanded as necessary]
統合するレイヤーすべてが収まる幅と高さでレイヤーが作成されます。

[Clipped to image]
キャンバスサイズと同じ大きさのレイヤーが作成されます。はみ出した部分は削除されます。

[Clipped to bottom layer]
統合するレイヤーの中で最背面のレイヤーのサイズでレイヤーが作成されます。はみ出した部分は削除されます。

❶[レイヤーの統合]ダイアログボックスの設定を入力し、[統合]をクリックします。

❷可視レイヤーが1つのレイヤーにまとめられました。この状態になると個々のレイヤーの情報は破棄されます。

[可視部分をレイヤーに]コマンド

可視状態のレイヤーを統合して新しいレイヤーを追加できます。[可視レイヤーの統合]コマンドとは異なり、統合前のレイヤーもそのまま残ります。

1 [可視部分をレイヤーに]コマンドを選択する

不可視レイヤーの「テキスト（上）」レイヤーと「テキスト（下）」レイヤー以外を統合して新しいレイヤーを作成します。

[レイヤー]メニューの[可視部分をレイヤーに]をクリックします。

2 可視レイヤーを1つにまとめたレイヤーが追加された

可視状態のレイヤーを1つにまとめたレイヤーが新しく追加されました。

追加されたレイヤーには不可視状態のレイヤー（ここでは上下のテキスト）の情報は追加されません。

[下のレイヤーと統合]コマンド

選択しているレイヤーと、直下のレイヤーを統合できます。このコマンドを実行するには[レイヤー]メニューの[下のレイヤーと統合]をクリックします。

◯ [下のレイヤーと統合]コマンドを選択する

❶統合したいレイヤーを選択し、[レイヤー]メニューの[下のレイヤーと統合]をクリックします。

◯ 直下のレイヤーと統合された

❶選択したレイヤーの直下のレイヤーと統合されました。

///// Point /////////////////////////////////

一度統合したレイヤーは個別に編集できない

複数のレイヤーを統合して1つのレイヤーにすると、統合する前にそれぞれのレイヤーが持っていたレイヤーマスクなどの情報は消えてしまい、編集ができなくなります。同じように編集可能なテキストレイヤーも塗りつぶされた文字になるので、文字を編集し直すことはできません。

[画像の統合]コマンド

すべてのレイヤーを1つに統合するには、[レイヤー]ダイアログの[このタブの設定]をクリックし、[レイヤーメニュー]-[画像の統合]をクリックします。

◯ [画像を統合]コマンドを選択する

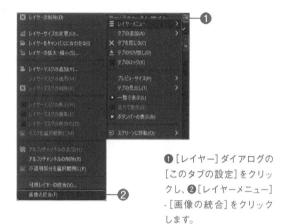

❶[レイヤー]ダイアログの[このタブの設定]をクリックし、❷[レイヤーメニュー]-[画像の統合]をクリックします。

◯ すべてのレイヤーが統合された

❶可視、不可視にかかわらずすべてのレイヤーが1つに統合されました。このとき不可視のレイヤーの情報は消えてしまいます。

///// Point /////////////////////////////////

画像の統合はどんなときに使用するか

[画像の統合]を実行すると画像上のすべてのレイヤーが1つにまとめられます。アルファチャンネルがあれば削除され、透明だった部分は統合後に背景色が表示されます。[画像の統合]は、すべてのレイヤー情報を失ってしまうので、EPS画像のようなレイヤー構造やアルファチャンネルをサポートしていない画像ファイル形式に保存するときに使用します。

///// Point /////////////////////////////////

非表示のレイヤーも統合される

[可視レイヤーの統合]では非表示のレイヤーは非表示のままレイヤーを残すことができますが、[画像の統合]を実行したときは非表示レイヤーも統合され、レイヤーは残りません。

不透明度と描画モードを調整するには

レイヤーを重ねて画像を合成するとき、レイヤーごとに［モード］と［不透明度］を調節することによって、より多彩な表現ができます。

レイヤーの不透明度

レイヤーごとに不透明度を調整できます。不透明度を下げると半透明になって下のレイヤーが透けて見え、0%では完全な透明になります。

◆ レイヤーの不透明度の調整

不透明度100%の画像です。このキャラクターの色が塗られた部分の不透明度を設定します。

［レイヤー］ダイアログの不透明度を調整したいレイヤーをクリックし、［不透明度］のスライダーをドラッグして不透明度を設定します。

不透明度は［不透明度］のスライダーの右にある上下ボタンをクリック、または［不透明度］の数値をクリックして入力しても設定できます。

◆ 不透明度の違いによる変化

［不透明度］を「50%」に設定した画像

キャラクターの色の透明度が高くなり、隠れていた文字が見えるようになりました。

［不透明度］を「25%」に設定した画像

色の部分はほとんど見えなくなり、薄く残る程度になりました。

［不透明度］を「0%」に設定した画像

色の部分は完全に透明になり、後ろのレイヤーの色がそのまま表示されました。

///// Point /////////////////////////////////////

テキストレイヤーも不透明度やモードを変更できる

テキストレイヤーも通常のレイヤーと同じように、不透明度や描画モードを調整して下のレイヤーとの合成方法を変更することができます。テキストを半透明にしたり光っているようなロゴを作ったりすることが可能です。

レイヤーの表示／非表示

[レイヤー]ダイアログで、各レイヤーの目のアイコンをクリックすると、表示と非表示を切り替えることができます。不要なレイヤーを非表示にして編集しやすくしたり、イラストの一部分を変更したりするときなどに便利です。

▪ 表示／非表示を切り替えるレイヤーを選択する

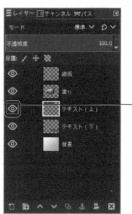

❶ここでは、上のテキストを非表示にします。

❷非表示にするレイヤーの目のアイコンをクリックします。

▪ レイヤーの表示／非表示が切り替わった

❶選択したレイヤーが非表示になりました。❷再び表示するには目のアイコンのあった部分をクリックします。

レイヤーの[保護]の有効／無効

[レイヤー]ダイアログで、[保護]のアイコンをクリックすると、選択中のレイヤーを保護する機能の有効／無効を切り替えることができます。

◆ レイヤーの[保護]を有効にする

❶

❶ここでは、画像の「塗り」レイヤーの透明部分を保護します。

❷

❷保護するレイヤーを選択し、❸[保護]の[透明部分を保護]をクリックします。

❹

❹アイコンの周囲の色が濃くなり、[透明部分を保護]が有効になりました。

❺

❺透明部分が保護されているため、描画ツールなどで変更を加えようとした場合、すでに色が塗られている部分のみに反映されます。

保護を無効にするには、再度アイコンをクリックします。

［保護］の種類

レイヤーを保護する機能には、［すべてのピクセルを保護］［位置とサイズを保護］［透明部分を保護］の3種類があります。状況に応じて使い分けるといいでしょう。

◆ すべてのピクセルを保護

［すべてのピクセルを保護］を有効にした場合は、レイヤー上のピクセルに対する編集がいっさいできなくなります。描画ツールなどで変更を加えようとすると、編集できないことを意味するマークが表示されます。

◆ 位置とサイズを保護

［位置とサイズを保護］を有効にした場合は、レイヤーの移動やサイズの変更ができなくなります。［移動］などで変更を加えようとすると、編集できないことを意味するマークが表示されます。

◆ 透明部分を保護

［透明部分を保護］を有効にした場合は、レイヤーのアルファチャンネルに変更を加えることができなくなります。［消しゴム］で描画しようとすると、編集できないことを意味するマークが表示されます。

レイヤーの［モード］の変更

［モード］はレイヤー同士の合成方法で、重なり合うレイヤーの色や明るさに多様な効果を加えられます。［レイヤー］ダイアログの［モード］から選んで変更できます。

1 ［レイヤー］ダイアログの［モード］を選択する

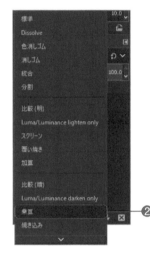

❶［レイヤー］ダイアログの［モード］をクリックし、❷ 表示されたメニューから変更したいモードをクリックします。

［乗算］はレイヤー同士の色をカラーセロハンを重ねたように混ぜ合わせ、元の画像より全体的に色が暗くなるモードです。

2 レイヤーの［モード］が変更された

❶

❶レイヤーの［モード］が変更され、レイヤー同士の色の重なり方を変更できました。

レイヤーの［モード］

画像の上に別の画像を重ねるとき、下の画像（背面）に対して上の画像（前面）の［モード］を変更すると見え方がどう変わるのかを一覧にしました。ここでの「足す」「引く」とはRGBの数値のことで、「0」を最低値（より黒に近い）、「255」を最高値（より白に近い）として計算されます。

◆［モード］の種類

前面のレイヤー

モードを変更する前面のレイヤーを「合成色」といいます。

背面のレイヤー

背面のレイヤーを「基本色」といいます。また、合成によって生成された画像を「結果色」といいます。

【標準】
初期設定のモードです。双方のレイヤーに変化はありません。

【Dissolve】
「ディザー合成」とも呼ばれるモードです。合成色の半透明部分を誤差拡散で表現し、ランダムなドット絵で描かれたような透明表現になります。レイヤー内に半透明部分がない場合、見た目は変わりません。

合成色の不透明度50

【色消しゴム】
基本色から合成色の色を削除した結果が結果色として表示されます。

【消しゴム】
基本色に合成色の不透明度の［消しゴム］で描画した場合の色を結果色として表示します。合成色の色にかかわらず、不透明度のみが反映されます。

【統合】
［標準］と似た効果で、アルファチャンネルの透明部分があるときに処理が異なります。

【分割】
［消しゴム］と似た効果で、アルファチャンネルの透明部分があるときに、処理が異なります。

【比較（明）】
基本色と合成色のRGB値のどちらか明るい方が結果色として反映されます。

【Luma/Luminance lighten only】
基本色と合成色のうち明るい方が結果色として反映されます。

【スクリーン】
合成色と基本色を反転したカラーを乗算して、明るい部分はより明るくし、結果色が明るくなります。

【覆い焼き】
基本色を明るくして合成色のカラーを反転させます。結果色が明るくなります。

Next Page

【加算】
基本色と合成色を足した
色が結果色になるので、明
るくなります。

【比較（暗）】
基本色と合成色のRGB値
のどちらか暗い方が結果色
として反映されます。

**【Luma/Luminance
darken only】**
基本色と合成色のうち暗
い方が結果色として反映さ
れます。

【乗算】
基本色と合成色をかけ合
わせて255で割った色が
結果色になり、元の画像よ
りも暗くなります。カラー
セロハンを重ねたような効
果が出ます。なお、白はそ
のまま表示されます。

【焼き込み】
基本色を暗くして合成色の
カラーを反転させ、結果色
が暗くなります。［乗算］と
似ていますが、こちらは彩
度がより高くなります。

【Linear burn】
［焼き込み］と似ていますが、こちらのほうがコント
ラストが弱い結果になるた
め、全体的に暗くなります。

【オーバーレイ】
基本色に応じて［乗算］と
［スクリーン］の効果になり
ます。明るい部分は［スク
リーン］でより明るくなり、
暗い部分は［乗算］でより
暗くなります。

【ソフトライト】
スポットライトを照らしたよ
うな効果が得られます。合
成色が明るい場合、［覆い
焼き］のように明るく、合
成色が 暗い場合、［焼き込
み］のように暗くなります。

【ハードライト】
スポットライトを照らした
ような効果が得られます。
合成色が明るい場合、［ス
クリーン］のように明るく、
合成色が 暗い場合、［乗
算］のように暗くなります。

【Vivid light】
合成色が明るいときは、コ
ントラストが強まり、［覆い
焼き］のような効果となり、
合成色が暗いときは、コン
トラストが弱まり、［焼き込
み］のような効果になりま
す。

【Pin light】
合成色が50%より明るい
場合はそれより暗い基本
色、暗い場合はそれより明
るい基本色を合成色で置
き換えます。明るさの差が
大きいと置き換えの割合が
大きくなります。

【Linear light】
合成色の明るさに応じて明
度を上げたり下げたりしま
す。

【Hard mix】
基本色と合成色のRGB値
を足し、255の場合はそ
のまま、255未満の場合
は0にして結果色に反映し
ます。

【差の絶対値】
合成色と基本色を比較し
て明るい色から暗い色を引
きます。同じ色を重ねると
黒になります。

【Exclusion】
[差の絶対値]と似たような効果がありますが、こちらのほうがコントラストが弱く、柔らかい印象になります。

【減算】
基本色から合成色を引いた結果が結果色になり、より暗くなります。

【微粒取り出し】
基本色から合成色を引いて128を足した結果が結果色になり、より暗くなりますが、[減算]より少し明るくなります。

【微粒結合】
基本色と合成色を足して128で割った結果が結果色になり、より明るくなります。

【除算】
基本色を256倍した数値を合成色で割った結果が結果色になります。基本色が黒に近ければ近いほど、白っぽい画像になります。

【HSV Hue】
HSVにおける基本色の明度と彩度、合成色の色相を合わせたものを結果色として反映します。

【HSV Saturation】
HSVにおける基本色の明度と色相、合成色の彩度を合わせたものを結果色として反映します。

【HSV Color】
HSVにおける基本色の明度、合成色の彩度と色相を合わせたものを結果色として反映します。

【HSV Value】
HSVにおける基本色の彩度と色相、合成色の明度を合わせたものを結果色として反映します。

【LCh色相】
LChにおける基本色の輝度と彩度、合成色の色相が反映されます。

【LChクロマ】
LChにおける基本色の輝度と色相、合成色の彩度が反映されます。

【LCh色】
LChにおける基本色の明度と合成色の色相と彩度が反映されます。モノクロ画像に着彩するときに適しています。

【LCh輝度】
LChにおける基本色の色相と彩度、合成色の明度が反映されます。[LCh色]と反対の効果になります。

【Luminance】
[LCh輝度]と似た効果です。

レイヤーをグループにまとめて管理するには

複数のレイヤーをグループにまとめることで並べ替えや表示／非表示の切り替え、[不透明度]の設定、[モード]の切り替えをまとめて行うことができ、作業効率を上げることができます。

レイヤーグループの作成

レイヤーグループを作成するには[レイヤー]メニューの[新しいレイヤーグループ]をクリックする方法と[レイヤー]ダイアログの[新しいレイヤーグループを追加]をクリックする方法があります。

◆ [レイヤー]メニューから作成する

[レイヤー]メニューの[新しいレイヤーグループ]をクリックします。

◆ [レイヤー]ダイアログから作成する

[レイヤー]ダイアログの[新しいレイヤーグループを作成し画像に加えます]をクリックします。

◆ レイヤーグループが作成された

[レイヤー]ダイアログに[レイヤーグループ]が作成されました。このレイヤーグループの名前は[レイヤー名]と同様に変更することができます（230ページ参照）。

レイヤーグループにレイヤーを追加

作成したレイヤーグループにレイヤーを追加するには、[レイヤー]ダイアログ上でレイヤーをドラッグし、作成したレイヤーグループの上に重ねます。またグループから削除するときは、ドラッグしてレイヤーグループ以外の位置に並べ替えます。

1 レイヤーグループに追加するレイヤーを選択する

[レイヤー]ダイアログでレイヤーグループに追加したいレイヤーをレイヤーグループの上までドラッグします。

2 レイヤーグループにレイヤーが追加できた

レイヤーグループにレイヤーが追加されました。レイヤーグループのサムネイルはグループ内のレイヤーのサムネイルに切り替わります。

///// **Point** /////////////////////////////

レイヤーグループは階層を持てる

レイヤーグループを選択した状態で[新しいレイヤーグループを作成し画像に加えます]を実行すると、レイヤーグループ内にさらにレイヤーグループを追加することができます。

04 フローティングレイヤーを扱うには

選択範囲をコピーして別のファイルやレイヤーに貼り付ける際に、中間状態として「フローティングレイヤー」が作成されます。フローティングレイヤーは通常のレイヤーに変換して使います。

フローティングレイヤーの作成

コピーした選択範囲内の画像を貼り付けると、フローティング選択範囲として[レイヤー]ダイアログに表示されます。このレイヤーは一時的なレイヤーで、選択範囲をクリックすると消えてしまいます。

1 選択範囲をコピーする

フローティングレイヤーとして追加したい画像をコピーします。

[編集]メニューの[コピー]をクリックします。

2 レイヤーとして貼り付ける

別ファイルで[編集]メニューの[貼り付け]をクリックします。

レイヤーグループには貼り付けられないので、ほかのレイヤーを選択しておきます。

[フローティング選択範囲(貼り付けられたレイヤー)]が追加されました。

3 フローティングレイヤーが追加された

画像ウィンドウには手順2で貼り付けた画像が表示されます。

通常のレイヤーへの変換

フローティングレイヤーをほかのレイヤーと同じように利用するためには、通常のレイヤーに変換する必要があります。フローティングレイヤーの変換をするには、[レイヤー]メニューの[新しいレイヤーの生成]をクリックする方法と[レイヤー]ダイアログの[新しいレイヤーを画像に追加します]をクリックする方法があります。

◆ [レイヤー]メニューから変換する

フローティングレイヤーを作成している状態で、[レイヤー]メニューの[新しいレイヤーの生成]をクリックします。

◆ [レイヤー]ダイアログの[新しいレイヤーを画像に追加します]から変換する

[レイヤー]ダイアログの[新しいレイヤーを画像に追加します]をクリックします。

◆ フローティングレイヤーが通常のレイヤーに変換された

[貼り付けられたレイヤー]にレイヤー名が変わり、通常のレイヤーと同様に編集できるようになりました。

/////// Point ///////////////////////////////

**フローティングレイヤーがある状態では
ほかのレイヤーを編集できない**

フローティングレイヤーは一時的なレイヤーですが、フィルターや補正をかけることができます。しかし、選択範囲を解除して削除するか通常のレイヤーに変換しないと、ほかのレイヤーの作業はできません。

05 レイヤー内の不要な部分を隠すには

レイヤーマスクは、不要な部分を[消しゴム]などで削除するのとは異なり、一時的に隠す機能です。
マスクの範囲を編集して微妙な調節が可能です。

レイヤーマスクの概念

レイヤーマスクは白と黒のグレースケールで編集し、レイヤーマスクの黒い部分が透明、白い部分が不透明で表示され、中間色で塗られた部分は半透明で表示されます。

◆ レイヤーマスクとは

【レイヤー】
周囲を青く塗ったウィルバーくんのイラストが描かれたレイヤーです。

【レイヤーマスク】
イラストの背景に当たる部分を黒でマスクしてあるレイヤーマスクです。グレースケールでマスクしている部分はその色の濃さに合わせて不透明度が変更されます。

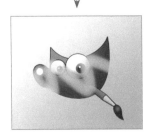

【表示される画像】
イラストの周囲がマスクされ、隠れていた背景レイヤーが見えるようになりました。またグレースケールでマスクしていた部分は色が半透明になりました。

/// Point ///////////////////////////////////////

元の画像を改変せずに編集できる
レイヤーマスクは[消しゴム]などで背景色に塗りつぶす方法と異なり、元の画像が編集されることはありません。そのためやり直しが簡単にできる利点があります。[消しゴム]に比べて難しそうに見えますが、使い方を覚えれば作業の効率が上がります。

レイヤーマスクの作成

選択中のレイヤーにレイヤーマスクを追加するには、[レイヤー]メニューから[レイヤーマスクを追加]ダイアログボックスを表示します。レイヤーマスクは、選択範囲やチャンネルからなど、さまざまな方法で作成できます。

① [レイヤーマスクの追加]コマンドを選択する

❶レイヤーマスクを追加したいレイヤーを選択し、[レイヤー]メニューの[レイヤーマスク]-[レイヤーマスクの追加]をクリックします。

[レイヤーマスクを追加]ダイアログボックスが表示されました。

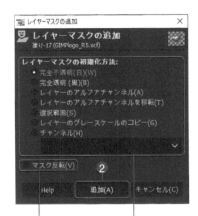

【マスク反転】
チェックマークを付けるとレイヤーマスクの透明と不透明が反転します。

❷[レイヤーマスクの初期化方法]と[マスクの反転]の有無を選択し、[追加]をクリックします。

【レイヤーマスクの初期化方法】
レイヤーマスク作成時の初期状態を選択できます。

② レイヤーマスクが追加される

レイヤーマスクが追加されました。

レイヤーマスクの初期化方法

[レイヤーマスクを追加] ダイアログボックスの [レイヤーマスクの初期化方法] で設定した属性のレイヤーマスクが選択したレイヤーに追加されます。各設定の詳細は以下の通りです。

◆ 完全不透明（白）

白く塗りつぶされたレイヤーマスクが追加され、レイヤーは不透明になります。

◆ 完全透明（黒）

黒く塗りつぶされたレイヤーマスクが追加され、レイヤーは透明になります。

◆ レイヤーのアルファチャンネル

レイヤーに保存されたアルファチャンネルからレイヤーマスクが作成されます。

◆ レイヤーのアルファチャンネルを移転

レイヤーに保存されたアルファチャンネルの透過情報が、そのままレイヤーマスクに移動し、レイヤーからは削除されます。

◆ 選択範囲

現在の選択範囲を元にレイヤーマスクが作成されます。選択範囲内が不透明、選択範囲外が透明になります。ここではテキストを選択してレイヤーマスクを作成しています。

◆ レイヤーのグレースケールのコピー

レイヤーの画像がグレースケールになって、そのままレイヤーマスクにコピーされます。

◆ チャンネル

チャンネルマスクからレイヤーマスクを作成します。ここでは目の部分にチャンネルマスクをあらかじめ作成しています。

Next Page

［レイヤーマスクの編集］コマンド

レイヤーマスクを編集可能にするには、［レイヤー］メニューから［レイヤーマスクの編集］を選択する方法と［レイヤー］ダイアログでレイヤーマスクのサムネイルをクリックする方法があります。選択後は［ブラシで描画］などで編集できます。

1 ［レイヤーマスクの編集］コマンドを選択する

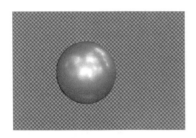

［レイヤー］メニューの［レイヤーマスク］-［レイヤーマスクの編集］をクリックしてチェックマークを付けます。

レイヤーマスクのサムネイルが白い枠で囲まれて、編集できるようになりました。

2 レイヤーマスクを編集する

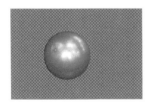

［ブラシで描画］などを使ってレイヤーの非表示にしたい部分を黒で塗りつぶします。

3 レイヤーの編集が反映された

黒で塗りつぶした部分が非表示になりました。

レイヤーマスクの編集を終了するときは、［レイヤー］メニューの［レイヤーマスク］-［レイヤーマスクの編集］をクリックしてチェックマークを外します。

［レイヤーマスクの適用］コマンド

［レイヤーマスクの適用］を実行すると、レイヤーマスクがレイヤーに統合されます。レイヤーマスクは削除されますが、アルファチャンネルとして［チャンネルダイアログ］に追加されます。

1 ［レイヤーマスクの適用］コマンドを選択する

［レイヤー］メニューの［レイヤーマスク］-［レイヤーマスクの適用］をクリックします。

2 レイヤーマスクが適用された

レイヤーマスクが適用され、レイヤーマスクと元のレイヤーが1つのレイヤーに統合されました。

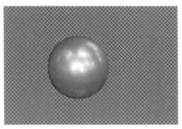

非表示になった部分の画像の情報は失われます。

////// Point //

一度適用すると再度編集できない

レイヤーマスクは何度でも編集可能ですが、［レイヤーマスクの適用］を実行してレイヤーと統合してしまうと、マスクした部分は完全に削除されてしまいます。

［レイヤーマスクの削除］コマンド

［レイヤーマスクの削除］コマンドを実行すると、レイヤーマスクが削除されます。［レイヤーマスクの適用］と違い、効果は適用されず元のレイヤーの情報はそのまま保持されます。

1 ［レイヤーマスクの削除］コマンドを選択する

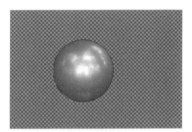

［レイヤー］メニューの［レイヤーマスク］-［レイヤーマスクの削除］をクリックします。

2 レイヤーマスクが削除された

レイヤーマスクが削除され、レイヤーマスクによって隠されていた部分が表示されました。

//// Point //

白と黒以外の色もマスクに使える

レイヤーマスクはグレースケールで表現されますが、描画の際はグレースケール以外の色を使用することも可能です。ただし、明度しか反映されないので、［レイヤー］メニューの［レイヤーマスクの表示］を選択しても、グレースケールのレイヤーマスクが表示されます。

［レイヤーマスクの表示］コマンド

［レイヤーマスクの表示］コマンドを実行すると、通常レイヤーの画像ではなく、レイヤーマスクが表示されるので、マスクを見ながら細かい編集を加えることができます。

1 ［レイヤーマスクの表示］コマンドを選択する

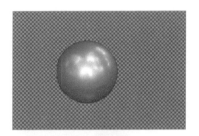

［レイヤー］メニューの［レイヤーマスク］-［レイヤーマスクの表示］をクリックしてチェックマークを付けます。

2 レイヤーマスクのみが表示された

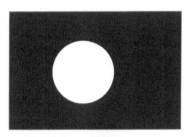

レイヤーマスクのみが表示され、透明度の状態がグレースケールで表示されます。レイヤーマスクのサムネイルは緑の枠で囲まれます。

//// Point //

［レイヤーマスクの表示］コマンドからの戻し方

レイヤーマスクが表示されている状態から、元の表示に戻すには、［レイヤー］メニューの［レイヤーマスク］-［レイヤーマスクの表示］をクリックしてチェックマークを外します。

Next Page

［レイヤーマスクの無効化］コマンド

［レイヤーマスクの無効化］コマンドを選択すると、レイヤーマスクの効果が一時的に反映されなくなります。マスク前と後を見比べたいときなどに便利です。無効化されたレイヤーマスクは、［レイヤー］ダイアログに赤い枠線で表示されます。

① ［レイヤーマスクの無効化］コマンドを選択する

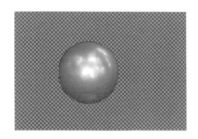

［レイヤー］メニューの［レイヤーマスク］-［レイヤーマスクの無効化］をクリックしてチェックマークを付けます。

② レイヤーマスクが無効化された

レイヤーマスクが無効化され、非表示になっていた部分が表示されました。非表示になったレイヤーマスクのサムネイルは赤い枠線で囲まれます。

再度レイヤーマスクを有効にするときは、同様の操作をしてチェックマークを外します。

［マスクを選択範囲に］コマンド

［マスクを選択範囲に］コマンドを選択すると、選択レイヤーのレイヤーマスクの白い部分を選択範囲に変換します。グレーの部分はぼかしの入った選択範囲になります。

① ［マスクを選択範囲に］コマンドを選択する

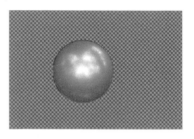

［レイヤー］メニューの［レイヤーマスク］-［マスクを選択範囲に］をクリックします。

② レイヤーマスクから選択範囲が作成された

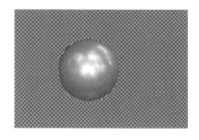

レイヤーマスクで表示されていた部分をなぞるように選択範囲が作成されました。

/////// Point ///

現在の選択範囲に加えることもできる

［マスクを選択範囲に］では、実行したときにほかに選択範囲があると解除されてしまいますが、［レイヤー］メニューの［レイヤーマスク］-［選択範囲に加える］を選択すると、元の選択範囲にレイヤーマスクからの選択範囲が追加されます。

リファレンス

6

画像の加工テクニック

リファレンス

6-01 画像をレタッチするには ……………… P248

6-02 画像にさまざまな効果を追加するには… P254

6-03 ［フィルター］の効果一覧 ……………… P255

6-04 画像からアニメーションを作成するには… P278

6-05 画像を移動・切り抜きするには ……… P280

6-06 画像を思い通りに変形するには ……… P282

画像をレタッチするには

GIMPには、デジタルカメラなどで撮影した画像を修正したり加工したりするための機能がいくつも用意されています。ゴミを取り除いたり、明るすぎたり暗すぎたりした画像を簡単に補正したりできます。

［スタンプで描画］

画像内の指定した領域を転写しながらブラシで描画するツールです。アイテムを増やしたり、映り込んでしまった不要物を消したりできます。

◆ ［スタンプで描画］の［ツールオプション］の設定項目

［ツールボックス］の［スタンプで描画］をクリックします。

【ハードエッジ】
チェックマークを付けるとブラシのぼかし具合を無視して描画します。

【スタンプソース】
参照元やパターンを指定します。

［画像］
Ctrl（⌘）キーを押しながらクリックして、参照元を指定します。［見えている色で］をクリックしてチェックマークを付けると、レイヤーが複数あっても見た目通りに転写されます。

［パターン］
選択されているパターンで描画します。

【位置合わせ】
［なし］［揃える］［登録されたもの］［固定］から選択します。

ショートカットキー　**［スタンプで描画］**

C

///// P o i n t ////////////////////////////////

位置合わせの設定項目

［位置合わせ］では以下のように位置を設定できます。
［なし］：設定した転写位置で参照元を転写します。転写位置を変えても、参照元は変わりません。
［揃える］：転写位置を変えると、参照元もその変更に合わせて移動します。
［登録されたもの］：異なるレイヤーや別のウィンドウの画像に参照元を転写したいときに使用します。
［固定］：参照元が固定されます。転写位置を移動しても、同じ画像を転写し続けます。

◆ ［スタンプで描画］

❶ ［ツールボックス］の［スタンプで描画］をクリックします。

❷ ［ツールオプション］の［スタンプソース］を［画像］、❸ ［位置合わせ］を［なし］に設定します。

❹ 転写したい部分の始点を、Ctrl（⌘）キーを押しながらクリックします。

❺ 転写したい位置をドラッグします。

❻ 同じ積み木が新しく描画できました。

［修復ブラシ］

［スタンプで描画］に似ていますが、そのまま参照元をペーストするのではなく、周辺領域のピクセル情報を取り込んで、周囲となじませて自然な修復を行います。傷や不要物の削除など、［スタンプで描画］で不自然になる場合は、こちらを使います。

◆ ［修復ブラシ］の［ツールオプション］の設定項目

［ツールボックス］の［修復ブラシ］をクリックします。

【ハードエッジ】
ブラシの端のぼかし具合を無視して描画します。ブラシの大きさ内で修復されます。

【見えている色で】
表示しているレイヤーの情報のみで修復します。非表示のレイヤーの情報は適用されません。

【位置合わせ】
［なし］［揃える］［登録されたもの］［固定］から選択します。

◆ ［修復ブラシ］

❶［ツールボックス］の［修復ブラシ］をクリックします。

❷［ツールオプション］の［ハードエッジ］や［見えている色で］にチェックマークが付いていないことを確認します。

ここでは背景のバッグを削除します。

❸ [Ctrl]（[⌘]）キーを押しながらなにもない芝生をクリックします。

❹芝生がスタンプソースに設定されました。

❺消したい領域をドラッグします。

❻スタンプソースにしていた芝生が描画され、バッグのあった位置は周囲と溶け込み、修復できました。

ショートカットキー　［修復ブラシ］

[H]

/// Point ///

［スタンプで描画］と［修復ブラシ］の違い

［スタンプで描画］と［修復ブラシ］は似た効果を持つツールですが、修正する画像によって使い分けましょう。［スタンプで描画］では、周囲のピクセルとなじむことなく、ハンコのように描画するので、アイテムなどの複製に向いています。［修復ブラシ］は周囲のピクセル情報をなじませて描画するので、画像のゴミの除去や肌の調整など、自然な仕上がりが必要な画像に向いていて、まったく同じ状態を複製することには不向きです。

Next Page

[遠近スタンプで描画]

画像に合わせてパースを付けて、遠くになるほど「ぼけ」や「歪み」が強くなる修正ができます。パースの設定は［パース（遠近感）の設定］のハンドルで行います。

1 ［遠近スタンプで描画］を選択する

❶［ツールボックス］の［遠近スタンプで描画］をクリックします。

【パース（遠近感）の設定】
パース（遠近感）の設定を行います。画面上をクリックすると、パース設定用のハンドルが四隅に表示されるので、ハンドルをドラッグしてパースを設定します。

【遠近スタンプで描画】
パース（遠近感）の設定が終わってからクリックします。
［Ctrl］（［⌘］）キーを押しながら参照元をクリックすると、パースの付いた画像を複製できます。

❷［ツールオプション］の［パース（遠近感）の設定］が選択されていることを確認します。

2 パースを設定する

ここでは、遠近感を加えながら自然に道幅を広くします。

画像ウィンドウをクリックしてパース設定用のハンドルを表示します。❶画像の道路に合わせて、左上のハンドルをドラッグします。

❷右上のハンドルも同様にドラッグしてパースを合わせます。

3 ［遠近スタンプで描画］に切り替える

❶［ツールオプション］の［遠近スタンプで描画］をクリックして選択します。

4 参照元を指定する

❶［Ctrl］（［⌘］）キーを押しながら、参照元をクリックして指定します。

❷転写したい領域にマウスポインターをドラッグします。

5 遠近感のある修正ができた

修正前（上）と修正後（下）です。参照元が遠近感を持って転写され、自然に加工できました。

6-01

画像をレタッチするには

［ぼかし / シャープ］

特定の範囲をぼかしたり、シャープにしたりすることができる
ツールです。画面全体に効果を付けたい場合は、ぼかしフィル
ターやアンシャープマスクなどを使用します。

◆ ［ぼかし / シャープ］の［ツールオプション］の 設定項目

［ツールボックス］の［ぼか
し/シャープ］をクリックし
ます。

【色混ぜの種類】

[Blur]（ぼかし）
ドラッグした部分をぼかし
ます。

[Sharpen]（シャープ）
ドラッグした部分のコント
ラストを増加します。

【割合】
ぼかしやシャープの効果の
強弱を調節します。

◆ 写真の一部をぼかす

［色混ぜの種類］の［ぼか
し］をクリックして選択し、
ぼかしたい部分をドラッグ
します。

ドラッグした部分にぼかし
がかかりました。

ショートカットキー ［ぼかし / シャープ］

Shift + U

◆ 写真の輪郭をシャープにする

［色混ぜの種類］の［シャー
プ］をクリックして選択し、
コントラストを際立たせた
い部分をドラッグします。

ドラッグした部分のコント
ラストが上がり、シャープ
になりました。

///// Point ///

ピンぼけ写真を直せるわけではない

［シャープ］は、ピンぼけ写真をシャープで美しい写真に変
える魔法のツールではありません。画像の明るい箇所と暗
い箇所の境界や、色調が変化する箇所のコントラストを高
めにして、境界線を際立たせ、シャープな感じを出してい
るだけです。下の画像のように思ったような効果が現れな
いこともあるので、効果を確かめながら使用しましょう。

［ぼけすぎている画像］

［ピンぼけ写真にシャープをかけてみた画像］

Next
Page

［にじみ］

まるで水彩画のように、濡れている絵の具を指で引き延ばしたような効果をかけるツールです。水彩画のような効果を出したいときに使用します。

---

1 ［ツールボックス］から［にじみ］を選択する

❶ ［ツールボックス］の［にじみ］をクリックします。

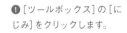

❷ ［ツールオプション］の［割合］でにじませ具合を調整します。

2 写真に［にじみ］の効果を適用する

❶ 人物の周りの背景をドラッグします。

❷ 背景の画像が水彩画をにじませたように混ざり合いました。チャンネルマスクを使って、人物にマスクをかけて行うと、より自然なかたちでにじみ効果をかけることができます。

ショートカットキー ［にじみ］

S

［暗室］

画像のドラッグした部分を明るくする［覆い焼き］や、逆に暗くする［焼き込み］の効果をかけることができます。黒くつぶれ気味の部分を明るめにしたり、白く飛び気味の部分を適正な明るさに調整したりしたい場合に使用します。もちろん、完全に白や黒になっている部分には効果はありません。アイコンの虫眼鏡のようなデザインは、暗室作業で使う覆い焼きツールの形をモチーフにしています。

◆ ［暗室］の［ツールオプション］の設定項目

［ツールボックス］の［暗室］をクリックします。

【種類】

［覆い焼き］
ドラッグした部分の露光を減らす効果で明るくします。

［焼き込み］
ドラッグした部分の露光を増やす効果で暗くします。

【範囲】

［シャドウ］
ドラッグした箇所の最も暗い部分に効果を与えます。

［中間調］
ドラッグした箇所の中間調部分に効果を与えます。

［ハイライト］
ドラッグした箇所の最も明るい部分に効果を与えます。

【露出】
効果の強弱を調節します。写真現像の露出のように使います。

ショートカットキー ［暗室］

Shift + D

/////// Point ///

種類の切り替えと直線選択のショートカット

［覆い焼き］を選択しているとき、Ctrl（⌘）キーを押している間は［焼き込み］に切り替わります。また、クリックして、Shift キーを押し続けると、クリック地点から直線で［覆い焼き］や［焼き込み］の効果を付けることができます。

◆ [暗室]の適用

① [ツールボックス]の[暗室]をクリックします。

ここでは、顔の中間調部分を明るくします。

② [ツールオプション]の[種類]を[覆い焼き]に、③ [範囲]を[中間調]にクリックして設定し、④ [露出]を「50.0」に設定します。

⑤ 画像の暗くなっている顔の部分を円形にドラッグします。

⑥ 覆い焼きの効果により、顔の部分が明るくなりました。

◆ [暗室]の効果

【覆い焼き＋シャドウ】
暗い（シャドウ）部分が覆い焼きの効果で明るくなります。

【覆い焼き＋中間調】
中間調部分が覆い焼きの効果で明るくなります。

【覆い焼き＋ハイライト】
明るい（ハイライト）部分が覆い焼きの効果で明るくなります。

【焼き込み＋シャドウ】
暗い（シャドウ）部分が焼き込みの効果でさらに暗くなります。

【焼き込み＋中間調】
中間調部分が焼き込みの効果でさらに暗くなります。

【焼き込み＋ハイライト】
明るい（ハイライト）部分が焼き込みの効果でさらに暗くなります。

画像にさまざまな効果を追加するには

GIMPには、[モザイク処理]や[ガウスぼかし][シャープ（アンシャープマスク）][エンボス][ずらし]など、画像を加工するための多彩なフィルターが用意されています。

フィルターの概要

GIMPのフィルターは16のカテゴリーに分類されています。カテゴリーはさらにサブメニューが用意されており、そこからフィルター効果を選択します。

◆ ［フィルター］メニュー

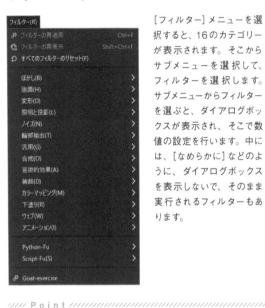

［フィルター］メニューを選択すると、16のカテゴリーが表示されます。そこからサブメニューを選択して、フィルターを選択します。サブメニューからフィルターを選ぶと、ダイアログボックスが表示され、そこで数値の設定を行います。中には、［なめらかに］などのように、ダイアログボックスを表示しないで、そのまま実行されるフィルターもあります。

///// Point /////

使用条件の決まっているフィルターもある

カラーモードによってフィルターを適用できないものがあります。その場合、フィルター名がグレー表示になります。例えば［ステンシルクローム］や［ステンシル彫刻］のように、グレースケールの画像にしか適用できないフィルターもあります。カラーモードの確認や変更は、［画像］メニューの［モード］で行います。

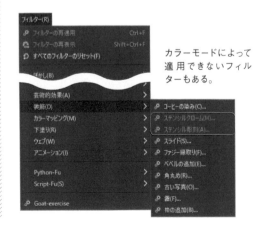

カラーモードによって適用できないフィルターもある。

フィルターを適用する

まずはフィルターを使ってみましょう。ここでは、［ガウスぼかし］フィルターを画像に適用する例を紹介します。

1 ［ガウスぼかし］ダイアログボックスを表示する

［フィルター］メニューの［ぼかし］-［ガウスぼかし］をクリックして、［ガウスぼかし］ダイアログボックスを表示します。

［ガウスぼかし］は最もよく使われるぼかしです。広範囲なぼかしをかけます。

2 ぼかしの半径と強さを設定する

【ぼかし半径】
ぼかしの半径の数値を設定します。鎖のアイコンをクリックして外すと縦横比が変更できます。

【プレビュー】
チェックマークを付けると、フィルターを適用した状態で画像が表示され、フィルターのかかりぐあいなどを確認できます。

［ガウスぼかし］ダイアログボックスで図のように設定し、［OK］ボタンをクリックします。

3 画像をぼかすことができた

［ガウスぼかし］フィルターが適用され、画像全体にぼかしが加えられました。

［フィルター］の効果一覧

ここではフィルターを使った効果の例を紹介していきます。それぞれの効果を知って使いこなしてみましょう。

［ぼかし］

画像の選択範囲や全体にぼかしをかけます。効果はさまざまなので、用途に合わせて使い分けましょう。

◆ Mean Curvature Blur

元画像

適用後

平均曲率アルゴリズムを使ったぼかしです。エッジを保持しながら画像のノイズを除去できます。

◆ メディアンぼかし

元画像

適用後

周辺ピクセルの中央値を使ってぼかします。

◆ モザイク処理

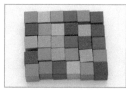

元画像

適用後

画像を指定したピクセルサイズにしてぼかします。文字列など、部分的に見せたくないときに活躍します。

◆ 選択的ガウスぼかし

元画像

適用後

画素間の差を表す最大デルタ値（Max. delta）の設定を下回る範囲にぼかしがかかります。JPEGで発生した荒れなどの修正にも有効です。

◆ 円形モーションぼかし

元画像

適用後

中心と角度を設定し、回転して見えるようにぼかします。

Next
Page

◆ 線形モーションぼかし

元画像

適用後

長さと方向を設定し、直線で
動いたようにぼかします。

◆ 放射形モーションぼかし

元画像

適用後

中心と効果の強さを設定し、
放射状にぼかします。

◆ タイル化可能ぼかし

元画像

適用後

タイル状の背景など、継ぎ目
なしで画像を並べられるよう
に、画像の4辺を反対側の
情報も入れてぼかします。

［強調］

ゴミ粒子やノイズ、ビデオ画像のインターレースの問題など、
不明瞭な画質の欠陥に対処できます。

◆ なめらかに

元画像

適用後

エッジ推定アルゴリズムを用
いて境界を柔らかいコントラ
ストにします。ダイアログボッ
クスは表示されません。

◆ インターレース除去

元画像

8回適用後

ビデオ画像をキャプチャした
ときに入る縞状のインター
レースラインを除去します。

◆ ハイパス

元画像

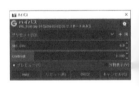

適用後

画像から輪郭を抽出し、それ
以外の部分は色やディテール
を消します。元の画像と［ソ
フトライト］または［ハードラ
イト］モードで重ねて画像を
シャープにするのに使います。

6-03

［フィルター］の効果一覧

◆ ノイズ軽減

元画像

適用後

効果の強さを設定し、画像の
ノイズを軽減します。

◆ シャープ（アンシャープマスク）

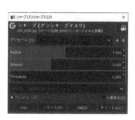

元画像

適用後

画像の輪郭を強調して、全体
をシャープな印象に調整しま
す。

◆ 赤目除去

元画像

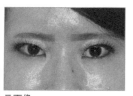

適用後

フラッシュの光が網膜に赤く
映ってしまう「赤目」を除去し
ます。

◆ Wavelet-decompose

元画像

適用後（Scale 5の画像）

画像から輪郭を抽出し、スケー
ルごとに分割して別レイヤーに
出力します。設定したスケー
ル数だけレイヤーが作成され、
自動的にレイヤーグループにま
とめられます。

◆ シンメトリックニアレストネイバー

元画像

適用後

輪郭を残す形で画像をぼかし
ます。

◆ ストライプ除去

元画像

適用後

縦ストライプのない写真に実
行すると、昔のカラーコピー
や劣化した古い写真を再現で
きます。

Next
Page

◆ ノイズ除去

元画像

適用後

画面上のノイズやモアレをぼ
かして除去します。

◆ 非線形フィルター

元画像

適用後

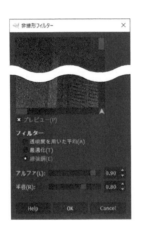

3種類の動作が1つになったフィルターで［透明度を用いた平
均］と［最適化］はノイズ除去に、［縁強調］は画像の輪郭を強く
見せる効果があります。

［変形］

さまざまな方法で元の画像に変形を加え、ユニークな効果を
画像に適用します。

◆ レンズ効果

元画像

適用後

凸レンズを通して見たような
効果を与えます。

◆ エンボス

元画像

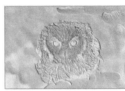

適用後

レリーフのような押し出し
効果を与えます。［Emboss
(legacy)］でも同様の効果が
得られます。

◆ 彫金

元画像

適用後

彫金は、金属を彫ったような
効果を適用します。

◆ Lens Distortion（レンズ補正）

元画像

適用後

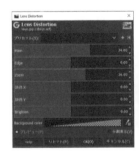

広角レンズなどで撮影したと
きに発生する画像の歪みを補
正します。

◆ 万華鏡

元画像

適用後

万華鏡で見えるような画像に
変換します。設定値を変更す
ることで画像がさまざまに変
化します。

◆ モザイク

元画像

適用後

画像を不揃いなタイルのモザ
イク画のような画像に変換し
ます。

◆ Newsprint

元画像

適用後

新聞紙のような大きめの網点
で、ざらざらとしたハーフトー
ン効果を与えます。[Color
Model]でカラーを選ぶこと
もできます。

◆ 極座標

元画像

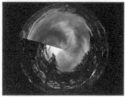

適用後

座標軸と直交座標で変換し、
円柱の内側に貼り込んだよ
うな画像を作成します。[To
polar]のチェックマークを外
すと矩形になります。

◆ 波紋

元画像

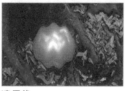

適用後

水面の波紋のような効果をピ
クセルをずらして表現します。

◆ ずらし

元画像

適用後

ピクセルを水平、垂直にずら
し、スローシャッターのよう
な効果を適用します。

Next
Page

◆ 球面化

元画像

適用後

画像を球面に貼り付けたような効果が適用されます。

◆ 波

元画像

適用後

水面に石を投じたときのような波の効果を適用します。

◆ 明度伝搬

元画像

適用後

特定の色を隣接するピクセルに広げます。ここでは白（White）を広げています。

◆ 渦巻きと吸い込み

元画像

適用後

渦巻きと、吸い込まれる効果を画像に適用します。[Whirl]は回転する角度、[Pinch]は強さ、[Radius]は適用範囲を設定します。

◆ ビデオ

元画像

適用後

ビデオキャプチャのような不鮮明な画像を生成します。

◆ 風

元画像

適用後

強い風に吹かれたような効果を、輪郭から白い線を描いて表現します。

6-03

［フィルター］の効果一覧

◆ カーブに沿って曲げる

元画像

適用後

上下2つの曲線に沿って画像を歪めます。曲線はパスのように曲線上のポイントをドラッグして調整します。

◆ ページめくり

元画像

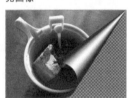

適用後

画像の一角に、ページがめくれたような効果を適用します。

[照明と投影]

さまざまな光源を使い画像の明暗を表現したり、遠近法などを利用した投影法を実現したりします。

◆ 超新星

元画像

適用後

光り輝く新星（光源）を描きます。中心位置はドラッグで調整します。

◆ Lens Flare（レンズフレア）

元画像

適用後

フレア効果の中心を指定して、太陽光がレンズに反射したような画像を作ります。

◆ きらめき

元画像

適用後

画面上の明るい部分や縁取りなどを指定して、きらきらした効果を適用します。

◆ グラデーションフレア

元画像

適用後

レンズフレアに後光や放射光が付いたような画像を作ります。［設定］タブで中心座標やパラメーターを、［選択］タブでプリセットリストからパターンを設定します。

Next Page

◆ ライト効果

元画像

適用後

スポットライトを当てたような画像を作ります。光源の位置はドラッグで指定します。[物質]タブで光沢などの反射光を、[バンプマップ]タブで部分的な盛り上がりなどを、[環境マップ]タブで映り込む環境画像を指定できます。

◆ ドロップシャドウ

元画像

適用後

レイヤーの不透明部分にドロップシャドウを作ります。[Drop Shadow (legacy)]でもほぼ同様のことができます。

◆ ロングシャドウ

元画像

適用後

レイヤーの不透明部分に長く伸びる影を作ります。

◆ ビネット

元画像

適用後

画像の周りの部分を暗くするビネット効果を適用します。

◆ Xach効果

元画像

適用後

選択範囲やレイヤーの不透明部分に、半透明で立体的な効果を作成します。タイトルの挿入などに便利です。

◆ 遠近法

元画像

適用後

画像全体や画像の指定範囲に対する影を作ります。影の傾き具合や色、透明度を変更できます。

［ノイズ］

さまざまな方法でノイズを加えて、日常の風景をひと味違った
画像に変換することで、表現の幅を広げることができます。

◆ CIE lch Noise

元画像

適用後

LChの値それぞれについて、
別の値を設定してノイズを与
えます。

◆ HSV Noise

元画像

適用後

HSVの数値それぞれについ
て、別の値を設定してノイズ
を与えます。

◆ 浴びせ

元画像

適用後

不規則な色で置き換えたピク
セルを画像全体に浴びせたよ
うな、ノイズでいっぱいの画
像を作成します。

◆ つまむ

元画像

適用後

ピクセル単位で隣の色と入れ
替えて、ぼんやりとしたにじん
だような効果を適用します。

◆ RGBノイズ

元画像

適用後

RGBカラーチャンネルに、そ
れぞれ別の数値でノイズを与
えます。

◆ ごまかす

元画像

適用後

不規則に選ばれたピクセルに
対して、下方向にずらして溶
解したような効果を与えます。

Next
Page

◆ 拡散

元画像

適用後

無作為に選ばれたほかのピクセルとの間で、値を交換してノイズを作ります。単色では効果を発揮できません。

[輪郭抽出]

色の変わる境界で輪郭を読み取り、そこにいろいろな効果を加えて、一風変わった画像を作ります。

◆ Difference of Gaussians（ガウス差分）

元画像

適用後

ぼかし半径を変えた2種類のガウスぼかしを画像に加え、2つの差分を元に画像を作成します。[Difference of Gaussians (legacy)] でも似たような効果を得られます。

◆ 輪郭

元画像

適用後

暗い背景に輪郭線をアルゴリズムを選んで描きます。

◆ ラプラス

元画像

適用後

細い輪郭線が描き出されます。

◆ ネオン

元画像

適用後

輪郭を抽出してネオン管が光っている効果を作成します。

◆ ソーベル

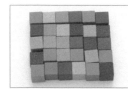
元画像

適用後

水平と垂直の輪郭線を別々に抽出することもできます。

6-03

［フィルター］の効果一覧

◆ 画像の勾配

元画像

適用後

画素の変化の度合いで輪郭を検出して、白から黒で表現します。

[汎用]

フィルターの効果で分類しづらいものを集めています。面白い効果のフィルターが用意されています。なお[GEGLグラフ]は2019年12月現在は動作しません。

◆ コンボリューション行列

元画像

適用後

5×5のコンボリューション行列に数値を指定して、ピクセル配置を変化させて画像を作成します。

◆ Distance Map（距離マップ）

元画像

適用後

それぞれの画素の距離をアルゴリズムに従って計算し、グレースケールに変換します。

◆ Normal Map

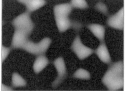

元画像

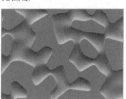

適用後

画像をもとに、3DCGなどで使う法線マップ（Normal Map）に変換します。[Scale]で凹凸の深さを設定します。

◆ 明るさの最小値

元画像

適用後（1回実行）　　　適用後（5回実行）

選択範囲や画像全体で、3×3の画素の領域で、最も明るい部分の画素の明度に合わせて周囲の画素を明るくします。ダイアログボックスは表示されません。

◆ 明るさの最大値

元画像

適用後（1回実行）　　　適用後（5回実行）

選択範囲や画像全体で、3×3の画素の最も暗い部分の画素の明度に合わせて周囲の画素を暗くします。ダイアログボックスは表示されません。

Next Page

［合成］

新たに画像を付け加えて、ユニークな効果が得られるフィルターです。

◆ フィルムストリップ

元画像1

元画像2

複数の画像を上下にパーフォレーションの付いた35ミリフィルムのようなひと続きの画像（コンタクトシート）にまとめて書き出します。仕上がりの高さ、色、インデックスの番号、フォント、フォントの位置などを指定できます。

適用後

◆ 深度統合

元画像（画像源1）

元画像（画像源2）

適用後

2つのマップ画像で深度を変えて合成します。［画像源］で合成に使う元画像を指定、［深度マップ］で元画像を変化させるのに使われるマップ画像を指定します。重なり具合やオフセットで合成の境界線をずらします。

［芸術的効果］

テクスチャーを加えたり、油絵やキュービズムのような絵画的効果を作成します。

◆ キャンバス地

元画像

適用後

キャンバス地に描いたような効果を作成します。

◆ 漫画

元画像

適用後

黒のフェルトペンで描き込みを加えたような、漫画的効果を作成します。［Cartoon (legacy)］でも似たような効果を得られます。

◆ キュービズム

元画像

適用後

ランダムに回転した四角形の寄せ集めのような効果を適用します。

◆ ガラスタイル

元画像

適用後

ガラスタイル越しに風景を見たような効果を適用します。

◆ 油絵化

元画像

適用後

[Mask Radius] を高くすると、より太いブラシを使って描いたような効果を作成します。

◆ 写真コピー

元画像

適用後

コピー機で作成したような、エッジの立ったモノクロ画像に変換します。[Mask Radius]が小さいほど詳細に、[Sharpness] が高いほど鮮明になります。[Photocopy (legacy)] でも似たような効果を得られます。

◆ Simple Linear Iterative Clustering

元画像

適用後

クラスタリング処理によってモザイクやステンドグラスのような画像に変換します。

◆ 柔らかい発光

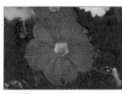

元画像

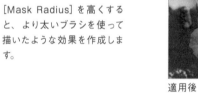

適用後

ハイライト部分をさらに明るくして発光しているような効果を作ります。[Softglow (legacy)] でも似たような効果を得られます。

◆ 水彩

元画像

適用後

水彩絵の具でぺたぺた描画したような画像に変換します。

6-03

[フィルター] の効果一覧

Next Page

◆ GIMPressionist

元画像

適用後

[キュービズム]フィルターや[キャンバス地]フィルターなど、芸術系のフィルターが行っているのと同様のことをタブから選択して実行できます。

◆ ヴァンゴッホ風（LIC）

元画像

適用後

画像に方向性のあるぼかしを適用したり、テクスチャーを追加したりします。ぼかしを付けるときは[元画像と]をクリックします。[積分ステップ]でテクスチャーのかかり具合を調整します。

◆ プレデター

元画像

適用後

赤外線サーモグラフィで見たような画像を作成します。[エッジ量]を大きくすると輪郭線が増えていきます。

◆ 織物

元画像

適用後

織物の生地のような効果をレイヤーに加えます。[帯幅]と[帯間隔]の数値で、格子の密度が変化します。

◆ 覆布化

元画像

適用後

布のテクスチャーをかぶせたような画像を作成します。インデックスカラーでは使用できません。

［装飾］

画像に装飾的な縁取りを生成するもの、特殊効果を加えるものなどが用意されています。

◆ コーヒーの染み

元画像

適用後

画像にコーヒーをこぼしたような染みを作ります。染みの描画は染みの数だけ、ひとつずつ別のレイヤー上に作成します。

◆ ステンシルクローム

元画像

適用後

画像にクロームメッキを施したような効果を与えます。元画像はアルファチャンネルのないグレースケールの画像で生成します。RGBでは生成できません。[環境マップ]で使用する画像もグレースケールの画像を指定します。

◆ ステンシル彫刻

元画像1

元画像2

適用後

彫刻の原稿(元画像1)を素材の画像(元画像2)に彫刻したように加工します。元画像1はアルファチャンネルのないグレースケール画像にします。[彫刻化する画像]のプルダウンメニューで元画像2を指定し、実行します。

◆ スライド

元画像

適用後

上下にパーフォレーションの付いた35ミリフィルムのような画像を作ります。黒枠は1枚レイヤーで画像に作成されます。[数]はコマ数を表します。266ページで説明した[フィルムストリップ]は複数の写真をフィルム状につなげることができますが[スライド]は1枚の写真にのみ適用できます。

◆ ファジー縁取り

元画像

適用後

指定の色でぼかしの入った縁を作成します。縁取りの幅と、ぼかし、影色が設定できます。

◆ ベベルの追加

元画像

適用後

選択した領域に、押し上げたような効果を作ります。[厚さ]は押し上げの幅、[バンプレイヤーを残す]をクリックしてチェックマークを付けるとバンプマップが新しいレイヤーに保存できます。何回か繰り返し適用すると、効果を強められます。

◆ 角丸め

元画像

適用後

画像の角を丸く切り取り、背景レイヤーにドロップシャドウを付け加えます。

Next Page

◆ 古い写真

元画像

適用後

レトロな写真を作成するフィルターです。少しピンぼけになり、色褪せてセピア色の濃淡だけで表現された古い写真のような画像を作成します。

◆ 霧

元画像

適用後

元画像に霧や煙が立ち込めたような雰囲気の画像を、レイヤーで重ねて表現します。

◆ 枠の追加

元画像

適用後

画像に縁取り枠を追加します。枠の分、画像サイズは広がりますが、元画像の大きさは変化しません。

［カラーマッピング］

変形方法を指定する、マップと呼ばれるオブジェクトに基づいて加工します。例えば円柱のマップに沿って3D効果を作成できます。

◆ バンプマップ

元画像

適用後

バンプマップと呼ばれる画像をもとに、元画像に凹凸感を付けます。ここでは元画像をバンプマップとして使用し、輪郭を強調しています。

◆ Displace（ずらしマップ）

元画像

ずらしマップ

適用後

ずらし方を指定する画像（ずらしマップ）をもとに、元画像をずらします。ここではグラデーションのレイヤーを作成してずらしマップとして使用し、[Aux Imput]で指定しています。

◆ フラクタルトレース

元画像

適用後

マンデルブロ集合（フラクタルの一種）のアルゴリズムでフラクタル画像風に加工します。[Fractal Trace (legacy)]も同じような効果です。

◆ 幻

元画像

適用後

元画像の複製を作成することで、万華鏡のように中央を取り囲んで配置した画像を作成します。モード1とモード2では、それぞれ作成される画像が異なります。

◆ リトルプラネット

全天球パノラマ写真からリトルプラネットという画像を作成します。[Pan]や[Spin]で角度を調節し、[Zoom]でサイズを変更することができます。

元画像

適用後

◆ パノラマ投影

全天球パノラマ写真の一部を通常の風景写真のように投影します。プレビュー画像の上をドラッグすることで投影する部分を移動させることができます。

元画像

適用後

◆ 再帰変形

元画像

適用後

画像を繰り返し複製します。ここでは花を別レイヤーにしてフィルターを適用しています。[On-canvas controls]をクリックしてチェックマークを付けると画像上の操作ハンドルで配置などを設定できます。

Next Page

◆ 紙タイル

元画像

適用後

元画像を断片に切り分け、位置や向きをずらして、紙片を貼り詰めたような画像を作成します。

◆ シームレスタイル

元画像

適用後

画像をタイル状に並べたときに、違和感なくつなげられる画像を作成します。

◆ オブジェクトにマップ

元画像

適用後

元画像を円柱や球体、箱の表面に貼り付け、3Dテクスチャーマッピングされたかのような画像を作成します。

◆ ワープ

元画像

ずらしマップ

適用後

[Displace] と同様に、ずらしマップをもとに元画像をずらします。[ステップサイズ]でずらす距離を指定します。ここではグラデーションのレイヤーを作成して、［ずらしマップ］で指定しています。

◆ 並べる

元画像

適用後

元画像を等倍で複製した画像を指定サイズに並べます。

［下塗り］

元画像を加工して新しい画像を追加するか、元画像を消去して新しいパターン画像を作成するフィルターです。[フラクタル][ノイズ] [パターン]の3つのサブメニューにまとめられています。

◆ IFSフラクタル

作成例1（背景：白レイヤー）

作成例2（背景：白レイヤー）

「反復関数系」という樹木に似たフラクタル図形を自動生成します。

◆ フラクタルエクスプローラー

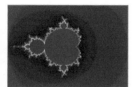

作成例1

作成例2

マンデルブロ集合、ジュリア集合、バーンスレイなど、9種類のフラクタル図形を生成します。[パラメーター]タブで、生成するためのパラメーターの設定やフラクタルの種類を選択します。

◆ 炎

作成例1（背景：黒レイヤー）

作成例2（背景：黒レイヤー）

炎のような効果を生成します。[編集]をクリックすると[炎の詳細]ダイアログボックスが表示されます。乱数の偶然性を楽しむフィルターです。

◆ セルノイズ

作成例（Scale：1.000、Rank：1）

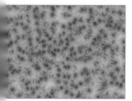

作成例（Scale：0.300、Rank：2）

細胞のような質感のノイズ画像を生成します。

◆ Perlin Noise（パーリンノイズ）

作成例（Scale：1.800、Iterations：3）

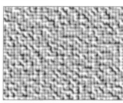

作成例（Scale：1.000、Iterations：5）

パーリンノイズアルゴリズムに基づいてノイズ画像を生成します。

◆ プラズマ

作成例（Turbulence：1.000）

作成例（Turbulence：3.000）

プラズマ風のパターンを、乱数から作成します。

◆ シンプレックスノイズ

作成例（Scale：1.000、Iterations：1）

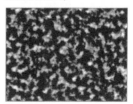

作成例（Scale：0.300、Iterations：5）

シンプレックスノイズアルゴリズムに基づいたノイズ画像を生成します。

Next Page

◆ ソリッドノイズ

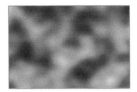

作成例（Detail：1）

作成例（Detail：6）

雲模様を乱数から作成します。生成される雲模様は必ず灰色の濃淡になります。

◆ Difference Clouds（差分ソリッドノイズ）

元画像

適用後

自動的に生成したレイヤーにソリッドノイズの雲を描いてから、元の画像に差の絶対値モードで統合します。ダイアログボックスは表示されません。

◆ Bayer Matrix

作成例1

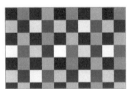

作成例2

カラーフィルタなどの色配置に使われるベイヤーパターンで、白黒の格子を作ります。

◆ 市松模様

作成例1

作成例2

市松模様を生成します。［ツールボックス］の描画色と背景色が模様の色に設定されます。［Checkerboard (legacy)］でも同様のことが行えます。

◆ Diffraction Patterns（回折模様）

作成例1

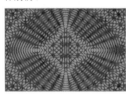

作成例2

波の振動数などを、赤緑青の各チャンネルごとに設定して模様を生成します。

◆ グリッド

元画像

適用後

格子縞を元画像の上に生成します。格子の幅や格子の間隔、最初の交点の位置などを設定できます。［Grid (legacy)］でも同様のことが行えます。

◆ Linear Sinusoid

作成例1

作成例2

正弦曲線（シヌソイド）の波の
ような、規則正しい点の並ぶ
パターンが作れます。

◆ 迷路

作成例1

作成例2

描画色と背景色を設定し、無
作為に迷路図面を作成しま
す。

◆ Sin曲線

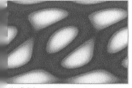

作成例1

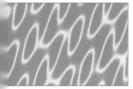

作成例2

2色を指定し、正弦曲線を元
にしたグラデーションパター
ンを作成します。

◆ Spiral

作成例1

作成例2

らせん模様を作成できます。
半径や線の太さや色を設定
できます。

◆ CMLエクスプローラー

作成例1

作成例2

線状のテクスチャーを自動生
成します。色の情報は［色相］
［彩度］［明度］のタブで設定
します。

◆ Qビスト

作成例1

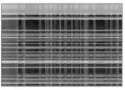

作成例2

グラデーションを使った不規
則な幾何学模様を自動生成
します。ダイアログボックス
に表示された模様をクリック
するたびに、新たな模様が生
成されます。［OK］をクリック
するまで何度でも生成できま
す。

Next
Page

◆ ジグソーパズル

元画像

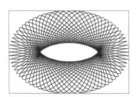

適用後

元画像にジグソーパズル風の
パターンを加えます。

◆ Spyrogimp

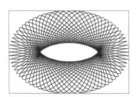

作成例1

作成例2

スピログラフという歯車付き
定規の玩具で描いたようなn
曲線による幾何学模様を生
成します。

◆ シェイプ（Gfig）

元画像

適用後

上段のツールバーからツール
を選び、ダイアログボックス
のプレビュー画面上で画像を
描きます。元画像に新規レイ
ヤーが作成され、その上に描
いた図形が表示されます。

◆ 回路

作成例（油絵化マスクサイズ：
7、回路種：10）

作成例（油絵化マスクサイズ：
50、回路種：400）

電子回路のプリント基盤のよ
うなパターンを生成します。
入力する2つの数値が小さい
と粗いパターン、大きいと細
かいパターンが作成されます。
画像の[モード]がインデック
スカラーのときは使用できま
せん。

◆ 球面デザイナー

作成例（テクスチャー：単色）

作成例（テクスチャー：トカゲ
の革）

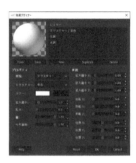

立体的な球体画像を、いろい
ろな質感で生成します。質感
だけでなく、球体も回転して
テクスチャーの見え方を変え
ることができます。

◆ 集中線

元画像

適用後（線数：80）

画像の外から中心に向かっ
て進む集中線を生成します。
[線数]は集中線の本数、[鋭
さ（角度）]は線の鋭さ、[オフ
セット半径]は中央の円の半
径を指定します。色は描画色
で塗られます。

◆ 溶岩

作成例1

作成例2

溶岩のような線をランダムに作成します。[種]や[サイズ][グラデーション]などを変えることで、プラズマの発光や稲妻のような効果を作成できます。

［ウェブ］

Web表示に特化した画像の生成に使えるフィルターが用意されています。

◆ 半統合

元画像

適用後

設定した色の背景の上に画像を配置したときの表示色で半透明の部分を置き換えます。完全に透明または不透明な部分は変わりません。

◆ イメージマップ

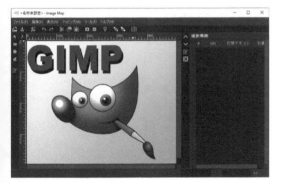

元画像に埋め込む適切なHTMLのタグを書き出します。さらにリンク部分をマウスオーバーなどに反応させるなどの動作も、ダイアログボックスで設定できます。

◆ 画像分割

ガイドが引かれた元画像

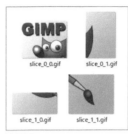

slice_0_0.gif   slice_0_1.gif

slice_1_0.gif   slice_1_1.gif

適用後

ガイドに沿って画像を切り分け、同時にHTMLドキュメントファイルを作成します。

スクリプト

GIMPにはマクロ言語のように記述するスクリプト環境が用意され、スクリプトやプラグインを開発、実行できます。

◆ Python-Fu

Python言語を実行するための入力コンソールです。

◆ Script-Fu

Scheme言語を用いてプラグインを開発することができます。入力記述用のコンソールが用意されています。詳しい内容はGIMPヘルプのWebサイト（https://www.gimp.org/docs/userfaq.html）に記載されています。

画像からアニメーションを作成するには

GIMPには、元画像から簡単にアニメーションを生成できるフィルターがあります。作成したアニメーションは、GIFアニメーションとして保存できます。

アニメーションの作成

[フィルター]メニューの[アニメーション]にあるコマンドを使って、GIFアニメーションを作成します。ここでは[ブレンド]のフィルターを使って、1枚目から2枚目へと切り替わり変化するアニメーションを作成します。

1 [ブレンド]フィルターを適用する

3つのレイヤーのある画像を用意します。動かしたい2枚の画像を[レイヤー1][レイヤー2]として、一番下に[背景]を配置します。

レイヤー1

レイヤー2

背景

ブレンド前のレイヤー

[フィルター]メニューの[アニメーション]-[ブレンド]をクリックします。

2 フレーム数などを指定する

アニメーションの設定をします。[中間生成フレーム]で、アニメーションとして追加するフレーム数を指定します。[ループ化]のチェックマークを付けると、2枚目から1枚目のアニメーションも生成します。

[OK]をクリックします。

3 アニメーションを再生して確認する

ブレンド後のレイヤー

アニメーションが別ファイルとして生成されます。指定通り3フレーム分のレイヤーが追加されました。

[ブレンド]で作成されたレイヤー

[フィルター]メニューの[アニメーション]-[再生]をクリックすると、再生して確認できます。

4 GIFアニメーションとして保存する

162〜163ページを参考に、[Export Image as GIF形式]ダイアログボックスを表示します。[アニメーションとしてエクスポート]をクリックしてチェックマークを付けます。[エクスポート]をクリックします。

GIF画像（GIFアニメーション）として保存されます。ファイルを開くとアニメーションとして再生されます。

［アニメーション］のフィルター

［フィルター］メニューの［アニメーション］には、［ブレンド］のほかにも以下のフィルターが用意されています。

◆ 回転する球体

元画像

元画像を球体にマッピングし、回転するアニメーションを作成します。コマ数、回転方向、透過背景、インデックス化などを指定して作成します。

作成後

◆ 焼き付け

元画像（前景）

元画像（背景）

光の帯が通り過ぎるようなアニメーションを作成します。不透明な背景レイヤーと透過効果付きの前景レイヤーを用意します。

作成後

◆ 波

元画像

水面に波打つようなアニメーションを作成します。強さ、波長とフレーム数を指定して作成します。

作成後

◆ 波紋

元画像

うねりを加えた波紋のアニメーションを作成します。波状強度、フレーム数、縁の処理を指定して作成します。

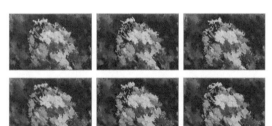

作成後

////// Point //

GIF画像を最適化する

できあがったアニメーション画像に対して［フィルター］メニューの［アニメーション］-［GIF用最適化］を実行すると、共通部分の透明化などデータを軽量化する処理が行われます。［差分最適化］でも同様の最適化ができます。元に戻すには［フィルター］メニューの［アニメーション］-［最適化の解除］をクリックします。

複数のレイヤーを使って、画像の移動や切り抜きをします。特に移動はテキストの配置など作品作りでもよく使う重要な機能なので、使い方に慣れておきましょう。

［移動］

レイヤーや選択ツールで選択した領域、パスのポイントをドラッグして移動するために使います。

1 ［移動］を選択する

［ツールボックス］の［移動］をクリックします。

【移動対象】
左から［レイヤー］［選択範囲］［パス］になります。一度選択した移動対象は、［移動］を終了しても保持されます。

【機能の切り替え】
［つかんだレイヤーまたはガイドを移動］
つかんだレイヤー上でマウスポインターが十字に切り替わり、移動させることができます。ガイドのときは線上にマウスポインターを重ねるとガイドが赤い線に変わります。

［アクティブなレイヤーを移動］
レイヤーダイアログで選択しているアクティブなレイヤーのみ移動の対象になります。透過部分を持つレイヤーを移動させたいときに、間違って別のレイヤーをつかむことがなくなります。

2 画像を移動する

アクティブなレイヤー上の移動したい画像の上にマウスポンンターを合わせ、十字に変わったことを確認しながらドラッグして移動させます。ここでは、左上の文字の部分を移動します。

文字の部分が移動しました。

［整列］

画像とレイヤーサイズが一致したレイヤー画像が複数あるときは［整列］を使って、レイヤー画像を端や中央に揃えたり等間隔に配置したりすることができます。

◆ ［整列］の［ツールオプション］の設定項目

［ツールボックス］の［整列］をクリックします。

【整列】
整列の基準を設定します。［Relative to］で整列の基準となるアイテムを選択し、6つのボタンで整列方法を選択します。整列方法は［左揃え］［中央揃え（水平方向の）］［右揃え］［上揃え］［中央揃え（垂直方向の）］［下揃え］です。

［最初のアイテム］
最初に選択したアイテムを基準に整列します。

［画像］
画像を基準に整列します。

［選択範囲］
選択範囲を基準に整列します。

［アクティブなレイヤー］
選択中のレイヤーを基準にして整列します。

［アクティブなチャンネル］
選択中のチャンネルを基準に整列します。

［アクティブなパス］
選択中のパスを基準に整列します。

【並べる】
水平方向は［オフセットX］、垂直方向は［オフセットY］に入力したピクセル数で間隔を取って整列します。ボタンは左上から［左端を基準に並べる］［中央（水平方向）を基準に並べる］［右端を基準に並べる］［Distribute targets evenly in the horizontal］（水平方向に等間隔に並べる）［上端を基準に並べる］［中央（垂直方向）を基準に並べる］［下端を基準に並べる］［Distribute targets evenly in the vertical］（垂直方向に等間隔に並べる）です。

1 [整列]の基準を設定する

❶[ツールボックス]の[整列]をクリックします。

[整列]の基準を設定します。ここでは画像を基準に整列します。

❷[Relative to]のプルダウンメニューをクリックし、❸[画像]を選択します。

2 複数のレイヤーを整列する

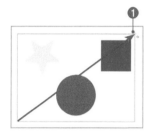

❶複数レイヤー上の3つのレイヤー画像が全部入るようにドラッグして選択します。選択されると各画像の枠の四隅に白い四角が表示されます。

ここでは、左端に整列します。

❷[整列]の[左揃え]をクリックします。

❸すべてのレイヤー画像が左端に移動しました。

[切り抜き]

画像を[矩形選択]のように選択して自由なサイズで切り抜き（トリミング）します。複数のレイヤーでキャンバスサイズが異なるときにこのツールを使うと、すべてのキャンバスサイズを統一して切り抜くことができます。

1 [切り抜き]を選択する

❶[ツールボックス]の[切り抜き]をクリックします。

【現在のレイヤーのみ】
現在アクティブなレイヤーを対象に切り抜きます。

【拡大を許可】
キャンバスからはみ出しても、指定範囲で切り抜きます。はみ出した箇所は透明化処理されます。

【中央から拡げる】
切り抜きの矩形が、最初にクリックした場所を中心に広がります。

【固定】
寸法の一部や縦横比を固定して切り抜くことができます。

【すべての可視レイヤーを対象にする】
クリックして、チェックマークを付けるとすべての可視レイヤーが[選択範囲の自動縮小]の対象となります。

【ハイライト表示】
切り抜き範囲の外側を暗くして、切り抜きの範囲がよく分かるようにします。

❷[ツールオプション]の[ハイライト表示]をクリックしてチェックマークを付けます。

2 画像の一部を切り抜く

❶画像をドラッグして、任意のサイズを選択します。

[Enter]〔[return]〕キーを押します。

切り抜きが確定し、画像が切り抜かれました。

画像を思い通りに変形するには

GIMPでは画像を切り抜くだけでなく、切り抜いた画像を回転したり、拡大・縮小したり、傾けたり、遠近感を付けたり、反転したりすることができます。

変形ツールの主な［ツールオプション］

［回転］［拡大・縮小］［剪断変形］［遠近法］［鏡像反転］［ケージ変形］など、変形系ツールの［ツールオプション］の使い方を紹介します。

【変形対象】
変形対象を、［レイヤー］［選択範囲］［パス］［Image］から選択します。

【ガイド】
ガイドの表示を［表示しない］［センターライン］［三分割法］［五分割法］［黄金分割］［対角線構図］［グリッド線の数を指定］［グリッド間隔を指定］から選択します。

【プレビューを表示】
プレビューの表示／非表示と、その不透明度を設定します。

【方向】
変形の方向を、［正変換］［逆変換］から選択します。

【Interpolation】
変形した部分の色の補間方法を、［補間しない］［線形］［キュービック］［NoHalo］［LoHalo］から選択します。［補間しない］は、最も近い画素の色が使われます。［線形］は、最も近い4つの画素の色の平均値が使われます。［キュービック］は、最も近い、8つの画素の色の平均値が使われます。多くの場合、［キュービック］が有効です。［NoHalo］［LoHalo］は、高品質の補間処理をするときに選択します。

【Clipping】
変換後のサイズを、［自動調整］を合わせて4つの方法から選択します。［変更前のレイヤーサイズ］は、はみ出した画像は削除されます。［結果で切り抜き］は、周辺にできる透明部分が残らないように切り抜かれます。［縦横比で切り抜き］は、［結果で切り抜き］と同じですが、縦横比が維持されます。

［回転］

アクティブなレイヤー、選択範囲、パスを回転させるときに使います。画像や選択範囲をクリックすると、［回転］ダイアログボックスが表示され、回転軸の座標や回転角度を設定できます。

1 ［回転］を選択する

❶［ツールボックス］の［回転］をクリックします。

❷［ツールオプション］の［プレビューを表示］をクリックして、チェックマークを付けます。

2 ［回転］ダイアログボックスを表示する

❶回転させたい画像をクリックします。

［回転］ダイアログボックスが表示されました。［角度］を設定することで画像を回転させることができますが、ここでは画像をドラッグして角度を決定します。

③ 画像を回転する

❶画像にマウスポインター
を合わせて回転したい位
置までドラッグします。

❷画像は原点を中心にして
回転します。

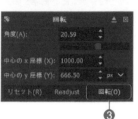

❸［回転］ダイアログボック
スの［回転］をクリックしま
す。

❹

❹画像が回転できました。

ショートカットキー　　［回転］

Shift + R

/// Point ///

Ctrl キーを押しながらドラッグで15度ずつ回転できる

Ctrl キーを押しながらドラッグすると、回転角度を15度
ずつに制限することができます。［ツールオプション］の［15
度ずつ回転］をクリックしてチェックマークを付けておく
と、同様の制限がかかります。

/// Point ///

回転の中心を変更できる

回転の中心は、原点をドラッグして移動できます。微妙な
回転の場合、ドラッグして原点の場所を調整すると、思
い通りの回転の設定ができます。

［拡大・縮小］

アクティブなレイヤー、選択範囲、パスを拡大や縮小させると
きに使います。画像や選択範囲をクリックすると、［拡大・縮小］
ダイアログボックスが表示され、拡大や縮小の幅や高さを設定
できます。

---

① ［ツールボックス］から［拡大・縮小］を選択する

❶

❶［ツールボックス］の［拡
大・縮小］をクリックしま
す。

❷拡大や縮小をさせたい
画像をクリックします。

② 画像を拡大する

［拡大・縮小］ダイアログ
ボックスが表示されまし
た。［幅］と［高さ］を設定す
ることで画像を拡大したり
縮小したりできますが、こ
こでは画像をドラッグして
縮小します。

❶画像の四隅のハンドル
にマウスポインターを合わ
せ、ドラッグして大きさを
変更します。

❷［拡大・縮小］ダイアログ
ボックスの［拡大・縮小］を
クリックします。

❸

❸画像が縮小されました。

ショートカットキー　　［拡大・縮小］

Shift + S

Next
Page

［剪断変形］

画像やレイヤー、パスを平行四辺形に歪めて変形します。対象となる画像やレイヤー、パスをクリックし、画像をドラッグするか［剪断変型］ダイアログボックスの［変形率X］と［変形率Y］を設定して変形できます。

1 ［剪断変形］を選択する

❶［ツールボックス］の［剪断変形］をクリックします。

❷変形したい画像をクリックします。

2 ドラッグして画像を変形する

［剪断変形］ダイアログボックスが表示され、［変形率（X）］と［変形率（Y）］を設定できますが、ここでは画像を直接ドラッグして変形します。

❶画像をドラッグして変形します。

❷［剪断変形］ダイアログボックスの［剪断変形］をクリックします。

3 画像が平行四辺形に変形された

画像を平行四辺形に変形できました。

［遠近法］

画像やレイヤー、パスに遠近感を付けて変形します。画像をクリックし、四隅のハンドルをドラッグして遠近感を調整できます。

1 ［遠近法］を選択する

❶［ツールボックス］の［遠近法］をクリックします。

❷変形したい画像をクリックします。

2 ドラッグして変形する形を選択する

［遠近法］ダイアログボックスが表示されました。ここでは変形情報行列の確認ができます。

ここでは、画像の右上と左上をドラッグして遠近感を出します。

❶左上のハンドルを右へドラッグします。

❷右上のハンドルを左へドラッグし、❸［遠近法］ダイアログボックスの［変形］をクリックします。

3 遠近感のある画像に変形された

画像を遠近感のある形に変形できました。

90-9

画像を思い通りに変形するには

［統合変形］

［移動］［回転］［拡大・縮小］［剪断変形］［遠近法］を組み合わせた変形を行えます。切り抜き（トリミング）にも使えます。

1 ［統合変形］を選択する

❶［ツールボックス］の［統合変形］をクリックします。

❷変形したい画像をクリックします。

2 ドラッグして画像を変形する

画像に変形ハンドルが表示されました。ここでは［遠近法］と［拡大・縮小］を組み合わせた変形を行います。

❶右上のダイヤ型のハンドルをドラッグします。

❷中央下のハンドルをドラッグし、 Enter 〔 return 〕キーを押します。

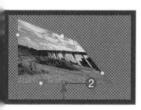

3 複数の種類を組み合わせた変形ができた

［遠近法］と［拡大・縮小］を組み合わせて画像を変形できました。

［ハンドル変形］

任意の位置に1〜4つのハンドルを置き、ハンドルをドラッグで移動することでさまざまな変形ができます。

1 ハンドルを設置する

❶［ツールボックス］の［ハンドル変形］をクリックします。

❷画像の固定したい位置をクリックし、ハンドルを設置します。続けてクリックして、最大4つのハンドルを設置できます。

設置するハンドルの数で変形の種類が変わります。1つなら［移動］、2つなら［回転］と［拡大・縮小］、3つ以上なら［剪断変形］や［遠近法］のような複雑な変形も可能です。ここでは3つのハンドルを設置しました。

2 ハンドルをドラッグして変形する

❶ハンドルの1つをドラッグすると、ハンドルの移動に合わせて画像が変形します。画像が変形したい形になったら、 Enter 〔 return 〕キーを押します。

3 ハンドルの移動に合わせて変形された

画像を変形できました。

ショートカットキー　［統合変形］

Shift ＋ T

ショートカットキー　［ハンドル変形］

Shift ＋ L

Next Page

［鏡像反転］

レイヤーや選択範囲、パスを水平方向や垂直方向に反転させます。選択範囲の反転を選ぶと、フローティング選択範囲になります。裏返しの画像を作ることができます。

■ ［鏡像反転］の［ツールオプション］の設定項目

ここでは、あらかじめ表示している画像を反転します。

❶ ［ツールボックス］の［鏡像反転］をクリックします。

❷ ［ツールオプション］の［変形対象］の［レイヤー］をクリックし、❸ ［方向］の［Horizontal］をクリックし、画像をクリックします。

■ ［鏡像反転］の結果

画像が左右に反転できました。

［ケージ変形］

特定部分をパスツールに似た使い方で指定し、変形させることができます。

■ ［ケージ変形］を選択する

❶ ［ツールボックス］の［ケージ変形］をクリックします。

❷ ［ツールオプション］の［ケージを作成または調整］をクリックします。

［Deform the cage to deform the image］はケージを作成したあとに使用します。［Fill the original position of the cage with a color］をクリックしてチェックマークを付けると、変形後に元々画像があった場所が塗りつぶされ、チェックマークを外すと元の画像がそのまま表示されます。

■ 変形する範囲を選択する

変形したい範囲を、パスツールを使うように、順番にクリックして囲みます。

❶ 画像の変形したい部分をクリックし、❷ 変形したい部分がはみ出ないように2点目をクリックして2つのアンカーポイントを作成します。

2点目をクリックすると、2つのアンカーポイントの間が、パスのような線で結べました。

❸ 同様にアンカーポイントを作成し、最後に最初に作成したアンカーポイントにマウスポインターを合わせ、アンカーポイントが黄色くなったことを確認してクリックします。

6-06

画像を思い通りに変形するには

3 ドラッグして画像を変形する

アンカーポイントを1つに
つなげると、[ツールオプ
ション]の[Deform the
cage to deform the
image]が自動的に選択さ
れます。

❶変形したいアンカーポイ
ントをドラッグします。

アンカーポイントの移動に
合わせて画像の形が変化
しました。

❷ Enter（return）キーを押
します。

4 ケージの内側の画像が変形された

画像が変形しました。

［ワープ変形］

ブラシのストロークによって、画像を部分的に変形することが
できます。

1 ［ワープ変形］を選択する

❶［ツールボックス］の
［ワープ変形］をクリックし
ます。

【Behavior】
変形の種類を選択します。［Move pixels］はピクセ
ルの移動、［Grow area］［Shrink area］は画像の
拡大・縮小、［Swirl clockwise］［Swirl counter-
clockwise］は渦巻き（時計回り・反時計回り）で
す。［Erase warping］は変形を元に戻します。［Smooth
warping］も変形を戻す機能ですが、変化が滑らかで
す。

【Abyss policy】
画像の端の処理を［None］
［Clamp］［Loop］から選択
します。

【高品質プレビュー】
クリックしてチェックマー
クを付けると、プレビュー
が高品質になります。

【Real-time preview】
クリックしてチェックマー
クを付けると、ストロー
クの動きに合わせてプレ
ビューが表示されます。

【アニメーション】
変形を確定する前に［Create
Animation］をクリックすると、
画像が変形していくアニメー
ションを作成できます。

【ストローク】
それぞれチェックマークを付
けると、［During motion］
はストロークを動かしてい
る間、［Periodically］はス
トロークが止まっている間
も変形を行います。

❷［ツールオプション］
の［Behavior］で［Move
pixels］を選択します。

Point

大きく変形しすぎないようにしよう

ケージ変形はとても強力なツールで、いろいろな場面で
活用できます。その際、ケージ変形で元からある画像サ
イズより大きくするときは、画像が引き延ばされてぼやけ
てしまいます。変形をかける範囲はなるべく小さ目にし、
無理な引き延ばしにならないように調整してみましょう。

6-90

画像を思い通りに変形するには

Next
Page

② ストロークで画像を変形する

ここでは、雲の形を歪ませます。

❶雲の部分をドラッグします。

ドラッグの動きに引っ張られたように雲の形が歪みました。続けてさらに変形を加えたり、[Erase warping]などを使って変形を取り消したりすることができます。

❷変形が終わったら、[Enter] 〔[return]〕キーを押します。

③ 画像を部分的に変形できた

画像の変形が確定されました。確定後は[Erase warping]などで変形の取り消しができなくなることに注意してください。

ショートカットキー　[ワープ変形]

 W

画像内の複数点間の距離や角度を表示します。計測したい位置をドラッグすると、2点間の距離や角度を計測します。

① ［定規］を選択する

 ❶

❶[ツールボックス]の[定規]をクリックします。

❷

❷[ツールオプション]の[情報ウィンドウを使用]をクリックして、チェックマークを付けます。

定規で表示する情報はステータスバーにも表示されるので、情報ウィンドウに表示せずに確認することもできます。

② 2点間の距離と角度を確認する

❶画像の距離や角度を測りたい2点間をドラッグします。

❷

❷[定規]ダイアログボックスが表示され、2点間の[距離][角度][幅][高さ]が表示できました。

ショートカットキー　[定規]

Shift + M

////// Point ///

角度の測り方

始点からドラッグして、角度を変えたい場所でマウスのボタンを離します。次に[Shift]キーを押しながらドラッグすると方向を変えて線を延ばすことができます。すると先に引いた線を基準にして2本目の線との角度を測ることができます。[Ctrl]〔[⌘]〕キーを押しながらドラッグすると傾斜角度が15度刻みになります。

リファレンス

7

文字の入力と編集

リファレンス
7-01 文字を入力するには …………………… P290
7-02 文字を編集するには …………………… P293
7-03 文字を変形するには …………………… P298

01 文字を入力するには

GIMPは画像の加工だけではなく文字の入力もできます。文字の入力はポスターやチラシなどの作品作りに欠かせません。ここでは基本的な文字の入力と修正の方法を紹介します。

文字の入力

[ツールボックス]の[テキスト]を使って、ひらがな、カタカナ、漢字、アルファベットなどの文字を画像上で直接入力できます。

1 [ツールボックス]の[テキスト]を選択する

❶[ツールボックス]の[テキスト]をクリックします。

❷[ツールオプション]に[テキスト]に関する項目が表示されました。

【サイズ】
文字のサイズを選択します。単位は右のプルダウンメニューから、[ピクセル][インチ][ミリメートル]などを選択できます。

【フォント】
文字の書体を選択します。日本語フォントを含め、GIMPで使えるすべてのフォントが表示されます。

【エディターウィンドウで編集】
[GIMPテキストエディター]ダイアログボックスを表示します。GIMP 2.8からは画像ウィンドウで直接文字を入力できるのであまり使いません。

【なめらかに】
文字の輪郭にアンチエイリアスをかけて滑らかにします。

【ヒンティング】
小さい文字のつぶれや不揃いを調整します。[しない][最小限に][標準的に][最大限に]から選択できます。

【色】
文字の色を設定します。

【揃え位置】
文字の整列方法を[左揃え][右揃え][中央揃え][両端揃え]から選択します。

【言語】
どの言語に設定されていても日本語を入力できます。

【テキストボックス】
文字の入力枠の設定を選択します。[流動的][固定]から選択できます。

【文字間隔】
文字と文字の間隔を設定します。

【インデント】
1行目や改行時の字下げ幅を設定します。

【行間隔】
行と行の間隔を設定します。

2 フォントを変更する

❶[ツールオプション]の[フォント]のアイコンをクリックし、❷表示されたメニューから使用するフォントをクリックします。

3 文字のサイズを変更する

❶[ツールオプション]の[サイズ]で文字のサイズを設定します。

4 文字を入力する

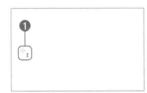

❶画像ウィンドウの文字を追加したい場所をクリックします。

❷追加したい文字を入力します。

❸入力した文字は[テキストレイヤー]として[レイヤー]ダイアログに追加されます。

ショートカットキー　**【テキスト】**

T

決まったスペースへの文字の入力

文字を追加するスペースが決まっていたり、長文のテキストを入力したりするときは、あらかじめテキストボックスの大きさを指定して作成しましょう。テキストボックスの大きさに合わせて文章が自動で改行されます。

1 [ツールボックス]の[テキスト]を選択する

❶[ツールボックス]の[テキスト]をクリックします。

❷[ツールオプション]の[フォント]と[サイズ]を設定します。

2 テキストボックスを作成する

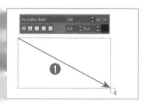

❶画像ウィンドウの文字を追加したい部分をドラッグします。

❷

❷画像ウィンドウにテキストボックスが作成されました。

3 文字を入力する

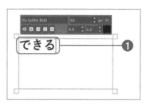

❶文字を入力します。

文字を入力すると、テキストボックスの内側に追加されます。

❷テキストボックスの端まで文字が入力されると自動で改行されます。

4 文字を改行する

文章の途中で改行します。

❶文章を改行する場所で[Enter]〔[return]〕キーを押します。

❷テキストボックス内のカーソルが1行下に移動しました。

❸文章の続きを入力します。

改行された場所から文字の続きが入力されました。

//// Point //

テキストボックスの[流動的]と[固定]の違い

[流動的]を選択すると、テキストボックスの大きさは記入した文字の数に応じて拡大します。改行時にも文字の分だけ拡大されるので、画像からはみ出ることもあるので十分注意しましょう。[固定]を選択すると、テキストは最初に設定したテキストボックスの横幅で次の行へ折り返します。テキストがテキストボックスからはみ出ると、表示されなくなるので注意が必要です。

//// Point //

テキストボックスからはみ出した文字を確認するには

あらかじめ[ツールオプション]の[テキストボックス]を[固定]に指定した状態で文字入力をしていると、テキストボックスから文字があふれて表示できなくなる場合があります。その場合はテキストボックスの四隅にある四角い枠をドラッグし、テキストボックスのサイズを拡大して表示させましょう。また、テキストボックスの中で[Ctrl]〔[⌘]〕+[A]キーを押せば、枠外も含めたすべての文字が選択されるので、全体の文字量を知ることができます。

Next Page

文字の修正

入力した文字は何度でも修正できます。文字の内容以外にも、[フォント]や[サイズ]などの設定も何度でも修正できます。300ページの[文字情報の破棄]コマンドを実行すると修正はできなくなるので、注意しましょう。

1 テキストレイヤーを選択する

❶[ツールボックス]の[テキスト]をクリックします。

❷[レイヤー]ダイアログで修正したいテキストレイヤーをクリックします。

2 文字を修正する

❶修正したい文字をドラッグして選択します。

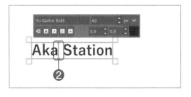

Back space [delete]]キーを押します。

❷ドラッグした文字が削除されました。

❸文字を入力します。

文字が追加され、修正できました。

テキストボックスの変形

テキストボックスは、四隅の四角をドラッグして簡単に変形することができます。このとき、文字の[フォント]や[サイズ]は変わらず、[揃え位置]に合わせて再配置されます。

1 テキストレイヤーを選択する

❶[ツールボックス]の[テキスト]をクリックします。

❷[レイヤー]ダイアログで変形したいテキストレイヤーをクリックします。

2 テキストボックスを変形する

❶変形するテキストボックスをクリックします。

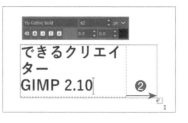

❷テキストボックスの四隅の四角を変形する方向へドラッグします。

❸テキストボックスが変形されました。

02 文字を編集するには

文字もデザインの一部です。文字の見え方、目的に合わせた［フォント］［サイズ］字間や行間を設定しましょう。ここでは文字のスタイルの編集機能を紹介します。

［なめらかに］

曲線や斜線を滑らかに表示するアンチエイリアス機能を使って、文字の描画表現を視覚的に向上させます。有効にすると曲線の端などがぼかされます。

◆ ［なめらかに］の設定

❶［ツールボックス］の［テキスト］をクリックします。

［ツールオプション］に［テキスト］の設定項目が表示されました。

❷［なめらかに］をクリックしてチェックマークを付けると、文字の輪郭を滑らかに描画できます。

◆ ［なめらかに］の有無による変化

[なめらかに：なし]
フォントの曲線や斜線の部分がぎざぎざの表示になります。

[なめらかに：あり]
アンチエイリアスの効果で、曲線や斜線を滑らかに表示します。

［ヒンティング］

ヒンティングとは、文字を入力する際に、小さな文字がつぶれたり歪んだりするのを防ぐ機能です。フォント内部の補正情報を利用して表示します。

◆ ［ヒンティング］の設定

❶［ツールオプション］の［ヒンティング］をクリックします。

ヒンティングの設定を選択できます。

◆ ［ヒンティング］の種類

薔薇バラ
薔薇バラばら
薔薇バラばら

[しない]
文字サイズが小さくなるにつれて、つぶれが目立ちます。

薔薇バラ
薔薇バラばら
薔薇バラばら

[最小限に]
つぶれがだいぶ解消されましたが、一番下のサイズでまだ目立ちます。

薔薇バラ
薔薇バラばら
薔薇バラばら

[標準的に]
文字つぶれも軽減され、小さい文字がだいぶ読みやすくなりました。

薔薇バラ
薔薇バラばら
薔薇バラばら

[最大限に]
多くのフォントで［標準的に］と同様の効果が得られます。

Next Page

色の変更

[色]をクリックして[文字色]ダイアログボックスを表示し、文字の色を設定します。初期状態では黒になっています。

1 テキストレイヤーを選択する

❶[ツールボックス]の[テキスト]をクリックします。

❷画像ウィンドウの色を変更したいテキストをクリックします。

2 文字の色を変更する

❶[ツールオプション]の[色]に表示されている現在の文字色をクリックします。

[文字色]ダイアログボックスが表示されました。

❷[R][G][B]にそれぞれ数値を入力して文字色を設定し、❸[OK]をクリックします。

❹文字の色が選択した文字色に変更されました。

[揃え位置]

文字列の揃え方を[左揃え][右揃え][中央揃え][両端揃え]から設定します。通常は[左揃え]で文字を入力します。

◆ [揃え位置]の設定

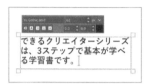

画像ウィンドウの揃え位置を設定したいテキストをクリックします。

[ツールオプション]の[揃え位置]をクリックするとテキストボックス内での文字の配置を変更できます。

◆ [揃え位置]の種類

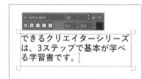

[左揃え]
行の左端を揃えます。右端は不揃いになります。

[右揃え]
行の右端を揃えます。左端は不揃いになります。

[中央揃え]
行の中心を揃えます。行頭、行末とも不揃いになりますが、見た目が左右対称になります。タイトルや前書き、目立たせたい短文などに効果的です。

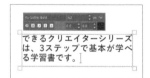

[両端揃え]
複数行の文章の最終行以外の字間を均等に調整して、行の両端を揃えます。最終行は左揃えになります。

［インデント］

段落の行頭に一定の空白をおくインデント（字下げ）は、英文などでよく用いられます。日本語では、段落の行頭は1字下げが基本です。どちらもインデントで設定できます。

◆ ［インデント］の設定

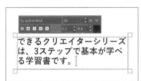

画像ウィンドウのインデントを設定したいテキストをクリックします。

［ツールオプション］の［インデント］に数値を入力すると、テキストボックスの左端と文字の間隔を設定できます。

◆ ［インデント］の設定例

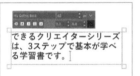

［インデント:0.0］
行頭の空白は0でインデントが行われません。

［インデント:50.0］
行頭から50ピクセルの空白ができました。

［インデント:-50.0］
マイナスの数値を指定すると行頭はテキストボックス内で位置が変わらず、2行目以降の文字列が後ろへ50ピクセル移動します。

［行間隔］と［文字間隔］

行と行、文字と文字の間隔を、ピクセル単位で調節します。行間も字間も詰めすぎると読み難く、空けすぎると散漫な印象になります。背景画像の違いでも見え方が変わってくるので、いろいろ試してみるといいでしょう。

◆ ［行間隔］と［文字間隔］の設定

画像ウィンドウの［行間隔］、［文字間隔］を設定したいテキストをクリックします。

❶［ツールオプション］の［行間隔］❷［文字間隔］に数値を入力すると、文字同士の間隔や行間の空き具合を設定できます。

◆ ［行間隔］と［文字間隔］の設定例

［行間隔:0.0］
［文字間隔:0.0］
見た目の印象はフォントによっても異なります。

［行間隔:20.0］
［文字間隔:0.0］
行間が広がり、ゆったりとした印象になりました。

［行間隔:0.0］
［文字間隔:10.0］
行間は0で、字間を広げた例。散漫な印象を与えます。

［行間隔:-20.0］
［文字間隔:-5.0］
マイナスの数値を指定すると行間が詰まり、文字同士が重なってしまうこともあります。

Next Page

テキストツールバーの操作

テキストツールを選択し画面上をクリックすると、テキストボックスとともに「テキストツールバー」が表示されます。選択しているテキストは、テキストツールバーを使えば1文字単位でフォントの編集や変更ができます。

◆ テキストツールバーの概要

❶ [ツールボックス] の [テキスト] をクリックします。

❷ 画像ウィンドウの文字を追加したい場所をクリックします。

❸

❸ テキストボックスとテキストツールバーが表示されました。

【選択したテキストのフォントを変更します】
フォントの設定ができます。[ツールオプション] とは異なり、フォント名の一部を入力すると、該当するフォントのリストが表示されます。

【選択したテキストのサイズを変更します】
文字のサイズを変更できます。

【選択したテキストの色】
文字の色を変更できます。

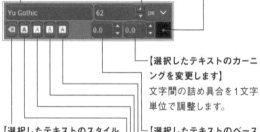

【選択したテキストのカーニングを変更します】
文字間の詰め具合を1文字単位で調整します。

【選択したテキストのスタイルを消去します】
フォントや太字など設定したスタイルが初期状態に戻ります。

【選択したテキストのベースラインを変更します】
テキストボックス内での文字の天地位置を変更できます。

【太字】
太字（ボールド）のスタイルが付け加えられます。

【取り消し線】
取り消し線のスタイルが付け加えられます。

【斜体】
斜体（イタリック）のスタイルが付け加えられます。

【下線】
下線（アンダーライン）のスタイルが付け加えられます。

◆ 文字を太字にする

❶ 太くしたい文字をドラッグして選択します。

❷ [太字] をクリックします。

❸ 選択した文字が太字になりました。

◆ 文字を斜体にする

斜体にしたい文字をドラッグして選択し、[斜体] をクリックします。

◆ 文字に下線を追加する

下線を追加したい文字をドラッグして選択し、[下線] をクリックします。

◆ 文字に取り消し線を追加する

取り消し線を追加したい文字をドラッグして選択し、[取り消し線] をクリックします。

///// Point ///

テキストツールバーと [ツールオプション]

テキストツールバーでは1文字単位で選択でき、フォント、サイズ、色、スタイルを設定できます。テキストツールバーで個別に付けた [フォント] [サイズ] [色] は、あとから [ツールオプション] を使っての変更はできません。変更したいときは、再度テキストツールバーで設定します。

◆ ベースラインを変更する

❶ベースラインを変更する文字をドラッグします。

❷［選択したテキストのベースラインを変更します］に調整する値を入力します。

「0.0」のときの文字に対して正数で上へ、負数で下へベースラインが移動します。

ベースラインが修正され、ドラッグした文字が上に移動しました。

◆ ベースラインの変更例

日本語とアルファベットの混ざった文章はGIMPでは自動でベースラインが調整されますが、ベースラインを下げて下付き文字のようにできます。

テキストボックス内の文字のサイズが異なるときは、ベースラインに合わせて文字は底面でそろえられますが、ベースラインを上げて上付き文字のようにできます。

◆ カーニングを設定する

❶文字の間隔を調節したい文字の間をクリックします。

❷［選択したテキストのカーニングを変更します］に調整する値を入力します。

正数を入力すると文字の間隔が広がり、負数を入力すると文字の間隔が詰まります。

❸文字の間隔が広がりました。

◆ カーニングの利用シーン

日本語の文字はプロポーショナルフォント（MS Pゴシックなど）以外はすべての文字が同じ大きさで作られているため、ひらがなや句読点などの左右には余分な空白が発生します。カーニングで調整することで、自然な文字間隔にできます。

///// Point ///////////////////////////////////////

テキストボックスの整列

テキストボックスはテキストレイヤーに1つしか生成されません。そしてテキストレイヤーはほかのレイヤーと同じ要領で操作できます。280ページで解説した［ツールオプション］の［整列］を使うと整列ができます。

///// Point ///

カーニングのコツ

カーニングを行うことによって、文字間隔をバランスよく整えることができます。フォントサイズが大きい場合、文字間隔は詰め気味にするとまとまりが出ます。フォントサイズが小さい場合は、文字間隔を詰めすぎるとかえって読みにくくなります。効果を確かめながら調整しましょう。

文字を変形するには

GIMPでは、文字そのものの形は変形できないですが、テキストを選択範囲やパスに変換することで変形や切り抜きの素材などに利用できます。ロゴを作成する際に便利な機能です。

［テキストからパスを生成］コマンド

テキストの輪郭からパスを作成します。パスに変換することにより、1つの画像として取り扱えるようになり、さまざまな加工が可能になります。

1 テキストレイヤーを選択する

❶［ツールボックス］の［テキスト］をクリックします。

❷［レイヤー］ダイアログでパスを生成するテキストレイヤーをクリックします。

2 テキストからパスを生成する

❶画像ウィンドウのテキストボックスをクリックします。

❷テキストボックスを右クリック〔 ctrl キーを押しながらクリック〕して表示されるメニューの［テキストからパスを生成］をクリックします。

テキストからパスを生成しましたが、パスは非表示のため画面上には表示されません。

3 生成したパスを確認する

❶［ウィンドウ］メニューの［ドッキング可能なダイアログ］-［パス］をクリックして［パス］ダイアログを表示します。

❷［パス］ダイアログの新たに作成されたパスの［表示］をクリックします。

❸追加したパスが赤い線として表示されました。

Point

テキストをパスに変換して活用する

パスに変換することによりパスでの正確な選択範囲の作成や、パスに沿ってブラシ鉛筆などの線の効果を付けることが可能になります。パスの状態であれば拡大や縮小などの変形をかけても劣化することもありません。

Point

テキストレイヤーは残しておく

一度パスに変換するとテキストとしての情報は失われ、文字の修正やフォントやサイズの変更はできなくなります。もし、後から修正や変更が加えられる可能性があるときは、テキストレイヤーを削除せず、非表示にして残しておくといいでしょう。

［テキストをパスに沿って変形］コマンド

テキストをパスに沿って変形することができます。パスを変形させることで、思い通りの形でテキストを配置できます。

1 パスとテキストを作成する

❶テキストを配置したい場所に197ページを参考にパスを作成します。

❷パスに沿わせるテキストを入力します。

文字列が画像ウィンドウより長くなるときは、あらかじめ画像ウィンドウをドラッグしてテキストボックスを作成してから入力します。このとき文字は Enter ［ return ］キーで改行しないようにしましょう。

2 テキストボックスを［流動的］にする

❶［ツールオプション］の［テキストボックス］をクリックして［流動的］に設定します。

❷テキストボックスが横長になり、改行がなくなりました。

3 テキストをパスに沿って変形する

テキストボックスを右クリック〔 ctrl キーを押しながらクリック〕して表示されるメニューの［テキストをパスに沿って変形］をクリックします。

手順1で作成したパスに沿ってテキストと同じ内容のパスが作成されました。

/// Point //

パスにしたテキストに色を付けるには

作成したテキストのパスは塗りつぶすことができます。パスを描画色で塗りつぶすには［パス］メニューの［パスを選択範囲に］をクリックしてパスから選択範囲を作成したあと、［編集］メニューの［描画色で塗りつぶす］をクリックします。ほかにも［背景色で塗りつぶす］［パターンで塗りつぶす］を選択すると、背景色やパターンで塗りつぶすことができます。

Next Page

［文字情報の破棄］コマンド

テキストレイヤーからテキスト情報を削除し、通常のビットマッ
プレイヤーに変換します。

■ テキストレイヤーを選択する

ここでは、すでに入力され
ているテキストレイヤーを
通常のレイヤーに変更しま
す。

❶［レイヤー］ダイアログで
通常のレイヤーに変更する
テキストレイヤーをクリッ
クします。

② 文字情報を破棄する

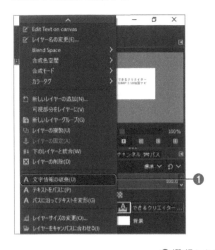

❶ 選択したテキストレイ
ヤーを右クリック［ ctrl
キーを押しながらクリック］
して、表示されるメニュー
の［文字情報の破棄］をク
リックします。

③ 文字情報が破棄された

❶［レイヤー］ダイアログの
表示が変わり、テキストレ
イヤーから通常のレイヤー
に変わります。

❷

できるクリエイター
GIMP 2.10独習ナビ

❷画像ウィンドウに表示さ
れる見た目は変わりません
が、文字の修正や編集は
できなくなりました。

///// Point //

どんなときに［文字情報の破棄］が必要か

テキストレイヤーはパソコンにインストールされているフォ
ントの情報を使って表示しているため、同じフォントがイ
ンストールされていないほかのパソコンで開くと、同じよ
うには表示されません。［文字情報の破棄］コマンドで文
字を画像に変換することにより、同じフォントがインストー
ルされていないパソコンでも、同じ内容を表示できます。
ただし、テキスト情報が破棄されると文字の修正などが
できなくなるので、［文字情報の破棄］コマンドを実行する
前のファイルを別途保存しておくといいでしょう。

練習問題

練習問題

1　写真の角度を修正して切り抜こう …………… P302

2　色のくすんだ写真を鮮やかに補正しよう …P304

3　写真を雑誌の表紙風に仕上げよう ………… P306

4　人やテントを消して無人の風景写真にしよう …P308

5　角丸の立体的なプレートを作ろう ………… P310

写真の角度を修正して切り抜こう

かわいい水牛の写真を撮影しましたが、地面が斜めになってしまったので、水平に修正してください。

完成例

素材ドキュメント

使用素材

[Dekicre_gimp]-
[Training]-[Training1]フォルダ

☐水牛の写真
　[水牛.jpg]
☐完成例
　[Training1 完成例.xcf]

参照　[統合変形]‥‥‥‥‥‥‥‥‥‥‥‥‥‥‥‥‥‥‥‥‥ P285

Hint 変形ツールを組み合わせた
[統合変形]を使う

写真の切り抜き(トリミング)は[切り抜き]でもできますが、回転ができません。[回転][拡大・縮小][剪断変形][遠近法]を組み合わせたのが[統合変形]です。

❶[ツールボックス]の[統合変形]をクリックします。

❷変形したい画像をクリックします。

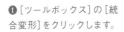

❸画像の周りに変形ハンドルが表示されました。それぞれのハンドルをドラッグすることでさまざまな変形を行えます。画像の外側をドラッグすることで画像の回転ができます。

Hint 拡大して空白部分を埋める

[統合変形]で表示される辺上の四角いハンドルをドラッグすると拡大・縮小ができます。画面内に空白の部分がなくなるように写真を拡大してトリミングします。

画像に空白ができてしまった場合は、画像を拡大してキャンバスサイズでトリミングすることにより、空白をなくすことができます。

❶[統合変形]で拡大するときには、辺の真ん中の四角いハンドルをドラッグします。位置を調整するときには、画像上のなにもないところをドラッグします。

❷[Enter]([return])キーを押すか、統合変形ダイアログボックスの[変形]をクリックすると、キャンバスサイズでトリミングされて、空白のない画像ができます。

［統合変形］でトリミングする

画像の角度を修正しながらトリミングするときは、［統合変形］を使いましょう。回転によって空白になった部分は、画像を少し拡大すれば埋められます。

1. ［統合変形］を選択する

❶［ツールボックス］の［統合変形］をクリックします。

❷画像をクリックして変形ハンドルを表示します。

2. 画像を回転させる

❶画像の外側のスペースをドラッグして画像を回転させ、写真の角度を修正します。

地面が水平になるように様子を見ながらドラッグします。この段階ではまだ変形を確定しません。

3. 画像を拡大して空白を埋める

❶辺の中央にある四角いハンドルをドラッグし、回転によって空白になってしまった部分を埋めるように拡大します。

四隅をドラッグすると写真がゆがむので注意しましょう。

❷画面上のなにもないところをドラッグして画像を移動し、位置を微調節します。

4. 変形を確定する

❶［統合変形］ダイアログボックスの［変形］をクリックするか、[Enter]〔[return]〕キーを押して、変形を確定します。

❷［統合変形］を使用した回転と拡大により、地面を水平に修正できました。

色のくすんだ写真を鮮やかに補正しよう

青い空と白い雲、黄色い遊具のカラフルな風景を撮影しましたが、全体的に色がくすんだ写真になってしまいました。色や明るさを補正して、遊具の鮮やかさも表現してください。

完成例

素材ドキュメント

使用素材

[Dekicre_gimp]-
[Training]-[Training2]フォルダ

□ 遊具の写真
　[遊具.jpg]
□ 完成例
　[Training2 完成例.xcf]

参照　[トーンカーブ]コマンドの概要・・・・・・・・・・・P216
参照　[トーンカーブ]コマンドの操作・・・・・・・・・・・P217
参照　[色相 - 彩度]コマンド・・・・・・・・・・・・・・・P210

Hint [明るさ-コントラスト]は使わない

[色]メニューの[明るさ - コントラスト]は簡単ですが、きれいに補正できないこともあります。この写真の場合、空を明るくすることはできますが、青さを再現することはできません。

コントラストは[色]メニューの[明るさ - コントラスト]からも調整できます。

元の画像のコントラストを＋40に設定したとき。空の色はきれいになりましたが、遊具の陰の部分や背景の緑がつぶれてしまっています。

Hint [トーンカーブ]を活用する

特定の色や明るさの部分に対して色調補正をするときには[トーンカーブ]が有効です。[トーンカーブ]ダイアログボックスを表示した状態で画像をクリックすると、その部分の色がヒストグラムのどこに属するかが分かります。[トーンカーブ]を操作する前に確認しておきましょう。

[トーンカーブ]ダイアログボックスを表示している状態で、画像をクリックします。

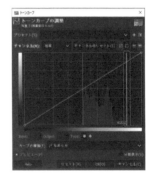

ヒストグラムに縦線が表示され、クリックした色を補正するときに操作する場所が分かりました。

トーンカーブなどで必要な色を補正する

色の補正方法はいくつかありますが、ここでは[トーンカーブ]を使用して、雲と青空を細かく補正します。また[色相-彩度]ダイアログボックスで、遊具の黄色を選んで鮮やかに調整しましょう。

1. 雲を白くする

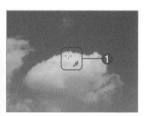

灰色の雲を白くします。

[色]メニューの[トーンカーブ]をクリックして[トーンカーブ]ダイアログボックスを表示します。

❶図を参考にダイアログボックスを表示したまま、画像の雲の部分をクリックします。

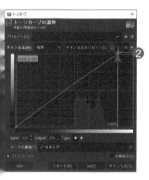

[トーンカーブ]ダイアログボックスのヒストグラムに縦線が表示され、雲の色が含まれるポイントが分かりました。

❷図を参考に縦線上のトーンカーブをドラッグし、雲の色のポイントを一番上までドラッグします。

❸雲の色が白に変わり、写真全体の濁った色がなくなりました。

2. 空の色を青くする

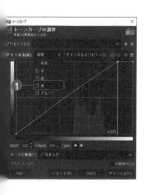

色が淡い空の青色を強調します。

❶[チャンネル]の[明度]をクリックして[青]を選択します。

❷図を参考に雲のときと同様に空の青色をクリックします。

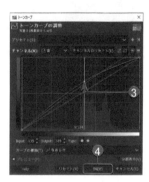

雲の色と同様に空の青色がヒストグラム上のどこのポイントに位置するかが表示されました。

❸図を参考に縦線上のトーンカーブを1目盛り分上にドラッグし、❹[OK]をクリックします。

空の青色が少しだけ強くなりました。

3. 遊具の黄色を強調する

最後に遊具の黄色を強くして鮮やかにします。

❶[色]メニューの[色相-彩度]をクリックして[色相-彩度]ダイアログボックスを表示します。

❷[調整する基準色を選択]で[Y]を選択し、❸[Saturation]を「100」に設定し、❹[OK]をクリックします。

遊具の黄色が鮮やかになりました。

色のくすんだ写真を鮮やかに補正しよう

写真を雑誌の表紙風に仕上げよう

写真に輪郭線付きのタイトルと見出しを追加して、雑誌の表紙風のデザインにしてください。タイトル文字に輪郭線を付けて、見栄えもよくしましょう。

完成例

素材ドキュメント

使用素材

[Dekicre_gimp]-
[Training]-[Training3]フォルダ

□子どもの写真
　[子ども.jpg]
□完成例
　[Training3 完成例.xcf]

参照　[揃え位置] ・・・・・・・・・・・・・・・・・・・・・・・・・・・・・・・・・・ P294
参照　[行間隔] と [文字間隔] ・・・・・・・・・・・・・・・・・・・・ P295

Hint　文字の入力方法を確認しよう

文字の入力には2つの操作方法があります。テキストを入力したい場所をクリックする方法と、エリアをドラッグして作成したテキストボックス内に入力する方法です。入力したテキストの一部を選択して、個別にフォントやサイズを変更することができます。

◆入力範囲を指定せずに文字を入力する方法

文字の開始地点をクリックしてから入力すると、入力した文字に合わせてテキストボックスが自動で拡張されていきます。

◆範囲を指定してから文字を入力する方法

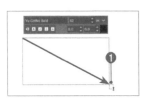

❶文字を入力したい範囲をドラッグします。

❷ドラッグした範囲に合わせてテキストボックスが作成されます。テキストボックスの端まで文字が入力されると、自動で改行されます。

Hint　テキストの輪郭線を描く

タイトルテキストを輪郭線で目立たせるために、不透明部分を選択範囲に変更して、[選択範囲の境界線を描画] で輪郭線を描きます。

❶

❶輪郭線を描きたいテキストのレイヤーを選択し、[レイヤー] メニューの [透明部分]-[不透明部分を選択範囲に] をクリックして、テキスト部分を選択します。

❷

❷[編集] メニューの [選択範囲の境界線を描画] をクリックし、[選択範囲の境界線を描画] ダイアログボックスを表示します。

輪郭線の色や幅を設定して [ストローク] をクリックすると、テキストの輪郭線を描くことができます。

テキストを入力して輪郭線を付ける

テキストのフォント、サイズ、色などを調節しながらレイアウトしましょう。雑誌のタイトル風に見せるために、テキストの境界線に白い縁を追加して目立たせます。

1. テキストを入力する

❶［ツールボックス］の［テキスト］をクリックします。

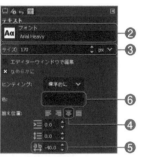

❷［フォント］を［Arial Heavy］、❸［サイズ］を「170」、❹［揃え位置］を［中央揃え］、❺［文字間隔］を「-40」に設定します。❻［色］をクリックして、［R］を「0.0」、［G］を「0.0」、［B］を「0.0」に設定します。

❼タイトルを入れたい範囲をドラッグしてテキストボックスを作成します。

❽「KODOMO」と入力します。

ここでは、字間を狭くして文字同士をつなげ、ロゴとしてデザインしています。

2. テキストに輪郭線を付ける

❶［レイヤー］メニューの［透明部分］-［不透明部分を選択範囲に］をクリックし、テキストを選択範囲にします。

［レイヤー］メニューの［新しいレイヤーの追加］をクリックし、❷［レイヤー名］に「輪郭」と入力して、❸［OK］をクリックします。

［輪郭］レイヤーが追加されました。

❹［レイヤー］ダイアログで「KODOMO」レイヤーの背面に「輪郭」レイヤーをドラッグして移動します。

［描画色］をクリックし、［R］を「255.0」、［G］を「255.0」、「B」を「255.0」に設定します。

［編集］メニューの［選択範囲の境界線を描画］をクリックし、❺［線の幅］を「20」に設定し、❻［ストローク］をクリックします。

選択範囲が白い線で縁取られました。

［選択］メニューの［選択を解除］をクリックします。

3. 見出しのテキストをレイアウトする

［フォント］を［Yu Gothic Bold］、［サイズ］を「85」、［文字間隔］を「0」に設定します。❶図を参考に、タイトルと同様にテキストボックスを作成し、テキストを入力します。

文字を配置して、雑誌の表紙風の画像に仕上がりました。

人やテントを消して無人の風景写真にしよう

風景の写真から、不要な人やテントを消してください。また、消した跡が分からないように修正して、周囲の背景となじませてください。

完成例

素材ドキュメント

使用素材

[Dekicre_gimp]-
[Training]-[Training4]フォルダ

☐ 風景の写真
　[風景.jpg]
☐ 完成例
　[Training4 完成例.xcf]

参照 ▶ [スタンプで描画]‥‥‥‥‥‥‥‥‥‥‥‥P248
参照 ▶ [修復ブラシ]‥‥‥‥‥‥‥‥‥‥‥‥‥P249

Hint 目立つ色は[スタンプで描画]で大まかに消す

[修復ブラシ]も似た機能ですが、元画像とソース画像を自然になじませるので、テントなどの大きくてカラフルな部分の色は残ってしまいます。目立つ部分は[スタンプで描画]で芝生の部分をサンプリングし、大まかに塗りつぶしておきます。

[修復ブラシ]でテントを塗りつぶした例です。テントの青色が芝生の色と混じってしまっています。

[スタンプで描画]でテントを塗りつぶした例です。テントの青色がきれいに消えています。

Hint [修復ブラシ]で1つ1つ消していく

[スタンプで描画]で消した部分をより自然に見せるには、[修復ブラシ]を使います。Ctrl キーを押しながらクリックして芝生のきれいな部分をソース画像として選択し、修正したい部分を自然に見えるように塗りつぶします。

[スタンプで描画]で修正した部分が周囲となじまず、不自然な画像になってしまっています。

[修復ブラシ]を選択し、❶背景の部分を Ctrl キーを押しながらクリックしてスタンプソースとして選択し、❷ドラッグで塗りつぶします。

[スタンプで描画]で修正した部分が周囲となじみ、自然な仕上がりになりました。

［スタンプで描画］と［修復ブラシ］で消す

［スタンプで描画］と［修復ブラシ］の2つのツールで不要部分を消していきます。［スタンプで描画］で目立つ色を大まかに塗りつぶしてから、［修復ブラシ］で自然になじませます。

1. ［スタンプで描画］を選択する

❶［ツールボックス］の［スタンプで描画］をクリックします。

❷［ブラシ］のサムネイルをクリックして、［Hardness 075］を選択します。

2. テントを大まかに塗りつぶす

カラフルなテントの色を消すために、芝生の部分をスタンプソースとして選択します。

❶ 図を参考に、芝生のきれいな部分を Ctrl キーを押しながらクリックし、スタンプソースとします。

❷ テントの上を少し大きめにドラッグして塗りつぶします。

❸ 図を参考に、ほかのテントも同様に塗りつぶします。

目立つ色が大まかに消せました。

3. ［修復ブラシ］を選択する

❶［ツールボックス］の［修復ブラシ］をクリックします。

❷［ブラシ］には引き続き［Hardness 075］を設定しておきます。

4. 細かい部分を自然に修正する

［修復ブラシ］で人を消していきます。また、［スタンプで描画］で塗りつぶした部分をより自然に見えるように修正します。

❶ Ctrl キーを押しながら芝生のきれいな部分をクリックし、スタンプソースとして選択します。

❷ 人の上を少し大きめにドラッグして塗りつぶします。

ほかの人や、［スタンプで描画］で塗りつぶしたところも同様に塗りつぶします。

人やテントを消して、無人の風景写真にすることができました。

角丸の立体的なプレートを作ろう

看板や背景などに使える、角丸のプレートを作成してください。プレートには立体的に見えるような加工を加えましょう。

完成例

使用素材

[Dekicre_gimp]-
[Training]-[Training5]フォルダ

□完成例
　[Training5 完成例.xcf]

参照　[グラデーション]‥‥‥‥‥‥‥‥‥‥‥‥‥P178
参照　[矩形選択]‥‥‥‥‥‥‥‥‥‥‥‥‥‥‥P184
参照　[照明と投影]‥‥‥‥‥‥‥‥‥‥‥‥‥P261
参照　[装飾]‥‥‥‥‥‥‥‥‥‥‥‥‥‥‥‥P269

Hint [矩形選択]と[グラデーション]を使う

角丸のプレートの形は、[矩形選択]の角を丸めて作ることができます。角丸の選択範囲を作成し、[グラデーション]で塗りつぶしましょう。

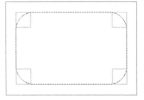

[矩形選択]の[ツールオプション]で[角を丸める]をクリックしてチェックマークを付けると、角丸の選択範囲を作成できます。

[グラデーション]の[ツールオプション]で[描画色から背景色 (RGB)]を選択し、グラデーションで選択範囲を塗りつぶすことで、プレートの基本となる形を作成できます。

Hint フィルターで立体感を出す

プレートを立体的にするには、フィルターの[ドロップシャドウ]または[ベベルの追加]を使うといいでしょう。ハイライトと影を追加することで立体的に見せることができます。

◆ [ドロップシャドウ]の実行

[フィルター]メニューの[照明と投影]-[ドロップシャドウ]を選択し、[OK]をクリックして実行します。

図のように不透明部分に影がつきます。

◆ [ベベルの追加]の実行

[フィルター]メニューの[装飾]-[ベベルの追加]を選択し、[OK]をクリックして実行します。

[ベベルの追加]の場合は、不透明部分が立体的になります。繰り返すと立体感が増します。図は3回実行した例です。

［矩形選択］の角を丸めてプレートを作る

プレート用のレイヤーを作成してから、［矩形選択］で角の丸い矩形の選択範囲を作成し、グラデーションで塗りつぶします。［ドロップシャドウ］を実行すると、簡単に立体感が出せます。

1. 四角い選択範囲を作成する

［ファイル］メニューの［新しい画像］を選択し、❶［幅］を「640」、［高さ］を「400」に設定して、❷［OK］をクリックします。

［レイヤー］メニューの［新しいレイヤーの追加］を選択して、❸［OK］をクリックし、レイヤーを追加します。

❹［ツールボックス］の［矩形選択］をクリックします。

❺［角を丸める］をクリックしてチェックマークを付け、［半径］を「50.0」に設定します。

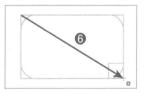

❻作成するプレートの対角線を描くようにドラッグします。

2. ［グラデーション］で塗りつぶす

❶［ツールボックス］の［グラデーション］をクリックします。

❷［グラデーション］を［描画色から背景色（RGB）］、❸［形状］を［線形］に設定します。

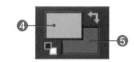

❹［描画色］をクリックし、［R］を「0.0」、［G］を「230.0」、「B」を「250.0」に設定します。また、❺［背景色］をクリックし、［R］を「0.0」、［G］を「110.0」、「B」を「170.0」に設定します。

❻ Ctrl キーを押しながら、選択範囲内を上から下にドラッグします。

Enter（return）キーを押してグラデーションを確定します。

3. フィルターを実行する

❶［選択］メニューの［選択を解除］をクリックします。

［フィルター］メニューの［照明と投影］-［ドロップシャドウ］を選択し、❷［OK］をクリックします。

右下に影ができ、立体的なプレートができました。

Index

ページ数は、参照先のセクションに合わせて色分けされています。

数字・アルファベット

[Alien Map] コマンド ··················· 221
[Bayer Matrix] ························· 274
[Channel Mixer] コマンド ·············· 219
[CIE lch Noise] ······················· 263
[CML エクスプローラー] ················ 275
CMYK カラー ·························· 158
[Color Enhance (legacy)] コマンド ····· 219
[Color Enhance] コマンド ············· 219
[Color Exchange] コマンド ············ 221
[Color to Gray] コマンド ·············· 224
[Desaturate] コマンド ············· 74, 225
[Difference Clouds] ··················· 274
[Difference of Gaussians] ············· 264
[Diffraction Patterns] ················· 274
[Displace] ···························· 270
[Distance Map] ······················· 265
[Dither] コマンド ···················· 226
dpi (dot/inch) ························· 152
[Drop Shadow (legacy)] ··············· 262
[Emboss (legacy)] ···················· 258
[Export As] コマンド ·················· 42
[Extract Component] コマンド ········· 223
[Fractal Trace (legacy)] ··············· 271
GIF アニメーション ···················· 278
GIF 画像 ····························· 163
GIMP ······························· 18
　インストール ···················· 19, 25
GIMP Portable ······················· 22
[GIMPressionist] ····················· 268
[GIMP の設定] ダイアログボックス ····· 132
　[ツールオプションのリセット] ········· 8
　[ツール共有の描画オプション] ········ 132
　[透明部分の表示方法] ··············· 132
　[保存済ウィンドウ位置のリセット] ···· 8, 34
[HSV Noise] ·························· 263
[HSV Value] ·························· 102
[IFS フラクタル] ······················ 272
Illustrator ···························· 161
JPEG 画像 ···························· 162
[Lens Distortion] ····················· 258
[Lens Flare] ·························· 261

[Linear Invert] コマンド ·············· 223
[Linear Sinusoid] ····················· 275
[Mean Curvature Blur] ················ 255
[Mono Mixer] コマンド ················ 224
[MyPaint ブラシ] ダイアログ ··········· 36
[MyPaint ブラシで描画] ········ 31, 66, 176
[Newsprint] ·························· 259
[Normal Map] ························ 265
[Perlin Noise] ························ 273
[Photocopy (legacy)] ·················· 267
Photoshop ··························· 161
PNG 画像 ···························· 163
ppi (pixel/inch) ······················· 152
[Python-Fu] ·························· 277
[Q ビスト] ···························· 275
RGB ······························· 158
[RGB ノイズ] ························ 263
[Rotate Colors] コマンド ·············· 221
[Script-Fu] ··························· 277
[Sepia] コマンド ····················· 225
[Simple Linear Iterative Clustering] ···· 267
[Sin 曲線] ··························· 275
[Slice Using Guides] コマンド ········· 204
[Snap to Guides] コマンド ········ 124, 204
[Softglow (legacy)] ··················· 267
[Sparks] ブラシ ······················ 103
[Spiral] ····························· 275
[Spyrogimp] ·························· 276
[Stretch Contrast HSV] コマンド ······ 218
[Symmetry Painting] ダイアログ ······· 36
[Wavelet-decompose] ················· 257
[Xach 効果] ·························· 262
XCF 形式 ························· 42, 161

あ

[赤目除去] ·························· 257
[明るさ - コントラスト] コマンド ········ 212
[明るさ - コントラスト] ダイアログボックス ·· 94
[明るさの最小値] ····················· 265
[明るさの最大値] ····················· 265
[アクティブなパスにスナップ] ··········· 9
[新しい画像] コマンド ············· 39, 153
[新しい画像を作成] ダイアログボックス ·· 39, 153

［テンプレート］メニュー ･････････････････････ 39
［新しいレイヤー］ダイアログボックス ･･･････ 55, 229
［浴びせ］ ･･･････････････････････････････････ 263
［油絵化］ ･･･････････････････････････････････ 267
アルファチャンネル ･･･････････ 194, 196, 243
［アルファチャンネルの追加］コマンド ･･･････ 196
アンカーポイント ･･･････････････････････････ 197
［暗室］ ･････････････････････････････････ 31, 252
［市松模様］ ･････････････････････････････････ 274
［移動］ ･･･････････････････････ 30, 117, 280
［イメージマップ］ ･･･････････････････････････ 277
［色温度］コマンド ･･･････････････････････････ 209
［色を透明度に］コマンド ･････････････････････ 222
［インクで描画］ ･･････････････････････････ 31, 176
［印刷］ダイアログボックス ･･････････････････ 164
インストール ･････････････････････････ 19, 25
［インターレース除去］ ･･･････････････････････ 256
インデックスカラー ･･･････････････････････････ 158
［インデックスカラー変換］ダイアログボックス ･･ 158
［インデックス］コマンド ･････････････････････ 158
［ヴァンゴッホ風（LIC）］ ････････････････････ 268
［ウィンドウサイズを合わせる］コマンド ･･･････ 43
［ウィンドウ内に全体を表示］コマンド ･･･････ 53
［渦巻きと吸い込み］ ･････････････････････････ 260
［エアブラシで描画］ ･･････････････ 31, 97, 169
エクスポート ･･･････････････････････････････ 42
［遠近スタンプで描画］ ･･･････････････････ 31, 250
［遠近法］ ･･････････････････････ 30, 262, 284
［円形モーションぼかし］ ･････････････････････ 255
［鉛筆で描画］ ･･････････････････････････ 31, 168
［エンボス］ ･････････････････････････････････ 258
［オーバーレイ］ ･････････････････････････････ 60
オープンパス ･･･････････････････････････････ 198
［覆布化］ ･･･････････････････････････････････ 268
［オブジェクトにマップ］ ･････････････････････ 272
［織物］ ･････････････････････････････････････ 268

か

［カーブに沿って曲げる］ ･････････････････････ 261
回折模様 ･･･････････････････････････････････ 274
解像度 ･････････････････････････ 39, 152, 154
［階調の反転］コマンド ･･･････････････････････ 223
［回転］ ･･･････････････････････････････ 30, 282

ガイド ･･･････････････････････････ 124, 203
［回路］ ･････････････････････････････････････ 276
ガウス差分 ･･･････････････････････････････ 264
［ガウスぼかし］ ･･････････････････････････ 67, 254
［拡散］ ･････････････････････････････････････ 264
［拡大・縮小］ ･･････････････････････････ 30, 283
拡張子 ･･･････････････････････････････ 7, 162
［影 - ハイライト］コマンド ･･････････････････ 211
［可視部分をレイヤーに］コマンド ･･････････ 67, 232
［可視レイヤーの統合］コマンド ･････････････ 232
［風］ ･･･････････････････････････････････････ 260
画像
　CMYK カラーの扱い ･･･････････････････････ 158
　GIF 画像として保存 ･･･････････････････････ 163
　GIMP で保存できる形式 ･･･････････････････ 161
　JPEG 画像として保存 ･････････････････････ 162
　PNG 画像として保存 ･････････････････････ 163
　印刷 ･････････････････････････････････････ 164
　解像度を変更 ･････････････････････････････ 154
　画像サイズを変更 ･････････････････････････ 154
　カラーモード ･････････････････････････････ 158
　キャンバスサイズを変更 ･････････････････ 155
　クリップボードから作成 ･･･････････････････ 159
　再サンプル ･･･････････････････････････････ 156
　スキャナーから読み込む ･･････････････････ 159
　スクリーンショット ･････････････････････ 160
　デジタルカメラから読み込む ･･････････････ 160
画像ウィンドウ ･･････････････････････････ 27
　タブ ････････････････････････････････････ 28
画像形式 ･･････････････････････････････････ 152
［画像］ダイアログ ･･･････････････････････ 38
［画像の拡大・縮小］コマンド ･･････････････ 154
［画像の拡大・縮小］ダイアログボックス ･･･････ 154
　　［補間方法］ ･･･････････････････････････ 156
［画像の勾配］コマンド ･････････････････ 94, 265
［画像の生成］コマンド
　　［クリップボードから］ ･･････････････････ 159
　　［スキャナー / カメラ］ ･････････････････ 159
　　［スクリーンショット］ ･････････････････ 160
［画像の統合］コマンド ･････････････････････ 233
［画像の保存］ダイアログボックス ･･･････ 42, 161
［画像ファイルを開く］ダイアログボックス ･･････ 41
［画像分割］ ･････････････････････････････････ 277

［画像をエクスポート］ダイアログボックス
　　［ファイル形式の選択］ ‥‥‥‥‥‥‥‥ 162
［角丸め］ ‥‥‥‥‥‥‥‥‥‥‥‥‥‥‥‥ 269
［角を丸める］コマンド ‥‥‥‥‥‥‥‥‥ 193
［紙タイル］ ‥‥‥‥‥‥‥‥‥‥‥‥‥‥ 272
［カラーバランス］コマンド ‥‥‥‥‥‥‥ 208
カラーパレット ‥‥‥‥‥‥‥‥‥‥‥‥‥ 167
カラーマッピング ‥‥‥‥‥‥‥‥‥‥‥‥ 221
［ガラススタイル］ ‥‥‥‥‥‥‥‥‥‥‥ 267
輝度 ‥‥‥‥‥‥‥‥‥‥‥‥‥‥‥‥‥‥ 207
キャンバスサイズ ‥‥‥‥‥‥‥‥‥‥‥‥ 155
［キャンバスサイズの変更］コマンド ‥‥‥ 155
［キャンバス地］ ‥‥‥‥‥‥‥‥‥‥‥‥ 266
［キュービズム］ ‥‥‥‥‥‥‥‥‥‥‥‥ 266
［球面化］ ‥‥‥‥‥‥‥‥‥‥‥‥‥‥‥ 260
［球面デザイナー］ ‥‥‥‥‥‥‥‥‥‥‥ 276
［境界の明確化］コマンド ‥‥‥‥‥‥‥‥ 191
［境界をぼかす］コマンド ‥‥‥‥‥‥‥‥ 191
［鏡像反転］ ‥‥‥‥‥‥‥‥‥ 30, 112, 286
［極座標］ ‥‥‥‥‥‥‥‥‥‥‥‥‥‥‥ 259
距離マップ ‥‥‥‥‥‥‥‥‥‥‥‥‥‥‥ 265
［きらめき］ ‥‥‥‥‥‥‥‥‥‥‥‥‥‥ 261
［霧］ ‥‥‥‥‥‥‥‥‥‥‥‥‥‥‥‥‥ 270
［切り抜き］ ‥‥‥‥‥‥‥‥‥‥‥‥ 30, 281
［矩形選択］ ‥‥‥‥‥‥‥‥ 30, 45, 184, 310
［グラデーション］ ‥‥‥‥ 31, 85, 178, 310
　　形状 ‥‥‥‥‥‥‥‥‥‥‥‥‥‥‥‥ 180
　　作成 ‥‥‥‥‥‥‥‥‥‥‥‥‥‥‥‥ 181
　　透明度 ‥‥‥‥‥‥‥‥‥‥‥‥‥‥‥ 182
　　パターン ‥‥‥‥‥‥‥‥‥‥‥‥‥‥ 179
　　［反転］ ‥‥‥‥‥‥‥‥‥‥‥‥‥‥ 180
　　ポイント編集 ‥‥‥‥‥‥‥‥‥‥‥‥ 86
［グラデーション］ダイアログ ‥‥ 35, 179, 181
［グラデーションフレア］ ‥‥‥‥‥‥‥‥ 261
［グラデーションフレア］ダイアログボックス ‥‥‥ 104
［グラデーションマップ］コマンド ‥‥‥‥ 221
［グリッド］ ‥‥‥‥‥‥‥‥‥‥‥‥‥‥ 274
［グリッドにスナップ］コマンド ‥‥‥‥‥ 201
［グリッドの表示］コマンド ‥‥‥‥‥‥‥ 201
［グリッドの設定］コマンド ‥‥‥‥‥‥‥ 202
グレースケール ‥‥‥‥‥‥‥‥‥‥ 74, 158
グロー効果 ‥‥‥‥‥‥‥‥‥‥‥‥‥‥‥ 68
クローズパス ‥‥‥‥‥‥‥‥‥‥‥‥‥‥ 198

［ケージ変形］ ‥‥‥‥‥‥‥‥ 31, 124, 286
［消しゴム］ ‥‥‥‥‥‥‥‥‥ 31, 141, 169
［コーヒーの染み］ ‥‥‥‥‥‥‥‥‥‥‥ 268
［光度の反転］コマンド ‥‥‥‥‥‥ 75, 223
［ごまかす］ ‥‥‥‥‥‥‥‥‥‥‥‥‥‥ 263
コントラスト ‥‥‥‥‥‥‥‥‥‥‥‥‥‥ 207
［コントラスト伸張］コマンド ‥‥‥‥‥‥ 218
［コンボリューション行列］ ‥‥‥‥‥‥‥ 265

さ

［再帰変形］ ‥‥‥‥‥‥‥‥‥‥‥‥‥‥ 271
彩度 ‥‥‥‥‥‥‥‥‥‥‥‥‥‥‥‥‥‥ 207
［作業履歴］ダイアログ ‥‥‥‥‥‥‥ 37, 44
差分ソリッドノイズ ‥‥‥‥‥‥‥‥‥‥‥ 274
［サンプル色付け］コマンド ‥‥‥‥‥‥‥ 222
［サンプルポイント］ダイアログ ‥‥‥‥‥ 38
［シームレスタイル］ ‥‥‥‥‥‥‥‥‥‥ 272
［シェイプ（Gfig）］ ‥‥‥‥‥‥‥‥‥‥‥ 276
［色域を選択］ ‥‥‥‥‥‥‥‥‥‥‥ 30, 187
［しきい値］コマンド ‥‥‥‥‥‥‥‥‥‥ 225
色相 ‥‥‥‥‥‥‥‥‥‥‥‥‥‥‥‥‥‥ 207
［色相 - クロマ］コマンド ‥‥‥‥‥‥‥‥ 209
［色相 - 彩度］コマンド ‥‥‥‥‥‥ 210, 305
［色相環］ ‥‥‥‥‥‥‥‥‥‥‥‥‥‥‥ 166
色調補正 ‥‥‥‥‥‥‥‥‥‥‥‥‥‥‥‥ 206
［ジグソーパズル］ ‥‥‥‥‥‥‥‥‥‥‥ 276
［下のレイヤーと統合］コマンド ‥‥‥‥‥ 233
自動補正 ‥‥‥‥‥‥‥‥‥‥‥‥‥‥‥‥ 218
［シャープ（アンシャープマスク）］ ‥‥‥ 257
［写真コピー］ ‥‥‥‥‥‥‥‥‥‥‥‥‥ 267
［自由選択］ ‥‥‥‥‥‥‥‥‥ 30, 138, 185
［集中線］ ‥‥‥‥‥‥‥‥‥‥‥‥‥‥‥ 276
［修復ブラシ］ ‥‥‥‥‥‥‥ 31, 72, 249, 308
［定規］ ‥‥‥‥‥‥‥‥‥‥‥‥‥‥ 30, 288
［乗算］ ‥‥‥‥‥‥‥‥‥‥‥‥‥‥‥‥ 95
［新規テンプレート］ダイアログボックス ‥‥‥ 157
シングルウィンドウモード ‥‥‥‥‥‥‥‥ 28
［深度統合］ ‥‥‥‥‥‥‥‥‥‥‥‥‥‥ 266
［シンプレックスノイズ］ ‥‥‥‥‥‥‥‥ 273
［シンメトリックニアレストネイバー］ ‥‥‥ 257
［ズーム］ ‥‥‥‥‥‥‥‥‥‥‥‥‥ 30, 43
［水彩］ ‥‥‥‥‥‥‥‥‥‥‥‥‥‥ 92, 267
［スタンプで描画］ ‥‥‥‥‥‥ 31, 248, 308

ステータスバー ……………………………… 138
［ステンシルクローム］ …………………… 269
［ステンシル彫刻］ ………………………… 269
［ストライプ除去］ ………………………… 257
スナップ ……………………………………… 201
［すべて選択］コマンド …………………… 190
［スポイト］ ……………………………… 30, 167
スマート着色 ………………………………… 145
［スライド］ ………………………………… 269
［ずらし］ …………………………………… 259
ずらしマップ ………………………………… 270
［整列］ …………………………… 30, 117, 280
セグメント …………………………………… 197
［セルノイズ］ ……………………………… 273
［前景抽出選択］ ………………………… 30, 188
［線形モーションぼかし］ ………………… 256
選択ツール …………………………………… 184
　　ハイライト表示 ………………………… 185
　　［モード］ ……………………………… 189
［選択的ガウスぼかし］ …………………… 255
選択範囲
　　解除 ……………………………………… 46
　　［現在の選択範囲との交差部分を新しい選択範囲にします］
　　…………………………………………… 189
　　作成 ……………………………………… 45
　　［選択範囲から引きます］ ……………… 189
　　［選択範囲に加えます］ ………………… 189
　　［選択範囲を新規作成または置き換えます］ ……… 189
　　チャンネルマスクから作成 …………… 195
　　パスから作成 …………………………… 200
　　パスを作成 ……………………………… 197
　　変形 ……………………………………… 45
［選択範囲エディター］ダイアログ ……… 37
［選択範囲の拡大］コマンド ……………… 192
［選択範囲の境界線を描画］ ………… 127, 306
［選択範囲の縮小］コマンド ………… 109, 192
［選択範囲の反転］コマンド ………… 54, 190
［選択範囲のフロート化］コマンド ……… 190
［選択範囲をパスに］コマンド ……… 111, 199
［選択範囲を歪める］コマンド …………… 193
［選択］メニュー …………………………… 190
［選択を解除］コマンド ……………… 46, 190
［剪断変形］ ……………………………… 30, 284

［ソーベル］ ………………………………… 264
［ソリッドノイズ］ ……………………… 84, 274

た

ダイアログ ……………………… 27, 32, 35
　　［MyPaint ブラシ］ ……………………… 36
　　［Symmetry Painting］ …………………… 36
　　［画像］ ………………………………… 38
　　［グラデーション］ …………………… 35
　　このタブの設定 ………………………… 32
　　［作業履歴］ …………………………… 37
　　削除 ……………………………………… 33
　　［サンプルポイント］ ………………… 38
　　［選択範囲エディター］ ……………… 37
　　［ダッシュボード］ …………………… 38
　　タブ ……………………………………… 32
　　［チャンネル］ ………………………… 36
　　［ツールプリセット］ ………………… 35
　　追加 ……………………………………… 32
　　［デバイスの状態］ …………………… 38
　　［テンプレート］ ……………………… 38
　　ドッキング …………………………… 34
　　［ナビゲーションを表示］ …………… 38
　　［パス］ ………………………………… 36
　　［パターン］ …………………………… 35
　　［バッファー］ ………………………… 37
　　［パレット］ …………………………… 35
　　［ピクセル情報］ ……………………… 37
　　［ヒストグラム］ ……………………… 37
　　［描画色 / 背景色］ …………………… 35
　　［描画の動的特性］ …………………… 36
　　［フォント］ …………………………… 37
　　［ブラシ］ ……………………………… 35
　　分離 ……………………………………… 33
　　［レイヤー］ …………………………… 36
［タイル化可能ぼかし］ …………………… 256
［楕円選択］ …………………… 30, 108, 185
［ダッシュボード］ダイアログ …………… 38
［着色］コマンド …………………………… 212
チャンネル …………………………………… 194
［チャンネル合成］コマンド ……………… 220
［チャンネル］ダイアログ ………… 36, 194
［チャンネルに保存］コマンド …………… 194

［チャンネル分解］コマンド ································· 220
チャンネルマスク ·· 194
［彫金］ ··· 258
［超新星］ ··· 261
［ツールオプション］ ································ 27, 29
　　　［Lock brush to view］ ····················· 174
　　　［散布］ ·· 174
　　　［手ブレ補正］ ·································· 174
　　　描画ツール ······································ 170
［ツールオプションのリセット］ ····················· 8
［ツールプリセット］ダイアログ ····················· 35
［ツールボックス］ ································· 27, 29
［つまむ］ ··· 263
［テキスト］ ·························· 31, 61, 290, 307
　　　［色］ ··· 294
　　　［インデント］ ·································· 295
　　　カーニング ······································ 297
　　　下線 ··· 296
　　　［行間隔］ ·· 295
　　　斜体 ··· 296
　　　［揃え位置］ ····································· 294
　　　取り消し線 ······································ 296
　　　［なめらかに］ ·································· 293
　　　［ヒンティング］ ······························ 293
　　　太字 ··· 296
　　　ベースライン ···································· 297
　　　［文字間隔］ ····································· 295
［テキストからパスを生成］コマンド ············· 298
テキストツールバー ······················· 112, 296
テキストボックス ························· 291, 292
　　　変形 ··· 45
テキストレイヤー ························· 292, 300
［テキストをパスに沿って変形］コマンド ········· 299
［デバイスの状態］ダイアログ ······················ 38
［電脳はさみ］ ···································· 30, 187
テンプレート ····································· 39, 157
［テンプレート］ダイアログ ··················· 38, 157
トーンカーブ
　　　効果 ··· 74
［トーンカーブ］コマンド ··········· 74, 216, 304
［トーンカーブ］ダイアログボックス ·············· 216
［統合変形］ ····················· 30, 115, 285, 302
［動的特性］ ······································ 56, 172

［動的特性エディター］ ······················· 57, 172
ドック ··· 27, 34
トリミング ····································· 281, 285
［ドロップシャドウ］ ························· 262, 310

な

［ナビゲーションを表示］ダイアログ ··············· 38
［名前を付けて保存］コマンド ······················ 42
［波］ ··· 260
［なめらかに］ ··· 256
［並べる］ ··· 272
［にじみ］ ··· 31, 252
［入力デバイスの設定］ダイアログボックス ········· 50
［塗りつぶし］ ······························ 31, 77, 177
　　　［Fill by line art detection］ ···· 119, 120, 145, 178
　　　［Fill whole selection］ ··················· 178
　　　［パターン］ ····································· 177
　　　［見えている色で］ ···························· 178
［ネオン］ ··· 264
［ノイズ軽減］ ··· 257
［ノイズ除去］ ··· 258

は

［ハードライト］ ··· 99
パーリンノイズ ·· 273
［背景色］ ··· 31, 166
［背景色の変更］ダイアログボックス ··············· 166
［ハイパス］ ·· 256
［パス］ ··· 30, 197
　　　切り抜き ·· 80
　　　［テキストからパスを生成］コマンド ········ 298
　　　パスの向き ······································ 112
［パス］ダイアログ ····························· 36, 200
［パスで塗りつぶす］ダイアログボックス ·········· 115
［パスに沿ってテキストを変形］コマンド ········· 113
［パスを選択範囲に］コマンド ··············· 200, 299
［パターン］ダイアログ ······························· 35
［バッファー］ダイアログ ····························· 3
［パノラマ投影］ ·· 271
［波紋］ ··· 259
［貼り付け］コマンド ··································· 79
［パレット］ダイアログ ······················· 35, 167
［パレットマップ］コマンド ·························· 221

［半統合］ ························· 277
［ハンドル変形］ ············· 30, 285
［バンプマップ］ ················ 270
［比較（明）］ ···················· 68
［ピクセル情報］ ダイアログ ······ 37
［ピクセル等倍］ コマンド ········ 43
ヒストグラム ·············· 213, 214
［ヒストグラム］ ダイアログ ······ 37
［非線形フィルター］ ············ 258
筆圧 ·························· 50
ビットマップ画像 ··············· 153
［ビデオ］ ····················· 260
［ビネット］ ··················· 262
［描画色］ ················· 31, 166
［描画色 / 背景色］ ダイアログ ····· 35
［描画色で塗りつぶす］ コマンド ·· 108
［描画色と背景色の交換］ ·········· 31
［描画色と背景色のリセット］ · 31, 100
［描画色の変更］ ダイアログボックス ··· 59, 166
描画ツール ···················· 168
　新しいブラシを作成 ··········· 175
　オリジナルのブラシを作成 ····· 175
　直線を描く ················· 174
［描画の動的特性］ ダイアログ ·· 36, 173
［表示倍率］ コマンド ············ 43
［表示］ メニュー ··············· 43
［開く / インポート］ コマンド ···· 41
ファイル形式 ·················· 161
［ファイル］ メニュー ············ 44
［ファジー選択］ ·········· 30, 54, 186
［ファジー縁取り］ ·············· 269
［フィルター］ メニュー ·········· 254
　［アニメーション］ ············ 278
　［ウェブ］ ··················· 277
　［カラーマッピング］ ·········· 270
　［強調］ ···················· 256
　［芸術的効果］ ··············· 266
　［合成］ ···················· 266
　［下塗り］ ·················· 272
　［照明と投影］ ··············· 261
　［スクリプト］ ··············· 277
　［装飾］ ···················· 268
　［ノイズ］ ·················· 263

［汎用］ ······················ 265
　［変形］ ···················· 258
　［ぼかし］ ·················· 255
　［輪郭抽出］ ················· 264
［フィルムストリップ］ ··········· 266
フォント ·················· 9, 290
　インストール ············· 47, 48
［フォント］ ダイアログ ·········· 37
［縁取り選択］ コマンド ·········· 192
［復帰］ コマンド ··············· 44
［不透明度］ ··················· 171
［不透明部分を選択範囲に］ コマンド ··· 306
［フラクタルエクスプローラー］ ···· 273
［フラクタルトレース］ ··········· 271
［ブラシ］ ····················· 171
［ブラシエディター］ ダイアログ ··· 175
［ブラシ］ ダイアログ ········ 35, 171
［ブラシで描画］ ········· 31, 56, 168
　［手ブレ補正］ ··············· 133
［プラズマ］ ··················· 273
［古い写真］ ··················· 270
［プレデター］ ················· 268
［ブレンド］ ··················· 278
フローティングレイヤー ········ 80, 241
［フローティングレイヤーを固定します］ ··· 79, 138
［ページめくり］ ··············· 261
［平滑化］ コマンド ············· 218
ベクトル画像 ·················· 153
［ベベルの追加］ ··········· 269, 310
変形ツール ···················· 282
［編集］ メニュー ··············· 44
ペンタブレット ················· 132
　設定 ······················ 50
［放射形モーションぼかし］ ······· 256
法線マップ ···················· 265
［ぼかし / シャープ］ ········ 251, 31
［ポスタリゼーション］ コマンド ··· 226
［保存］ コマンド ··········· 42, 161
［炎］ ························ 273
［ホワイトバランス］ コマンド ····· 218

ま

［マスクを選択範囲に］ コマンド ··· 246

［幻］ ……………………………………………… 271
マルチウィンドウモード ……………………………… 28
［マンガ］ ………………………………………… 266
［万華鏡］ ………………………………………… 259
［明度伝搬］ ……………………………………… 260
［迷路］ …………………………………………… 275
［メディアンぼかし］ …………………………… 255
メニューバー ……………………………………… 27
［モード］ ………………………………………… 170
［モザイク］ ……………………………………… 259
［モザイク処理］ ………………………………… 255
文字 ………………………………………………… 290
［文字情報の破棄］ コマンド ………………… 300
［元に戻す］ コマンド …………………………… 44

や

［やり直す］ コマンド …………………………… 44
［柔らかい発光］ ………………………………… 267
［溶岩］ …………………………………………… 277

ら

［ライト効果］ …………………………………… 262
［ラプラス］ ……………………………………… 264
［リトルプラネット］ …………………………… 271
［輪郭］ …………………………………………… 264
［ルーラーの表示］ コマンド ………………… 203
レイヤー
　構造 …………………………………………… 228
　追加 …………………………………………… 229
　統合 …………………………………………… 233
　並べ替え ……………………………………… 231
　表示／非表示 …………………………… 228, 235
　不透明度 ……………………………………… 234
　保護 …………………………………… 235, 236
　［モード］ …………………………………… 237
　レイヤー名の変更 ………………………… 230
レイヤーグループ ……………………………… 240
レイヤーサムネイル ……………………………… 79
［レイヤー］ ダイアログ …………………… 36, 228
　［アルファチャンネルの追加］ …………… 196
　［モード］ …………………………………… 237
［レイヤーとして画像ファイルを開く］ダイアログボックス … 41
［レイヤーとして開く］ コマンド ……………… 41

［レイヤーの削除］ コマンド
　削除 …………………………………………… 230
［レイヤーの複製］ コマンド ………………… 73, 231
レイヤーマスク ………………………………… 78, 242
　作成 …………………………………………… 242
　編集 …………………………………………… 244
　削除 …………………………………………… 245
　表示 …………………………………………… 245
　選択範囲に変換 …………………………… 246
［レイヤーマスクの削除］ コマンド ………… 245
レイヤーマスクの初期化方法 ………………… 243
［レイヤーマスクの追加］ダイアログボックス … 78, 96, 242
［レイヤーマスクの適用］コマンド ………… 244
［レイヤーマスクの表示］コマンド ………… 245
［レイヤーマスクの編集］コマンド ………… 244
［レイヤーマスクの無効化］ コマンド ……… 246
［レイヤー名の変更］ ダイアログボックス ……… 230
レタッチ ………………………………………… 248
［レベル］ コマンド …………………… 213, 215
［レベル］ ダイアログボックス ……………… 213
［レンズ効果］ …………………………………… 258
レンズフレア ……………………………………… 261
レンズ補正 ……………………………………… 258
［露出］ コマンド ……………………………… 211
［ロングシャドウ］ ……………………… 128, 262

わ

［ワープ］ ………………………………………… 272
［ワープ変形］ ……………………………… 31, 287
［枠の追加］ ……………………………………… 270

■著者

ドルバッキーヨウコ（D-design）

多摩美術大学グラフィックデザイン専攻卒業後、コナミ株式会社にデザイナーとして入社。退社後、1998年第12回銀座GGグラフィックアート「3.3㎡展」入選。2002～2004年にはミニモニ。アルバムCD、カレンダーなどのイラスト、モーニング娘。公式HPイラスト担当。現在はゲーム専門学校の講師、またフリーのイラストレーターとして海外でも活動中。JILLA会員。

http://ddesignhome.jimdo.com/

株式会社トップスタジオ

1997（平成9）年設立の編集制作プロダクション。IT分野を中心に一般出版物から各種カタログやWebコンテンツまでを幅広く手がけているが、IT以外の分野の企画・制作も多い。原稿作成から編集・DTP・デザインまでを一貫して行えるワンストップ体制を持つ。海外の出版物等の翻訳も行う。近年ではRe:VIEW仕様を基にした電子書籍制作システムを自社開発するなど、電子書籍の制作にも力を入れている。

https://www.topstudio.co.jp/

■STAFF

カバーデザイン	伊藤忠インタラクティブ株式会社
本文デザイン	株式会社ドリームデザイン
撮影協力	蔭山一広（panorama house）
モデル	小林瑞稀（株式会社オスカープロモーション）
編集・DTP	株式会社トップスタジオ
編集協力	渡辺彩子
デザイン制作室	今津幸弘
	鈴木 薫
制作担当デスク	柏倉真理子
編集	瀧坂 亮
編集長	柳沼俊宏

■商品に関する問い合わせ先

このたびは弊社商品をご購入いただきありがとうございます。本書の内容などに関するお問い
合わせは、下記のURLまたは二次元バーコードにある問い合わせフォームからお送りください。

https://book.impress.co.jp/info/

上記フォームがご利用いただけない場合のメールでの問い合わせ先
info@impress.co.jp

※お問い合わせの際は、書名、ISBN、お名前、お電話番号、メールアドレス に加えて、「該当する
ページ」と「具体的なご質問内容」「お使いの動作環境」を必ずご明記ください。なお、本書の範囲
を超えるご質問にはお答えできないのでご了承ください。

● 電話やFAXでのご質問には対応しておりません。また、封書でのお問い合わせは回答までに日数をいた
だく場合があります。あらかじめご了承ください。
● インプレスブックスの本書情報ページ https://book.impress.co.jp/books/1118101179 では、本書
のサポート情報や正誤表・訂正情報などを提供しています。あわせてご確認ください。
● 本書の奥付に記載されている初版発行日から3年が経過した場合、もしくは本書で紹介している製品や
サービスについて提供会社によるサポートが終了した場合はご質問にお答えできない場合があります。

■落丁・乱丁本などの問い合わせ先
FAX　03-6837-5023
service@impress.co.jp
※古書店で購入された商品はお取り替えできません。

できるクリエイター GIMP 2.10 独習ナビ 改訂版
Windows＆macOS対応

2020年1月21日　初版発行
2023年4月11日　第1版第5刷発行

著　者　ドルバッキーヨウコ（D-design）、株式会社トップスタジオ＆できるシリーズ編集部

発行人　小川　亨

編集人　高橋隆志

発行所　株式会社インプレス
　　　　〒101-0051　東京都千代田区神田神保町一丁目105番地
　　　　ホームページ　https://book.impress.co.jp/

印刷所　株式会社ウイル・コーポレーション

ISBN978-4-295-00825-5 C3055

Printed in Japan

本書のご感想をぜひお寄せください
https://book.impress.co.jp/books/1118101179

読者登録サービス　CLUB impress

アンケート回答者の中から、抽選で図書カード（1,000円分）
などを毎月プレゼント。
当選者の発表は賞品の発送をもって代えさせていただきます。
※プレゼントの賞品は変更になる場合があります。